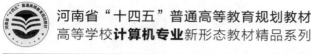

河南省"十四五"普通高等教育规划教材

高等学校**计算机专业**新形态教材精品系列

微课版

计算机网络理论与实践

杨尚森◎主编　石念峰 侯小静 龚蕾 聂雅琳◎副主编

Principle and Practice of Computer Networks

人民邮电出版社

北　京

图书在版编目（CIP）数据

计算机网络理论与实践：微课版 / 杨尚森主编. --
北京：人民邮电出版社，2024.5
高等学校计算机专业新形态教材精品系列
ISBN 978-7-115-63623-2

Ⅰ．①计… Ⅱ．①杨… Ⅲ．①计算机网络－高等学校
－教材 Ⅳ．①TP393

中国国家版本馆CIP数据核字(2024)第019783号

内 容 提 要

　　本书为"十四五"普通高等教育本科省级规划教材，针对网络工程及其相关专业的计算机网络原理与实验课程而开发。

　　本书分为理论篇与实验篇两部分。其中，理论篇共 7 章，内容包括计算机网络概述、数据通信基础、TCP/IP 协议族、局域网技术、路由技术基础、广域网技术、Internet 基础与应用；实验篇共 3 单元，内容包括 19 个实验，内容包括双绞线的制作、常用网络命令、eNSP 软件的安装和使用、交换机的配置及VLAN、静态路由配置、VLAN 间路由等。本书实验主要基于华为网络模拟器 eNSP 展开，以实验为依托，将理论知识融合在实验内容中，通过理论知识的实际应用加快读者对网络技术的掌握、加深读者对网络理论知识的理解。本书理论篇每章都有不同类型的习题，并提供习题答案和多媒体课件。

　　本书可作为高等院校电子信息工程、通信工程、物联网、计算机科学与技术等相关专业的计算机网络课程教材，也可供其他专业的学生、教师和网络工程技术人员参考。

◆ 主　　编　杨尚森
　　副 主 编　石念峰　侯小静　龚　蕾　聂雅琳
　　责任编辑　刘　博
　　责任印制　陈　犇

◆ 人民邮电出版社出版发行　　北京市丰台区成寿寺路 11 号
　　邮编　100164　电子邮件　315@ptpress.com.cn
　　网址　https://www.ptpress.com.cn
　　三河市君旺印务有限公司印刷

◆ 开本：787×1092　1/16
　　印张：16.75　　　　　　　　2024 年 5 月第 1 版
　　字数：404 千字　　　　　　2024 年 5 月河北第 1 次印刷

定价：69.80 元

读者服务热线：(010)81055256　印装质量热线：(010)81055316
反盗版热线：(010)81055315
广告经营许可证：京东市监广登字 20170147 号

前言
Preface

随着互联网的普及程度越来越高，人们可以通过移动通信设备随时随地访问互联网，社交平台、在线购物、在线娱乐等网络应用不断涌现。物联网、云计算等技术相继兴起，促使计算机网络技术不断演进和快速发展，因此计算机网络课程的教材也需要进行必要的更新。

为了适应计算机网络技术的发展，满足我国高等教育对应用型人才的培养要求，本书将内容组织为理论篇与实验篇，其中理论篇主要讲解计算机网络的原理和概念，实验篇针对理论知识的实际操作进行延伸。读者在本书中将学习计算机网络基础知识、网络通信协议、网络应用等方面的内容，通过实验理解和掌握计算机网络的工作原理，真正掌握网络知识的实际运用方法与网络管理技能，并基于在实验中可能会遇到的问题，提高运用理论知识解决实际问题的能力。本书还提供丰富的配套资源，读者可登录人邮教育社区（www.ryjiaoyu.com）下载。

本书由杨尚森任主编并统稿，石念峰、侯小静、龚蕾、聂雅琳任副主编，李明照、王国勇、崔文、丁思淼参编。

在本书的编写过程中，编者参阅了大量有关图书和网络资料。在书中无法一一列出其作者，在此一并向他们表示诚挚的谢意！

由于计算机网络技术发展迅速，相关内容丰富，本书有不少内容和形式上的遗憾，恳请读者指正。同时希望读者能与编者交换教学或学习的经验，编者的电子邮箱为 ss_yang@sohu.com。

编者
2023 年 6 月

目录
Contents

理论篇

第3章

TCP/IP 协议族

实验篇

第 8 章

实验指南

理论篇

第1章 计算机网络概述

计算机网络是人类智慧的结晶，其中互联网是人类创造的最大的计算机网络系统，由数以亿计的计算机、通信链路和交换设备构成。截至 2022 年 1 月，全球互联网用户数量达到 49.5 亿人，约占全球总人口的 62.5%，每个互联网用户平均每天使用互联网近 7h。计算机网络已由一种通信基础设施发展成一种重要的信息服务基础设施，像水、电、天然气一样，与人们的日常工作和生活密不可分，成为现代信息生活中不可或缺的一部分。

1.1 计算机网络基础知识

电信网络、有线电视网络和计算机网络是当今社会的三大网络。电信网络向用户提供语音通话、短信、电报、传真等服务；有线电视网络向用户提供各种电视节目；计算机网络向用户提供计算机之间的数据传输服务。3 种网络发展迅速，功能和服务相互渗透，在社会信息化过程中都起着十分重要的作用。但随着物联网、云计算、大数据和智能技术等的发展，计算机网络的重要性更加凸显。

1.1.1 计算机网络的概念

计算机技术、信息技术与通信技术的发展造就了计算机网络。以因特网（Internet）为代表的计算机网络已经渗透到各家各户，无处不在，悄然改变着人们的生活、学习、工作甚至思维方式，对国民经济、国家安全、社会稳定等方面产生着巨大影响，是社会经济的命脉。

什么是计算机网络？计算机网络是指将功能相对独立、地理位置不同的计算机通过通信设备连接起来，使它们能够互相通信、共享资源。

"功能相对独立"是指相互连接的计算机之间不存在互相依赖的关系。任何一台计算机具有各自独立的软件和硬件，既可以联网工作，也可以脱离网络和网络中的其他计算机独立工作。例如，用户的计算机既可以连接互联网工作，也可以脱离网络以单机方式运行。"地理位置不同"是指计算机网络中的计算机通常处于不同的地点。例如，当用户通过计算机网络访问某计算机上的某网络服务时，被访问的计算机可能位于不同的城市、省乃至不同的国家，用户不知道也不需要知道这个被访问的计算机所处的确切位置。计算机网络使得计算机与信息资源在地理位置上的分布情况更加透明，实现了跨地域的资源共享。

计算机网络包含终端设备、通信链路、网络协议、网络拓扑和应用服务 5 个部分。其中，终端设备是连接到计算机网络上的各种计算机类设备，如计算机、智能手机、平板电脑等；通信链路由通信介质和通信控制设备组成，通信介质可以是有线的，也可以是无线的，通信控制设备有路由器、交换机等；网络协议是每个网络设备都必须遵守的一系列事先约定的通信规则和标准，以实现数据在各个设备之间的有序交换；网络拓扑涉及计算机网络中各节点之间的物理连接方式，包括总线型、星形、环形、网状等拓扑结构；应用服务是计算机网络提供的各种服务，如信息共享、电子邮件收发、文件传输、资源调度、网络管理等。计算机网络采用各种合适的拓扑结构，将众多终端设备通过通信链路相互连接在一起，促使它们遵守共同的网络协议以完成有序的数据交换，最终实现信息资源的共享与跨地域应用开发。

两个以上的计算机网络可以用一种或多种网络通信设备相互连接，从而构成更大的网络系统，以实现不同网络中用户的互相通信，共享软件和数据等。我们称这种网络的网络（Network of Networks）为互联网。因特网是全球性的、最大的互联网，又称为国际互联网，它把全球数百万个计算机网络、数亿台计算机主机连接起来，包含无穷无尽的信息资源，向全世界提供信息服务。

需要注意的是，人们对"互联网"和"因特网"这两个名词的使用区分得不严格，常出现混用的情况。但"internet"和"Internet"这两个英文名词有以下明确的区别。

（1）"internet"指互联网，它是一个通用名词，泛指由多个计算机网络互联而成的网络，在这些网络之间可以使用任意的通信协议作为通信规则。

（2）"Internet"指因特网，它是一个专用名词，专指当前全球最大的、开放的、由众多网络和路由器互联而成的特定计算机网络，在这些网络内部及之间使用 TCP/IP 协议族作为通信规则。

此外，网络互联并不仅仅是简单的物理连接，还需要在通信设备中安装相应的软件。因此当我们谈到网络互联时，就隐含地表示在这些通信设备中已经安装好了相应的软件，各通信设备可以通过网络交换信息。

1.1.2　计算机网络的发展历程

计算机网络是计算机技术与通信技术高度发展并紧密结合的产物。最初，计算机的存储与计算能力都很有限，且没有能够支持网络连接的技术，只能用于完成单一的任务，无法实现交互。到了 20 世纪 60 年代，计算机的存储和计算能力得到了较大提升。随着计算机数量和应用场景的增加，人们开始意识到需要用一些协议和技术来实现计算机之间的通信，随着通信技术的进步，最终计算机网络出现并迅速发展，经历了从分散化到统一化、从独立到联网的过程。根据不同阶段的应用需求与技术特色，计算机网络的发展可被划分为 4 个阶段：远程联机系统、多机互联系统、标准化网络、高速互联网络。

（1）远程联机系统

20 世纪 50 年代，由于计算机造价昂贵，计算机资源非常匮乏且放置集中。计算机用户必须亲自携带程序到放置计算机的机房中手动操作，计算机的使用极为不便。于是人们开发了具有收发功能的终端，并利用通信线路将计算机与终端相连，通过终端进行计算机数据的远程发送和接收。这种"终端—通信线路—计算机"的远程联机模式开启了计算机技术与通信技术结合发展的新时期，远程联机系统被称为第一代计算机网络，如图 1-1 所示。

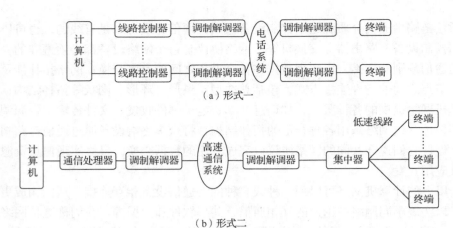

（a）形式一

（b）形式二

图 1-1　远程联机系统

　　远程联机系统的结构特点是单主机、多终端，所以从严格意义上讲，它并不属于计算机网络范畴。但是，这个阶段完成了通信技术与计算机技术相结合的研究，为计算机网络的产生奠定了理论基础。

　　（2）多机互联系统

　　远程联机系统发展到一定的阶段，计算机用户希望能够使用其他计算机系统上的资源。同时，拥有多台计算机的组织、机构或大型企业也希望各计算机之间可以进行信息的传输与交换。于是在 20 世纪 60 年代出现了以实现"资源共享"为目的的多计算机互联的形态。在这个阶段，对整个系统的通信可靠性和准确性提出了更高的要求，普遍采用的方案是在计算机和通信线路之间设置通信控制处理机（Communication Control Processor，CCP）来提高系统性能，如图 1-2 所示，其中 H 为主机（Host），T 为终端（Terminal）。

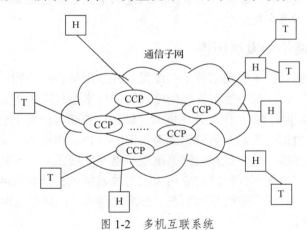

图 1-2　多机互联系统

　　多机互联系统结构上的主要特点是：以通信子网为中心，多主机、多终端。美国国防部在 1969 年创建的 ARPANET 是此发展阶段的主要代表。ARPANET 最初只是单个的分组交换网（非互联的网络），所有连接在 ARPANET 上的主机都直接与就近的节点交换机相连，实现了以资源共享为目的的计算机互联。ARPANET 是计算机网络发展中的一个重要里程碑，其研究成果促进了计算机网络技术的发展和其理论体系的研究，并为因特网的形成奠定了基础。

（3）标准化网络

ARPANET 的成功应用激发了各大计算机公司对网络研发的投入，自 20 世纪 70 年代中期开始，各大公司在发布各自网络产品的同时，认识到制定计算机网络体系结构和协议标准的重要性，并纷纷推出了各自专用的网络体系结构标准，提出了成套设计网络产品的概念。例如，IBM 公司于 1974 年率先提出了"系统网络体系结构"（Systems Network Architecture，SNA），DEC 公司于 1975 公布了"数字网络体系结构"（Digital Network Architecture，DNA），Univac 公司则于 1976 年提出了分布式通信网络体系结构。

这个阶段，不断出现的各种网络产品极大地推动了计算机网络的应用。但是，这些基于不同厂商专用网络体系标准的网络产品给不同网络间的互联带来了很大的不便，并严重限制了计算机网络的进一步发展与应用。解决这个问题的唯一办法就是国际标准化。网络体系结构和网络协议的标准化至少有两方面的好处：一是有利于实现不同网络产品之间的互操作性（Compatibility），也称为兼容性；二是标准化所带来的开放性有利于促进计算机网络技术的开发与应用。鉴于这种情况，国际标准化组织（International Organization for Standardization，ISO）于 1977 年成立了专门的机构从事开放系统互连问题的研究，目的是设计并提供一个标准的网络体系模型。1984 年，ISO 颁布了开放系统互连（Open System Interconnection，OSI）参考模型。OSI 参考模型的提出对推动网络体系结构理论的发展起了很大的作用，并引导计算机网络走向开放的、标准化的道路，同时标志着计算机网络的发展步入了成熟阶段。

在 OSI 参考模型颁布之后，尽管相关机构做了大量努力，引导网络研究者、开发者和相关生产厂商按照其给出的体系结构进行网络系统的研发与部署，但收效甚微，没有一个实际网络系统是遵循 OSI 参考模型实现的。相反，伴随着因特网的兴起，越来越多的研究者从事与因特网相关的传输控制协议/互联网协议（Transmission Control Protocol/Internet Protocol，TCP/IP）的研究与开发。TCP/IP 的日趋成熟与成功推广，促进了因特网的惊人发展，而因特网的发展反过来扩展了 TCP/IP 的应用范围。在此大背景下，IBM、DEC 等当时一批业界的大公司纷纷宣布支持 TCP/IP，其生产的产品均提供了对 TCP/IP 的支持。技术创新与规模化应用相互驱动，TCP/IP 及其对应的体系结构逐渐成为业界公认的事实标准。

（4）高速互联网络

从 1985 年起，美国国家科学基金会（National Science Foundation，NSF）就围绕 6 个大型计算机中心建设计算机网络，即国家科学基金网 NSFNET。它是一个三级计算机网络，分为主干网、地区网和校园网（或企业网）。这种三级计算机网络覆盖了全美主要的大学和研究所，并且成为互联网中的主要组成部分。1991 年，NSF 和美国的其他政府机构开始认识到，互联网必将扩大其使用范围，不应仅限于大学和研究机构。世界上的许多公司纷纷接入互联网，网络上的通信量急剧增大，使互联网的容量满足不了需求。于是美国政府决定把互联网的主干网转交给私人公司来经营，并开始对接入互联网的单位收费。1993 年，互联网主干网的速率提高到 45 Mbit/s（T3 速率），同时由美国政府资助的 NSFNET 逐渐被若干个商用的互联网主干网替代，而政府机构不再负责互联网的运营。这样就出现了一个新的名词：因特网服务提供方（Internet Service Provider，ISP）。在许多情况下，ISP 就是进行商业活动的公司，因此 ISP 又常译为因特网服务提供商。例如，中国电信、中国联通和中国移动等公司都是我国十分有名的 ISP。这一系列的发展最终导致全球范围的多层次 ISP 结构互联网的形成。

提高网络传输速率或网络带宽一直是计算机网络发展过程中一个不变的主题。随着网络应用与业务的快速增长，以及人们对网络服务质量要求的日益提高，对网络带宽的需求也水涨船高。基于电传输介质，网络数据传输速率已经实现了从 Kbit/s、Mbit/s 到 Gbit/s 的跨越。但与此同时，电传输介质在数据传输速率上的发展空间已经越来越小。随着光纤通信技术的发展，光纤作为一种高速率、高带宽、高可靠性的传输介质，在各国信息基础建设中均得以广泛使用，为建立高速互联网络奠定了基础。基于光纤的广域网主干网带宽达到了 10Gbit/s 数量级，万兆传输速率的光纤以太网被广泛地用于局域网和城域网主干网中，40Gbit/s 和 100Gbit/s 光以太网也完成了标准化并进入规模化应用阶段。全光网的诞生更是为计算机网络的带宽和容量带来了巨大的发展空间。全光网用光节点取代现有的电节点，并用光纤将这些光节点互联成网，利用光信号来完成数据的传输与交换，可以有效突破现有网络在信息传输和数据交换时所存在的瓶颈，大大提高网络的吞吐能力。带宽除了在有线网络领域得到快速提升之外，在无线网络中也快速提升。无线局域网的数据传输速率从最初 IEEE 802.11 标准所支持的 2Mbit/s 提升到了 IEEE 802.11ac 标准所能支持的 1300 Mbit/s。伴随移动网络从第二代、第三代向第四代与第五代发展，数据传输速率日趋提高。

1.1.3　计算机网络的分类

（1）按照网络的作用范围进行分类

① 广域网。

广域网（Wide Area Network，WAN）的作用范围通常为几十到几千千米，因此有时也称为远程网（Long Haul Network）。广域网是互联网的核心部分，其任务是长距离（如跨越不同的国家）传输主机所发送的数据。连接广域网各节点交换机的链路一般是高速链路，具有较大的通信容量。本书不专门讨论广域网。

② 城域网。

城域网（Metropolitan Area Network，MAN）的作用范围一般是一个城市，可跨越几个街区甚至整个城市，即其作用范围约为 5 km～50 km。城域网可以为一个或几个单位所有，也可以是一种公用设施，用来对多个局域网进行互联。目前很多城域网采用的是以太网技术，因此有时将其并入局域网的范围进行讨论。

③ 局域网。

局域网（Local Area Network，LAN）一般用微型计算机或工作站通过高速通信线路（速率通常为 10 Mbit/s 以上）相连，但地理上局限在较小的范围（如 1km 左右）。在局域网发展的初期，一个学校或工厂往往只拥有一个局域网，但现在局域网已被非常广泛地使用，学校或企业大都拥有许多个互联的局域网（这样的网络常称为校园网或企业网）。

④ 个人区域网。

个人区域网就是在个人工作的地方把属于个人使用的电子设备（如便携式计算机等）用无线技术连接起来的网络，因此也常称为无线个人区域网（Wireless Personal Area Network，WPAN），其范围很小，大约为 10m。若中央处理机之间的距离非常近（如仅 1m 的数量级或更小），则一般称之为多处理机系统，而不称之为计算机网络。

（2）按照网络的使用者进行分类

① 公用网。

公用网（Public Network）是指电信公司（国有或私有）出资建造的大型网络。"公用"的意思就是所有愿意按电信公司的规定交纳费用的人都可以使用这种网络。因此公用网也可称为公众网。

② 专用网。

专用网（Private Network）是某个部门为满足本单位的特殊业务工作的需要而建造的网络。这种网络不向本单位以外的人提供服务。例如，军队、铁路、银行、电力等系统均有其专用网。

公用网和专用网都可以提供多种服务。如果提供的服务是传输计算机数据，则分别是公用计算机网络和专用计算机网络。

（3）按照网络的位置进行分类

① 接入网。

接入网提供用户设备（如个人计算机、手机、智能穿戴设备等）与 ISP 之间的连接。接入网通常使用以太网、Wi-Fi、数字用户线（Digital Subscriber Line，DSL）等技术，使用户能够连接互联网，并通过接入网访问各种在线服务和资源。

② 承载网。

承载网是连接接入网与核心网之间的网络，它主要负责承担用户数据流量的传输任务。这些数据可以是来自接入网的用户请求，或者是核心网向接入网返回的响应。承载网使用物理介质（如光纤、电缆）进行高速数据传输，以确保数据快速、可靠地传输。

③ 核心网。

核心网是计算机网络的中心部分，类似于人的中枢神经系统。它处理多个承载网之间的数据传输，并提供各种网络服务，如路由、数据包过滤、虚拟专用网络等。核心网使用高性能的网络设备和协议来快速交换和转发数据，以确保网络高效运行。

④ 传输网。

传输网是跨越不同地理区域的网络。传输网使用广域网技术（如光纤通信、卫星通信）来实现不同地点之间的数据传输。传输网提供高速、稳定的网络连接，使得不同地点的计算机网络可以互相通信和交换数据。传输网的作用是确保数据能够在不同地理位置之间快速且可靠地传输。

（4）按照通信介质进行分类

① 有线网络。

有线网络是指使用物理介质（如电缆、光纤）来连接计算机、服务器和其他设备的网络。这些有线网络被广泛应用于企业、学校和家庭网络中。

常见的有线网络类型如下。

以太网。以太网（Ethernet）是一种使用双绞线或光纤来连接设备的局域网。以太网提供高速数据传输和可靠连接的能力，是目前最常用的有线网络之一。

光纤网络。光纤网络（Fiber Optic Network）利用光纤传输数据，具有高带宽和低传输损耗的特点。因此，在需要长距离高速传输数据的场景中（如企业级网络、数据中心和广域网等）光纤网络被广泛采用。

电视线网络。电视线网络（Cable Network）利用电视的电缆来传输数据，通常用于提供宽带上网服务。它可以通过电缆电视信号的剩余带宽来传输互联网数据。

电力线网络。电力线网络（Powerline Network）使用电力线来传输数据，可以通过电力线将网络信号传输到不同的插座，并由接收设备解码和处理数据。电力线网络适用于将网络连接扩展到难以布线的区域，如老房子或建筑物中的混凝土墙壁。

这些有线网络提供稳定、可靠和高带宽的连接，相比无线网络，有线网络不容易受到信号干扰和距离限制的影响。然而，使用有线网络需要进行布线，限制了设备的移动性。

② 无线网络

无线网络是指使用无线电波或红外线等无线传输技术来连接计算机等设备的网络。无线网络消除了有线网络的物理连接，使设备可以通过无线信号进行通信和数据传输。

常见的无线网络类型如下。

Wi-Fi网络。Wi-Fi是无线局域网技术，使用无线电波传输数据，可连接多种设备，如笔记本电脑、智能手机、平板电脑、智能家居设备等。Wi-Fi网络提供了便捷的无线接入和广覆盖的能力，适用于家庭、企业、公共场所等多种场景。

蓝牙网络。蓝牙是一种短距离无线通信技术，用于连接低功耗设备，如耳机、音箱、键盘、鼠标、智能手表等。蓝牙网络具有低功耗和简单配对的特点，广泛应用于消费电子产品和物联网设备。

移动网络。移动网络是一种通过手机基站和蜂窝网络实现的无线网络，它允许设备通过无线通信网络接入互联网。移动网络适用于移动设备，如智能手机、平板电脑、移动路由器等，可以在移动的情况下保持与互联网的连接。

无线网络的优点是灵活性高，设备无须物理连接，适用于移动设备和不便于布线的场所。然而，无线网络可能受到信号干扰、距离限制和安全性等问题的影响，通信速率和稳定性可能不如有线网络。

（5）按照网络传输方式进行分类

① 广播网络。

广播网络（Broadcast Network）是指网络中所有的计算机共享一条信道，如图1-3（a）所示。广播网络在通信时具备两个特点，一是任何一台计算机发出的消息都能够被所有连接这条共享信道的其他计算机收到，接收到消息的计算机根据消息报文中的目的地址来判断是进一步处理该报文还是丢弃该报文；二是任何时间内只允许一个节点使用信道，从而需要在广播网络中为信道争用提供相应的解决机制。

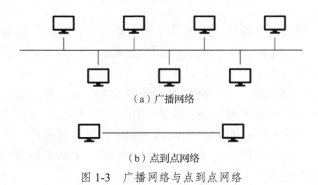

（a）广播网络

（b）点到点网络

图1-3　广播网络与点到点网络

② 点到点网络。

点到点网络（Point-to-Point Network）的每两个网络节点之间会建立一个独立的物理连接，如图 1-3（b）所示。点到点网络中节点之间的通信是一对一的，每个节点都可以发送和接收数据，而不会干扰其他节点。由于数据传输信道不存在竞争，该类网络通常具有较低的延迟和较高的传输速率，比广播网络更具有安全性。点到点网络常用于需要高速、安全和直接连接的场景。然而，点到点网络的缺点是扩展性较差，每增加一个节点就需要增加一个独立的物理连接，成本较高。

1.1.4 计算机网络的功能

1．数据通信功能

数据通信是计算机网络最主要的功能之一。数据通信是依照一定的通信协议，利用数据传输技术在两个终端之间传递数据信息的一种通信方式或通信业务。它可实现计算机和计算机、计算机和终端以及终端和终端之间的数据信息传递，是继电报、电话业务的第三种通信业务，也是如今最大的通信业务。数据通信中传递的信息均以二进制数据形式来表现，数据通信的另一个特点是总是与远程信息处理相联系，是包括科学计算、过程控制、信息检索等内容的广义信息处理技术。

2．资源共享功能

计算机资源包括硬件资源、软件资源和数据资源。硬件资源的共享可以提高设备的利用率，避免设备重复投资，如打印机、扫描仪、存储设备；软件资源和数据资源的共享可以充分利用已有的信息资源，减少软件开发过程中的劳动，避免大型数据库的重复建设与维护。计算机网络使得多台计算机可以共享和访问上述各种软硬件与数据资源。通过资源共享功能，用户可以在不同的计算机上共享文件、软件和其他重要数据，提高资源利用率和工作效率。

3．分布式处理功能

计算机网络使得分布在不同地点的计算机和服务器可以协同工作，共同处理任务和数据，是分布式计算实现的基础，涉及资源共享管理、负载均衡、容错和可靠性、并行计算、数据共享和同步、弹性和可扩展性等，能提高计算机系统的可靠性和容错能力。

4．远程访问与协同工作功能

计算机网络允许用户从远程地点访问不同的计算机和服务器，通过网络远程登录和控制目标计算机。这样用户可以通过互联网远程访问企业网络、个人计算机或云服务器，获取信息、执行任务或运行应用程序。计算机网络还可以实现实时协同工作，使得多个用户同时共享和编辑文档、收发电子邮件、进行即时通信和视频会议等，这有助于加强团队协作和提高工作效率。

5．数据存储和备份功能

计算机网络提供了共享存储空间的功能，可以将数据集中存储在网络存储设备上，并允许多个用户访问和备份这些数据。这种集中存储和备份能够提高数据的安全性和可靠性，以防数据丢失或损坏。计算机网络可以视为一种分布式数据库。

6．网络服务功能

网络服务是指在计算机网络基础上提供给人们的各种服务和功能。互联网连接了全球各地的计算机和网络设备，网络服务利用计算机网络的基础设施，通过网络传输数据和信息，为用户提供各种便利服务，如 Web 服务、电子邮件服务、文件传输服务、视频流媒体服务、数据库服务等。

1.2 计算机网络体系结构

计算机网络体系
结构

1.2.1 网络体系结构的基本概念

网络体系结构是指网络的结构和组织方式，以及网络中各个组件之间的关系和交互规则。

"分层"可将庞大且复杂的问题，转化为若干较小的局部问题，而这些较小的局部问题比较容易研究和处理。相互通信的两个计算机系统必须高度协调工作，而这种"协调"是相当复杂的。为了设计这样复杂的计算机网络，美国国防部早在最初设计 ARPANET 时即提出了分层的方法。图 1-4 给出了计算机网络分层模型，该模型将计算机网络中的每个独立节点（可以是主机或网络互联设备）作为基本的抽象与建模对象，围绕它们所要实现和提供的功能，将其抽象为若干层（Layer），每层对应一种相对独立的功能，相邻层之间存在依赖关系。

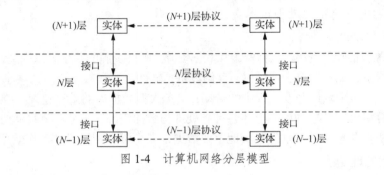

图 1-4　计算机网络分层模型

分层模型涉及下面一些重要的术语。

① 实体与对等实体。每一层中，用于实现该层功能的活动元素被称为实体（Entity），包括该层上实际存在的所有硬件与软件，如功能电路或板卡、终端、控制软件、协议软件、应用程序、进程等。

不同计算机上位于同一层次、完成相同功能的实体被称为对等实体（Peer Entities）。

② 协议。为了使两个对等实体之间有效地通信，对等实体需要就交换什么信息、如何交换信息等问题制定相应的规则或进行某种约定。这种对等实体之间交换数据或通信时必须遵守的规则或标准的集合称为协议（Protocol）。

协议由语法、语义和语序三大要素构成。语法包括数据与控制信息的格式、信号电平等；语义指协议语法成分的含义，包括协调用的控制信息和差错管理；语序包括时序控制和速率匹配关系。

③ 服务与接口。在网络分层模型中，每一层为相邻的上一层所提供的功能称为服务。N 层使用($N-1$)层所提供的服务，向($N+1$)层提供功能更强大的服务。下层服务的实现对上层必须是透明的，N 层使用($N-1$)层所提供的服务时并不需要知道($N-1$)层服务的实现细节，而只需要知道自己为($N+1$)层提供哪些服务以及提供服务的方式。

N 层向($N+1$)层提供的服务通过 N 层和($N+1$)层之间的接口来实现。接口定义了下层向其相邻的上层所提供的服务及相应的原语操作，并使下层服务的实现细节对上层是透明的。

　　为了更好地理解分层模型及实体、协议、服务、接口等概念，以图 1-5 所示的邮政系统作为类比来说明这个问题。假设处于 A 地的用户 A 要给处于 B 地的用户 B 发送信件，为了实现信件传递过程，会涉及用户、邮局和运输部门 3 个层次。用户 A 写好信并装在信封里，然后投入邮筒交由邮局 A 寄发。邮局 A 收到信后，首先分拣和整理信件，然后装入一个统一的邮包交付给 A 地的运输部门 A 进行运输，如航空信交付给民航部门、平信交付给铁路或公路运输部门等。B 地相应的运输部门 B 收到装有该信件的货物箱后，将邮包从其中取出，并交给 B 地的邮局 B，邮局 B 将信件从邮包中取出，投到用户 B 的信箱中，这样用户 B 就收到了来自用户 A 的信件。

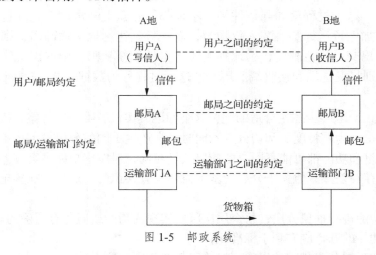

图 1-5　邮政系统

　　在这一过程中，写信人和收信人都是最终用户，处于整个邮政系统的最高层。邮局处于用户的下一层，是为用户服务的。对用户来说，他只需知道写好信后装入信封并按邮局的规定写好邮寄地址，再投入邮局设置的邮筒就行了，而无须知道邮局是如何实现寄信过程的，这个过程对用户来说是透明的。处于整个邮政系统最底层的运输部门是为邮局服务的，并且负责实际的邮件运输，邮局只需将装有信件的邮包送到运输部门的货物运输接收窗口，而无须操心邮包作为货物是如何到达异地的。从整体上看，可以理解成邮局利用运输部门所提供的货物运输服务，加上自身的一些功能与服务，为用户提供邮件传输服务。在这个例子中，邮筒就相当于邮局为用户提供服务的接口，运输部门的货物运输接收窗口则是运输部门为邮局提供服务的接口。

　　另外，在邮政系统例子中，写信人与收信人、本地邮局和远地邮局、本地运输部门和远地运输部门之间分别构成邮政系统分层模型中不同层的对等实体。为了能将信件准确地从写信人处送达收信人处，这些对等实体之间必须有一些约定或惯例。例如，双方约定写信人写信时必须采用双方都懂的语言文字和文体，开头是对方称谓，最后是落款等。这样收信人在收到信后才可以读懂信的内容，知道是谁写的，什么时候写的等。同样地，邮局之间要就邮戳的加盖、邮包大小、颜色等制定统一的规则，而运输部门之间就货物运输制定有关的运输规则。这些对等实体之间的规则或约定就相当于网络分层模型中的协议。

　　从这个类比中可以看出，协议是"水平的"，是控制对等实体间通信的规则；服务是"垂直的"，是通过相邻层之间的接口由下层向上层提供的。从上述关于邮政系统的类比中还可以发现，尽管对收信人来说，信件似乎直接来自写信人，但实际上这封信件在 A 地历经了用户→邮局→运输部门的过程，在 B 地则历经了运输部门→邮局→用户的过程。

类似地，网络分层模型中的数据也不是直接从发送端的最高层直接到达接收端的最高层的。在发送端，每一层都把含有本层控制信息的数据交给它的下一层，下一层将该相邻上层传下来的数据直接作为本层数据字段的内容，同时加上自己这一层的控制信息，因此在发送端自上而下被传输的数据在形式上越来越复杂。而到了接收端，在数据自下而上的传输过程中，每一层都要卸下由发送端对等层添加的那些控制信息，然后传给自己的相邻上层。这个过程就如同信件到了本地邮局要盖上邮戳后装入邮包，邮包到了本地运输部门要加上货运标签后装入货物箱；而一旦到达远地运输部门，则要将邮包重新从货物箱中取出交给远地邮局，远地邮局要将信件重新从邮包中取出交给用户。在计算机网络中，分别将发送端和接收端所历经的这种过程称为数据封装（Encapsulation）和数据拆封。

N 是变量，N 取多少才是合适的呢？这个问题其实没有唯一的答案，因为当功能划分的粗细程度（也称为颗粒度）和切分点不同时，会产生不同的分层模型。不同的分层模型所包含的层数量和功能都可能不同，即使层数量相同，对应层功能也会有差异。尽管分层在具体实施时存在差异，但关于分层的基本原则是有共识的。通常，在实施网络分层时要依据以下原则：

- 根据功能进行抽象分层，每个层次所要实现的功能或服务有明确的规定；
- 每层功能的选择应有利于标准化；
- 不同的系统分成相同的层次，对等层具有相同功能；
- 上层使用下层提供的服务时，下层服务的实现是不可见的；
- 层次的数目要适当，层次太少则功能不明确，层次太多则体系结构过于庞大。

1.2.2 OSI 参考模型

在网络发展过程中，已建立的网络体系结构很不一致，这给在网络中扩展计算机系统带来了不便。为了促进多厂家的国际合作以及使网络体系结构标准化，1997 年，ISO 专门成立了一个委员会 SC16 来开发一个异种计算机系统互联网络的国际标准。一年多后，SC16 基本完成了任务，开发了开放系统互连（OSI）参考模型。1979 年底，SC16 的上级技术委员会 TC97 对该模型进行了修改。1983 年，OSI 参考模型正式得到了 ISO 和国际电报电话咨询委员会（International Telegraph and Telephone Consultative Committee，CCITT）的批准，并分别以 ISO 7498 和 X.200 文件的形式公布。"开放系统互连"的含义是任何两个遵守 OSI 标准研制的系统是相互开放的，可以进行互连。OSI 参考模型被广泛接受，成为指导网络发展的重要标准。

OSI 参考模型采用分层结构，包括 7 层功能及对应的协议，如图 1-6 所示。

事实上，OSI 参考模型仅仅给出了一个概念框架，它指出实现两个"开放系统"之间的通信包括哪些任务（功能）、由哪些协议来控制，而不是对具体实现进行规定。网络开发者可以自行决定采用硬件或软件来实现这些协议功能。

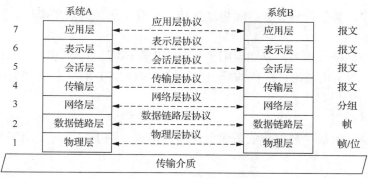

图 1-6　OSI 参考模型

1．OSI 参考模型基本术语

（1）服务。服务是在 OSI 参考模型内部相邻层之间，由下一层向上一层提供的功能的总称。所谓 N 层服务就是由第 N 层以及第 N 层以下所有协议层，通过 N 层与 $N+1$ 层的接口向 $N+1$ 层提供的功能的总称。

OSI 服务在服务提供层与服务应用层之间，以交换服务原语的方式工作。ISO 有关文件定义了服务原语的种类、原语所需参数、原语使用规则、原语先后顺序，以及服务状态变化规律。

OSI 参考模型定义的服务分为面向连接的服务和无连接服务两种。面向连接的服务完成实体间数据传输的过程，包括建立连接、传输数据、拆除连接 3 个阶段。利用无连接服务传输数据时不需要建立连接和拆除连接，而是直接传输数据。

（2）协议。协议是对对等层实体间交换数据的格式、意义和交换规则的描述。OSI 服务功能必须通过协议来提供，但是如果更换下层协议，只要保持服务原语不变，服务应用层就不需要做任何变化，而且也意识不到下层的这些变化。

协议的基本元素称为协议数据单元，协议数据单元是对等层实体间交换的逻辑数据单位。

由于服务是由协议提供的，因此协议也有面向连接的协议和无连接协议之分。

OSI 协议文本通常要描述协议所在层的位置，定义协议数据单元的种类、名称、格式以及内部参数，还要定义协议状态的变化规律。

2．OSI 参考模型各层功能简介

（1）物理层

物理层协议的功能是定义网络物理设备，即数据终端设备（Data Terminal Equipment，DTE）和数据电路端接设备（Data Circuit-terminating Equipment，DCE）之间的接口，在DTE 和 DCE 之间实现二进制位流的传输。DTE 指各种用户终端、计算机及其他用户通信设备；DCE 指由通信业务者提供的通信设备，如调制解调器等。

具体来说，物理层定义了设备连接接口（插头或插座）的 4 个特性。

① 机械特性：规定了接插件的规格、尺寸、引脚数量和排列等。

② 电气特性：规定了传输二进制位流时线路上信号电压的高低（用什么电平分别表示0 或 1）、阻抗匹配、传输速率和距离限制等。

③ 功能特性：规定了物理接口上各信号线的功能。

④ 规程特性：定义了利用信号线传输二进制位流的一组操作规程，即各信号线工作的

规则和先后顺序，如怎样建立和拆除物理连接，全双工还是半双工操作，同步传输还是异步传输等。

物理层接口标准有很多，分别应用于不同的物理环境。其中 EIA RS-232C 是一个 25 针连接器，是许多微机系统都配备的异步串行接口，CCITT X.21 是公用数据网同步操作的 DTE 和 DCE 间的接口。

（2）数据链路层

数据链路层规定最小数据传输逻辑单位帧的格式，用于实现两个相邻节点之间无差错的数据传输。

具体功能如下。

① 规定信息帧的类型（包括控制信息帧和数据信息帧等）和帧的具体格式，如每种帧包括哪些信息段、每段多少位、每种信息码表示什么含义等。数据链路层从网络层接收数据分组，封装成帧，然后传输给物理层，由物理层传输到对方数据链路层。

② 进行差错控制，信息帧中携带校验信息段，当接收方接收到信息帧时，按照约定的差错控制方法进行校验，发现差错并进行差错处理。

③ 进行流量控制，协调相邻节点间的数据流量，避免出现拥挤或阻塞现象。

④ 进行链路管理，包括建立、维持和释放数据链路，并为网络层提供几种不同质量的链路服务。

典型的数据链路层协议是 ISO 制定的高级数据链路控制（High Level Data Link Control，HDLC）。它是一个面向位的链路层协议，能够实现在多点连接的通信链路上一个主站与多个次站之间的数据传输。

（3）网络层

网络层是通信子网的最高层，其主要功能是控制通信子网的工作，实现网络节点之间穿越通信子网的数据传输。

具体功能如下。

① 规定分组的类型和具体格式，将传输层传递的长数据拆分为若干个组。

② 确定网络中发送方和接收方数据终端设备地址。

③ 定义网络连接的建立、维持和释放，以及在其上传输数据的规程，包括选择数据交换方式和路由选择，在源节点和目的节点之间建立一条穿越通信子网的逻辑链路。这条逻辑链路可能经过若干个中间节点的转接，在网络互联的情况下，这条逻辑链路甚至可以穿过多个网络，因此需要网络层确定寻址方法。

④ 网络层可能复用多条数据链路连接，并向传输层提供多种质量的网络连接服务。

典型的网络层协议是原 CCITT X.25，它是用于公用数据网的分组交换（包交换）协议，另一个常用的网络层协议是 TCP/IP 中的 IP。

（4）传输层

完成同处于资源子网中的两个主机（即源主机和目的主机）间的连接和数据传输，也称为端到端的数据传输。

传输层是负责数据传输的最高层。由于网络层向传输层提供的服务有可靠和不可靠之分，而传输层要对其高层提供端到端（即传输层实体，可以理解为完成传输层某个功能的进程）的可靠通信，因此传输层必须弥补网络层所提供的传输质量的不足。

具体功能如下。

① 为高层数据传输建立、维护和拆除连接，实现透明的端到端数据传输。

② 提供端到端的错误恢复和流量控制。

③ 信息分段与合并。将高层传输的大段数据分段成传输层报文，接收端对接收的一个或多个报文进行合并后传递给高层。

④ 考虑复用多条网络连接，提高数据传输的吞吐量。

OSI 定义了 5 类（0 类、1 类、2 类、3 类、4 类）传输层协议，分别适用于不同的网络服务质量情况。

实用的传输层协议有 TCP/IP 中的 TCP 和 CCITT X.29 建议。

（5）会话层

会话层的功能是实现进程（又称为会话实体）间通信（或称为会话）的管理和同步。

具体功能如下。

① 提供进程间会话连接的建立、维持和中止功能，提供单向会话或双向同时进行的会话。

② 在数据流中插入适当的同步点，当发生差错时，可以从同步点重新进行会话，而不需要重新发送全部数据。

在 OSI 层次结构中，会话层协议是 ISO 8327。

（6）表示层

表示层的任务是完成语法格式转换，即在计算机所处理的数据格式与网络传输所需要的数据格式之间进行转换。

具体功能如下。

① 语法变换。不同的计算机有不同的内部数据表示，表示层接收到应用层传递过来的用某种语法形式表示的数据之后，将其转变为适合在网络实体之间传输的用公共语法表示的数据。具体工作包括数据格式转换，字符集转换，图形、文字、声音的表示，数据压缩、加密与解密，协议转换等。

② 选择并与接收方确认采用的公共语法类型。

③ 表示层对等实体之间连接的建立、数据传输和连接释放。

在 OSI 层次结构中，表示层协议是 ISO 8823。

（7）应用层

应用层是 OSI 参考模型的最高层，是计算机网络与用户之间的界面，由若干个应用进程（或程序）组成，包括电子邮件、目录服务、文件传输等应用程序。计算机网络通过应用层向网络用户提供多种网络服务。由于各种应用进程都要使用一些共同的基本操作，为了避免为各种应用进程重复开发这些基本操作，所以将应用层划分为几个逻辑功能层次，其中较低的功能层次提供基本模块，基本模块之上的层次中是各种应用。

OSI 提供的常用应用服务如下。

① 目录服务。记录网络服务对象的各种信息，提供网络服务对象名字到网络地址之间的转换和查询功能。

② 电子邮件。为用户建立邮箱来保存邮件，实现用户间信件的传递。

③ 文件传输。包括文件传输、文件存取和文件管理功能。文件传输是指在开放系统之

间传输文件；文件存取是指对文件内容进行检查、修改、替换或清除；文件管理是指创建和撤销文件、检查或设置文件属性。

④ 作业传输和操作。将作业从一个开放系统传输到另一个开放系统去执行，作业所需的输入数据可以在任意系统中定义，将作业的结果输出到任意系统，实现网络中任意系统对作业的监控等。

⑤ 虚拟终端。虚拟终端是指将各种类型实际终端的功能一般化、标准化后得到的终端。由于不同厂家的主机和终端往往各不相同，因此虚拟终端服务要完成实际终端到应用程序使用的虚拟终端类型的转换。

1.2.3 TCP/IP

1．TCP/IP 与 Internet

TCP/IP 是 Internet 上采用的协议，它源于 ARPANET。在 20 世纪 70 年代中期，美国国防部高级研究计划局（Defense Advanced Research Projects Agency，DARPA）为了实现异种网络之间的互联与互通，大力资助网间技术的开发，导致 TCP/IP 的出现和发展。1980 年前后，DARPA 开始将 ARPANET 上的所有计算机转向使用 TCP/IP，还低价出售 TCP/IP 软件，并资助一些机构来开发用于 UNIX 的 TCP/IP，这些措施大大推动了 TCP/IP 的研究开发工作。

NSF 于 1985 年开始涉足 TCP/IP 的研究与开发。NSF 以其 6 个超级计算机中心为基础，建立起基于 TCP/IP 的互联网，并于 1986 年资助建立远程主干网 NSFNET，NSFNET 连接 NSF 的全部超级计算机中心，并与 ARPANET 相连。1986 年，NSF 使全美主要的科研机构连入 NSFNET，NSF 资助的所有网络机构均采用 TCP/IP。1990 年，NSFNET 替代 ARPANET 成为 Internet 的主干网。

如今，TCP/IP 已发展成完整的协议族，由多个协议组成，构成了网络协议体系，并且得到了广泛应用和支持，是事实上的国际标准和工业标准。目前，大多数局域网和专用网也广泛使用 TCP/IP。

2．TCP/IP 体系结构

TCP/IP 在物理网基础上分为 4 个层次，自下而上依次为网络接口层、网际层、传输层和应用层。它与 OSI 参考模型的对应关系及各层协议组成如图 1-7 所示。

OSI参考模型
应用层
表示层
会话层
传输层
网络层
数据链路层
物理层

TCP/IP		
应用层	DNS、RTP、TFTP、SNMP、DHCP、QUIC、NTP……	HTTP、FTP、SMTP、POP3、IMAP、Telnet、SSH、DNS over TCP……
传输层	UDP	TCP
网际层	ICMP IP ARP	
网络接口层	局域网：以太网、令牌环网、FDDI……	广域网：ATM、帧中继、MPLS……

图 1-7 TCP/IP 与 OSI 参考模型的对应关系及各层协议组成

在 TCP/IP 中，网络接口层是最底层。在发送端，该层负责接收从网际层传来的 IP 数据报并将它通过底层物理网络发送出去；在接收端，该层负责接收从底层物理网络传来的物理帧，抽出 IP 数据报，交给网际层。网络接口层允许主机连入网络时采用不同的网络技术（包括硬件与软件）。当各种基于不同技术实现的物理网用作传输 IP 数据报的通道时，都被认为属于这一层的范畴。

网际层负责将源主机发送的分组独立地送往目的主机，源主机与目的主机可以在同一网络中，也可以在不同网络中。也就是说，在由不同底层网络互联而成的异构网络环境中，网际层可以实现源主机到目的主机的分组传输，而且与分组所经过的底层网络类型及实现细节无关。这好比邮局在通过运输部门运输邮包时，需要选择运输方式或路径，这种选择应确保邮包能够到达目的站，但一旦完成这种选择，它并不需要知道运输部门底层的具体实现机制。TCP/IP 中的网际层在功能上相当于 OSI 参考模型中的网络层。

传输层负责在源节点和目标节点的两个对等应用进程之间提供端到端的数据通信。为了标识参与通信的传输层对等实体，传输层提供了关于不同进程的标识机制。为了适应不同的网络应用，传输层提供面向连接的可靠传输与无连接的不可靠传输两类服务。

应用层涉及为用户提供网络应用，并为这些应用提供网络支持服务。由于 TCP/IP 将所有面向应用的内容都归为一层，所以该层涉及处理高层协议、数据表达和会话控制、应用接口等任务。

应该指出，TCP/IP 是 OSI 参考模型之前的产物，所以它和 OSI 参考模型之间不存在严格的层对应关系。在 TCP/IP 中并不存在与 OSI 参考模型中的物理层与数据链路层直接相对应的层，相反，由于 TCP/IP 的主要目标是致力于异构网络的互联，所以对物理层与数据链路层部分没有做任何限定。

3．TCP/IP 各层的主要协议

TCP/IP 是伴随 Internet 发展起来的网络模型，所以这个模型中包括一系列行之有效的网络协议，目前已超过 100 个。这些协议被用来将各种计算机和数据通信设备组成实际的 TCP/IP 计算机网络。因此，TCP/IP 在很大程度上被认为是协议系列或协议族。

在网络接口层中，包括底层互联的各种物理传输网络，涉及局域网、城域网和广域网，以及这些领域中基于不同技术实现的主流网络形态，而且随着网络技术的发展与演变，这些底层网络与技术也在相应发生变化。以局域网为例，从以太网、令牌环网、光纤分布式数据接口（Fiber Distributed Data Interface，FDDI）共存，发展到今天成为以太网与无线局域网共存，而且以太网技术自身从传统的 10MB/s 经历了 100MB/s、1000MB/s、10GB/s 再到 100GB/s 的发展；以广域网为例，从早期的以 X.25、帧中继、综合业务数字网（Integrated Service Digital Network，ISDN）、异步传输方式（Asynchronous Transfer Mode，ATM）为主流发展到了今天的以同步数字体系（Synchronous Digital Hierarchy，SDH）为主流。

网际层包括多个重要的协议，IP 是其中最核心的协议，该协议规定了网际层数据分组的格式；互联网控制报文协议（Internet Control Message Protocol，ICMP）用于实现网络控制和消息传递功能；地址解析协议（Address Resolution Protocol，ARP）用于提供 IP 地址到 MAC 地址的映射；反向地址解析协议（Reverse Address Resolution Protocol，RARP）也称为逆地址解析协议，提供 MAC 地址到 IP 地址的映射。

传输层提供两个协议，分别是 TCP 和用户数据报协议（User Datagram Protocol，UDP）。TCP 在进程间提供面向连接的可靠传输服务，通过确认、差错控制和流量控制等机制来保证数据传输的可靠性，常常用于有大量数据需要传输或对可靠性有较高要求的网络应用。UDP 提供无连接的不可靠传输服务，主要用于不要求数据按顺序可靠到达的网络应用。

应用层包括众多的应用协议与应用支撑协议。应用协议是指直接提供面向用户应用的协议，而应用支撑协议是指为应用提供支撑服务的协议。文件传送协议（File Transfer Protocol，FTP）、超文本传送协议（Hypertext Transfer Protocol，HTTP）、简单邮件传送协议（Simple Mail Transfer Protocol，SMTP）和虚拟终端协议（Telnet）等都是应用协议的典型例子；而域名系统（Domain Name System，DNS）、动态主机配置协议（Dynamic Host Configuration Protocol，DHCP）和简单网络管理协议（Simple Network Management Protocol，SNMP）则属于应用支撑协议。

1.3 计算机网络发展新技术

计算机网络领域正在面临一系列新的发展和趋势：越来越多的物理设备和传感器与互联网连接，并通过物联网实现智能化和自动化；5G 网络已经商用，并且正在逐步覆盖全球；云计算技术通过互联网提供可靠、可扩展、弹性和高效的计算资源和服务，以满足不同用户和企业的业务需求；大数据技术刺激着计算机网络提供更高效、安全、可扩展的网络架构和服务。

1.3.1 物联网技术

物联网（Internet of Things，IoT）是将各种设备、传感器和物体连接到互联网，实现互联互通和智能化管理的技术。物联网技术正在逐渐改变着人们的生活方式、工作方式以及产业发展模式，被广泛应用于智能家居、智能工业、智慧城市、智能交通等多个领域。

物联网技术主要由下面几个方面实现。

传感器和节点设备：物联网中的传感器和节点设备负责对物体和环境进行感知和信息采集。传感器可以感知和采集各种数据，如温度、湿度、压力、光线等。节点设备则负责对传感器采集的数据进行处理和传输。

网络和通信技术：物联网中的节点设备等通过网络连接互联网，实现设备之间的通信和数据交换。目前，常用的通信技术包括以太网、Wi-Fi、蓝牙、ZigBee 等，可以根据物联网应用的需求选择合适的通信技术。

数据处理和分析：物联网中生成的数据的数据量巨大，需要对数据进行有效的处理和分析，提取有价值的信息。数据处理和分析包括数据存储、数据清洗、数据挖掘和机器学习等技术，用于对物联网数据进行分析和智能决策。

云计算和云服务：物联网中的大量数据需要被存储和处理，而云计算和云服务提供了强大的计算和存储能力，能够满足物联网应用的需求。通过云服务，我们可以将边缘设备产生的数据上传到云端进行分析和处理，实现大规模数据的管理和应用。

物联网技术在各个领域都有着广泛的应用和影响。在智能家居方面，物联网技术可以实现家庭设备的智能化与互联，通过手机或其他终端设备能实现对家电、照明、安防等设备的远程控制和管理。在智能工业方面，物联网技术可以实现生产设备的远程监控和故障预警，提高生产效率和安全性，降低维护成本。在智慧城市方面，物联网技术可以实现城市基础设施的智能化管理，如智能交通系统、智能能源系统、智能环境监测等，通过数据的收集、处理和共享，提高城市的管理和运行效率，改善人们的生活质量。在农业方面，物联网技术可以实现农作物、土壤、水资源等的精确监测和管理，实现农业的智能化和精准化，提高农业生产的效益和可持续发展。

值得注意的是，在物联网技术的发展过程中，面临着一些挑战和问题。首先，随着物联网设备的增多，所需处理的数据量大幅增加，对网络和计算能力提出了更高的要求；其次，物联网数据的安全和隐私问题需要得到高度重视和解决；最后，物联网技术的发展需要统一的标准和规范，以实现设备之间的互联互通和数据的互操作性。

总的来说，物联网技术作为连接实体物体和互联网的"桥梁"，为人们的生活、工作和产业发展带来了巨大的变革和机遇。通过物联网技术，我们能够实现物体的智能化管理和控制，提高效率、降低成本，同时需要注意解决物联网技术发展中的一些问题，以推动物联网技术的进一步发展和广泛应用。

1.3.2　5G 技术

5G 技术，全称为第五代移动通信技术，是一种更高速、更可靠、更低延迟的无线通信技术。5G 技术的推出将为移动通信带来巨大的革命性变化，它具有广泛的应用前景和深远的影响。

相比第四代（4G）移动通信技术，5G 技术具有更高的数据传输速率。理论上，5G 的峰值传输速率可达到几十倍甚至上百倍于 4G 技术的水平，这意味着用户可以在瞬间下载大量数据、观看高清视频、玩游戏等，让用户体验更好。5G 技术的延迟将大大降低，预计可将延迟降至 1ms 以下，这意味着数据传输的响应将更为迅速。因此，5G 技术将为实时应用提供更好的支持，如虚拟现实、增强现实、无人驾驶等领域的相关应用需要实时性强和高度可靠的网络支持。5G 技术支持很多的设备同时连接，这对物联网应用来说非常重要。预计 5G 技术能够每平方千米支持超过一百万台设备，从而实现更广泛、更密集的连接，推动物联网技术的快速发展和应用。5G 技术具有更稳定、更可靠的连接性能，并且具有更好的信号覆盖能力，能够在复杂的环境中提供更可靠的通信服务。此外，5G 技术采用了更先进的频谱和调度技术，通信的稳定性和可靠性更好。

5G 技术催生了许多新的应用场景。除了提供更好的移动通信服务之外，5G 技术还将为云游戏、远程医疗、智慧城市、智能交通、工业自动化等领域带来更多的机遇。5G 技术将使得云游戏可以在不同的终端设备上流畅运行，远程医疗可以实现高清视频会诊和远程手术，智慧城市可以实现更高效的交通管理和公共安全，工业自动化可以实现智能控制和机器协作等。

然而，5G 技术的发展也面临一些挑战。首先是基础设施建设，5G 技术需要大量的基站和网络设施来提供服务，这对运营商和相关企业来说是一个巨大的投资。其次是频谱资源的合理规划和利用，5G 技术需要更多的频谱来提供更快的速率和更大的容量，但现有的频谱资源有限，需要进行合理分配和管理。另外，5G 技术的安全性和隐私问题也需要得到高度重视和解决，因为 5G 技术将连接更多的设备和数据，面临着更大的风险和挑战。

总的来说，5G 技术作为下一代移动通信技术的代表，将为人们的生活、工作和产业发展带来巨大的变革和机遇。通过更快的速率、更低的延迟、更大的容量和更可靠的连接，5G 技术将推动移动通信的发展，促进物联网、智慧城市、工业互联网等领域的快速发展。尽管面临一些挑战，但相信随着 5G 技术的逐步成熟和普及，它将对人们的生活产生深远的影响，并为未来的科技创新和发展带来更多可能。

1.3.3　云计算技术

云计算技术是一种基于互联网的计算方式，通过将计算资源（包括计算能力、存储空间和应用软件等）集中在远程的数据中心中，然后通过网络将这些资源按需提供给用户。简单来说，云计算技术就是将计算能力和数据存储外包给云服务提供商，用户通过互联网即可按需使用相关资源。

云计算技术的核心思想是"万物互联、共享计算"。它在传统的计算模式（即本地计算）的基础上，提供了更加灵活、可扩展和经济高效的计算方式。通过云计算技术，用户无须购买昂贵的硬件设备，也无须搭建和维护复杂的计算基础设施，只需按照自己的需求申请计算资源，即可快速使用。这种模式大大降低了企业和个人的 IT 成本，并且提高了计算资源的利用效率。

云计算技术包含 3 个主要的服务模式，包括基础设施即服务（Infrastructure as a Service，IaaS）、平台即服务（Platform as a Service，PaaS）和软件即服务（Software as a Service，SaaS）。

基础设施即服务是指云服务提供商提供基础的计算资源，包括虚拟机、物理服务器、网络等，并允许用户通过互联网进行管理和配置。用户可以根据需要创建虚拟机、存储数据和搭建应用，而不需要关注底层的硬件和网络设施。在这种模式下，用户可以更加灵活地使用和调整计算资源，以适应业务的变化。

平台即服务是指在基础设施即服务的基础上提供更高层次的服务。云服务提供商提供完整的开发平台，用户可以在平台上进行应用程序的开发、测试和部署。用户无须关注底层的操作系统、数据库和网络等实现细节，只需专注于业务逻辑的开发。这样可以大大缩短应用程序的开发周期，并提高开发效率。

软件即服务是将应用软件以服务的方式提供给用户。用户无须购买和安装软件，只需通过云服务提供商提供的界面和应用程序接口（Application Program Interface，API）进行访问和使用。在这种模式下，软件的部署、更新和维护都由云服务提供商负责，用户只需专注于使用软件，而不需要关注底层的技术细节。软件即服务广泛应用于各个领域，如企业资源规划（Enterprise Resource Planning，ERP）、客户关系管理（Customer Relationship Management，CRM）和在线办公等。

云计算技术还具有一些重要的特点和优势。

首先，云计算技术具有高度的可扩展性。云服务提供商可以根据用户的需求，快速增大或减小计算资源的规模，从而满足不同规模和负载的应用需求。这种灵活性使得用户可以根据业务的变化进行动态调整，从而减少资源的浪费和降低成本的开销。

其次，云计算技术具有高可靠性。云服务提供商通常会在多个地理位置建立数据中心，并采取冗余和备份措施，确保数据的安全和可靠性。即使其中一个数据中心出现故障，用户的应用仍然可以继续运行，不会因为单点故障而中断。

此外，云计算技术还使得数据的共享和协作更加便捷。用户可以通过云存储服务将数据保存在云端，并通过网络与团队成员共享和编辑数据。这种协同化的方式提高了团队的工作效率，并且能够实时更新和同步数据，促进了工作的协调和一致。

总的来说，云计算技术为用户提供了一种灵活、经济和高效的计算模式。它已经广泛应用于各个行业和领域，包括企业 IT、科学研究、教育和医疗等。随着互联网的不断发展和技术的进步，云计算技术将继续演化和创新，为人们带来更多的便利和机遇。

1.3.4　大数据技术

数字信息已经渗透到社会生活的方方面面，以至于近几年来信息的增加似乎势不可当。2018 年，全世界创建、捕获、复制和消费的数据总量为 33ZB，相当于 33 万亿吉字节。2019 年，Raconteur Media 的一份研究报告表明，在地球上，我们每天生成约 5 亿条推文、2940 亿封电子邮件、400 万吉字节的 Facebook 数据、650 亿条 WhatsApp 消息和 720000h 的 YouTube 新视频。2020 年，这一数字增长到 59ZB，预计到 2025 年将达到令人难以置信的 175ZB。采用传统的技术手段已无法处理和分析如此庞大的数据，大数据技术应运而生。

大数据是一种处理和分析大规模、高速、多样化、复杂数据的技术，涉及数据采集（如传感器感知、网络爬虫等）、分布式存储（如 Hadoop、NoSQL 数据库）、分布式计算（如 MapReduce）、数据分析算法和模型（如机器学习、数据挖掘、人工智能等）以及数据可视化等。利用大数据技术，人们能够捕捉、存储、管理和分析各种类型和多种来源的大数据，以帮助企业和组织获取有价值的信息，发现商业机会，支持在不同领域中的数据驱动决策，改进业务流程，提升效率和创造价值。

大数据技术具有以下几个主要特点。

数据采集和获取：大数据技术需要能够从各种数据源中高效地采集和获取数据，包括传感器、社交媒体、日志文件、交易记录等。这需要具备合适的数据采集工具和技术，以及对不同数据源的接口进行连接能力。

数据存储和管理：大数据技术采用分布式存储系统来存储海量的数据，如 Hadoop 分布式文件系统（Hadoop Distributed File System，HDFS）。这种存储方式将数据分布到多个节点上，实现数据的冗余备份和高可靠性。此外，还需要用数据管理工具对数据进行分类、标记、清洗和整理，以便后续进行数据分析和挖掘工作。

数据处理和分析：大数据技术需要高效地处理和分析海量数据。传统的数据处理和分析方法往往无法满足大数据的需求，因此需要采用分布式计算框架，如 Apache Spark、Hadoop MapReduce 等，将任务分散到多个节点上进行并行处理。同时，还需要具备适应不同数据类型和分析场景的数据处理算法和模型，以实现高效的数据挖掘和分析。

数据可视化和呈现：大数据技术不仅关注海量数据的处理和分析，还需要将分析结果可视化并呈现给用户。这需要通过数据可视化工具和技术，将复杂的数据转化为直观、易于理解的图表、图形或仪表盘。数据可视化不仅可以帮助用户更好地理解和发现数据中的模式和趋势，还能够支持决策和业务创新。

实时处理和流式数据分析：除了批量处理海量数据外，大数据技术还需要能够实时处理和分析数据流和流式数据。这需要具备实时数据处理引擎，如 Apache Kafka、Apache Flink 等，它们能够快速捕捉和处理数据流，并在毫秒级别提供实时结果。实时处理和流式数据分析在许多应用场景中非常重要，如金融风控、智能交通等。

高可靠性和弹性伸缩性：大数据技术需要具备高可靠性和弹性伸缩性，以应对硬件故障、网络中断等不可避免的问题。分布式存储和计算机系统可以自动处理节点故障，并保证数据的可靠性。同时，大数据技术还需要支持按需增加或减少计算和存储资源，以适应数据量和计算负载的变化。

数据安全和隐私保护：在获取、处理和存储海量数据时，大数据技术需要保护数据的安全性和隐私性。这包括数据传输的加密、访问权限的控制、数据脱敏和匿名化等。数据安全和隐私保护是大数据技术应用和发展的重要考虑因素，尤其在涉及个人敏感数据和商业机密数据方面。

大数据技术涉及数据的采集、存储、处理、分析、可视化和安全等方面，同时，还需要具备高可靠性、弹性伸缩性和支持实时处理和流式数据分析的能力。这些特点使得大数据技术成为处理海量、多样化和高速增长数据的关键工具，为企业和组织提供数据驱动的决策和创新能力。

📖 小阅读

中国互联网发展

1986 年：中国实施了国际联网项目——中国学术网（Chinese Academic Network, CANET），这是中国第一个国际互联网电子邮件节点，揭开了中国人使用互联网的序幕。

1987 年：9 月，CANET 在北京计算机应用技术研究所内正式建成，成为中国第一个与国际互联网连接的节点。

1988 年：中国第一个 X.25 分组交换网 CNPAC 建成，覆盖北京、上海、广州、沈阳、西安、武汉、成都、南京、深圳等城市，这是中国互联网发展的一个重要里程碑。

1990 年：11 月 28 日，中国注册了国际顶级域名 cn，标志着中国在国际互联网上有了自己的唯一标识。

1992 年：12 月，清华大学校园网（Tsinghua University Network, TUNET）建成并投入使用，这是中国第一个采用 TCP/IP 体系结构的校园网。

1993 年：3 月 2 日，中国科学院高能物理研究所接入美国斯坦福直线加速器中心（Stanford Linear Accelerator Center, SLAC）的 64K 专线，正式开通中国连入互联网的第一根专线，这标志着中国正式接入国际互联网。

1994 年：4 月 20 日，作为中关村地区教育与科研示范网络，中国国家计算与网络设施（The Nation Computing and Networking Facility of China, NCFC）建成验收，这标志着中国实现了与互联网的全功能连接，成为接入国际互联网的第 77 个国家。此后，中国的互联网发展开始加速，越来越多的公司和机构开始加入互联网。

1995 年：国内开通居民个人上网，瀛海威成立，它成为中国第一家互联网服务供应商。

1996 年：互联网开始由少数科学家手中的科研工具，变成广大群众生活的一部分。

1997 年：中国互联网络信息中心发布第一次《中国互联网络发展状况统计报告》，中国互联网的发展开始受到关注，中文网络论坛逐渐兴盛。

1998 年：中国网民开始呈几何级数增长，上网从前卫行为变成了一种真正的需求；同年 3 月，第九届全国人民代表大会第一次会议批准成立信息产业部，主管全国电子信息产品制造业、通信业和软件业，推进国民经济和社会服务信息化。经国家批准，同意建设中国长城互联网。

1999 年：2 月 1 日 OICQ 诞生。此时，丁磊已经创立网易两年，张朝阳推出搜狐产品一年，刘强东成立京东半年，四通利方与美国华渊资讯网合并为"新浪"两个月，马云在半年后创立了阿里巴巴。

2000 年：天涯社区在 1999 年创立，BBS 论坛于 2000 年进入"春秋战国时代"，除了新浪、搜狐、网易三大门户论坛，水木清华、猫扑、西祠胡同、天涯诞生了无数"斑竹"（版主）；李彦宏在中关村创立了百度；中国三大门户网站搜狐、新浪、网易在美国纳斯达克挂牌上市。

2001 年：中国加入世界贸易组织（World Trade Organization，WTO），中国的互联网市场开始对外开放。

2003 年：中国国家顶级域名 cn 下正式开放二级域名注册。

2005 年：中国互联网进入爆发期，淘宝成为国内最大的网络购物平台，网易推出了中国第一个大型在线游戏《大话西游》；腾讯推出 QQ 空间，开创了中国社交网络的先河。

2008 年：中国互联网迎来重要节点，北京奥运会使中国互联网的国际化进程开始加速；微博上线，成为中国社交媒体的重要平台。

2010 年：中国互联网用户规模超过 4 亿，移动互联网开始崛起。

2011 年：微信上线，成为中国最受欢迎的社交工具之一。

2014 年：中国移动互联网用户规模超过 8 亿，互联网金融开始兴起；共享单车在中国迅速发展，成为全球共享单车市场的重要一员。

2016 年：中国互联网经济规模超过 10 万亿元，成为全球第一；中国人民银行发布了《关于防范比特币风险的通知》，对比特币等虚拟货币进行监管。

2018 年：中国互联网用户规模达到 8.29 亿，移动支付成为主流支付方式；中国成为全球最大的电子商务市场，电商销售额超过 9.8 万亿元。

2020 年：中国互联网经济规模达到 41.2 万亿元，成为全球最大的数字经济市场；中国成功实现了 5G 技术商用，开启了"互联网时代"的新篇章。

近年来，人工智能和区块链等新兴技术逐渐试水互联网领域。阿里巴巴的菜鸟物流和蚂蚁金服，滴滴的自动驾驶，小米的 AI 音箱，华为的 5G 技术相关产品展现了中国互联网的实力和市场前景。

然而，互联网发展的同时也存在着一些负面问题，如侵犯用户隐私、网络诈骗、抄袭、盗版等。这些问题需要由相应的政策和监管措施来解决。

总的来说，中国互联网的演变历程中有着荣耀与光辉，也有着挫折和失败。但是，随着技术的不断发展和应用，中国互联网必将开创更加辉煌的新篇章。中国互联网经历了从起步到爆发，从国内到国际的发展历程。在这个历程中，中国互联网公司不断创新，积极拥抱新技术，推动了中国经济的发展和社会的进步。

习　题

一、选择题

1. 在 OSI 参考模型中，处于数据链路层与传输层之间的是（　　　）。

    A. 物理层　　　　　B. 网络层　　　　　C. 会话层　　　　　D. 表示层

2. 网络时延由（　　）部分组成。

    A. 发送时延　　　　B. 发射时延　　　　C. 处理时延　　　　D. 排队时延

    E. 传播时延　　　　F. 共享时延

3. 数据解封装的过程是（　　　　）。
　　A. 段—包—帧—流—数据　　　　　　　B. 流—帧—包—段—数据
　　C. 数据—包—段—帧—流　　　　　　　D. 数据—段—包—帧—流
4. 计算机网络的功能有（　　　　）
　　A. 数据通信功能　　　　　　　　　　B. 分布式处理功能
　　C. 远程访问与协同工作功能　　　　　D. 数据存储和备份功能
　　E. 资源共享功能
5. 关于因特网，以下说法正确的是（　　　　）。
　　A. 因特网属于美国　　　　　　　　　B. 因特网属于联合国
　　C. 因特网属于红十字国际委员会　　　D. 因特网不属于某个国家或组织
6. （　　　　）准确描述了"物联网"技术的概念。
　　A. 物联网是指通过互联网连接智能设备和物体，使其能够实时交互和共享数据的技术
　　B. 物联网是一种通过蓝牙技术连接多个设备的技术
　　C. 物联网是指通过红外线和无线电连接多个设备的技术
　　D. 物联网是指通过电缆连接多个设备的技术
7. 不属于计算机网络应用的是（　　　　）。
　　A. 电子邮件的收发　　　　　　　　　B. 用"写字板"写文章
　　C. 用计算机传真软件远程收发传真　　D. 用浏览器浏览"上海热线"网站
8. 关于5G技术，（　　　　）描述了5G技术的特点。
　　A. 5G技术具备极快的网速和低延迟，能够支持大规模连接和快速传输
　　B. 5G技术只适用于移动通信领域，对其他领域的影响有限
　　C. 5G技术主要侧重于提供更加稳定的网络连接，而不太注重网络传输速率提升
　　D. 5G技术主要针对企业级用户，普通家庭用户受益有限
9. 下列（　　　　）的描述是正确的。
　　A. 云计算技术与计算机网络相互独立，两者可以独立运行而不影响彼此
　　B. 云计算技术与计算机网络没有直接的关系，它只是一种基于虚拟化的资源管理方式
　　C. 云计算技术是建立在计算机网络基础之上的，依赖于网络进行资源的存储和处理
　　D. 云计算技术是通过计算机网络实现资源集中管理和分配的一种方式
10. 在大数据技术中，（　　　　）对分布式存储和处理大规模数据非常重要。
　　A. 路由　　　　　B. 数据传输　　　　C. 带宽控制　　　　D. 负载均衡

二、填空题

1. 计算机网络包含（　　　）、（　　　）、（　　　）、（　　　）和（　　　）5个部分。
2. 按照作用范围分类，计算机网络可分为（　　　）、（　　　）、（　　　）与（　　　）。
3. 互联网是由（　　　）的计算机网络构成的全球性计算机网络。它由多个自治的网络组成，采用（　　　）协议对信息进行传输和交换。
4. 计算机网络的发展可被划分为4个阶段：（　　　）、多机互联系统、标准化网络、（　　　）。

5. 计算机网络采用（　　　　）来组织。

三、综合题

1. 什么是计算机网络？

2. 因特网的两大组成部分（边缘部分与核心部分）的特点是什么？它们的工作方式各有什么特点？

3. 什么是网络协议？它包含哪些要素？

4. OSI 参考模型由多少层组成？请列举每一层的名称和功能。

5. 请简要解释什么是 TCP/IP 协议族，并列举其中常用的协议。

6. 计算机网络与物联网、云计算、大数据技术有什么联系？

第2章 数据通信基础

数据通信是指通过某种介质或网络，将数据从一个地方传输到另一个地方的过程。在数据通信中，信息被转化为特定的格式，并通过物理或虚拟的信道传输。数据通信可以是在计算机或设备之间进行的，也可以是在不同计算机网络之间进行的。它是现代信息社会中信息传播和交流的基础，广泛应用于互联网、无线通信、电子邮件、即时通信等各种应用。

2.1 数据通信的基本概念

在现代信息社会中，数据和信息的传递变得至关重要。数据是信息的基本单位，信号则是数据在传输中的物理表示形式。为了实现数据的有效传输，诸如有线和无线通信等数据通信方式发挥着重要作用。而对数据通信系统的性能评估，主要性能指标（如传输速率、带宽、延迟、容量和可靠性等）则成为关键参考指标。深入了解这些概念和指标有助于我们更好地理解和应用现代通信技术。

了解数据通信系统

2.1.1 数据、信号与信息

数据、信号与信息是数据通信中的 3 个核心概念，它们之间存在着紧密的关系。

（1）数据

数据（Data）是指特定形式的符号或数字，它们对现实世界的观测、记录和测量结果进行描述。数据通常以数字、文字、图像、音频等形式存在，可以是原始的、未经处理的。数据本身并没有意义和价值，只有经过处理、解析、分类、组织等操作后，才能被赋予意义和价值，形成有用的、可理解的信息。

（2）信号

信号（Signal）是指用于在通信系统中传输数据的电信号、光信号或无线电信号，是数据的物理表现形式。当数据要通过信道进行传输时，需要转换为特定的信号形式，通过信道传输到接收方。信号可以是电流、光、声波等物理量的变化。信号的特征（如振幅、频率、相位等）携带着数据的信息。数据通过编码的方式转换成特定的信号形式，然后通过信道（如电缆、光纤、无线空间等）传输。接收端对信号进行解码，解析出原始的数据。

根据信号中代表消息的参数的取值方式不同，信号可分为以下两大类。

① 模拟信号，或连续信号——代表消息的参数的取值是连续的。例如，用户家中的调制解调器到电话交换机之间的用户线上传输的就是模拟信号。

② 数字信号，或离散信号——代表消息的参数的取值是离散的。例如，用户家中的计

算机到调制解调器之间或在电话网中继线上传输的就是数字信号。在使用时间域（或简称为时域）的波形表示数字信号时，代表不同离散数值的基本波形称为码元。在使用二进制编码时，只有两种不同的码元，一种代表 0 状态，而另一种代表 1 状态。

（3）信息

信息（Information）是在接收方获取并理解数据后所带来的知识或意义，信息的传递和交流需要通过信号来实现。信息通过编码操作转化为相应的信号，然后通过信道传递。在传输过程中，信号承载着信息的内容和意义。接收端对信号进行解码和解释，从中提取出有用的信息。解码的过程需要根据预先约定的编码规则和协议进行，以确保信息能够准确地被还原出来。数据本身对接收方来说可能只是一堆数字或符号，但当接收方对数据进行解码和处理后，就能获得有用的信息。

数据通信的过程就是将数据转化为特定的信号，并通过信道传输到接收方，接收方将信号解码，还原成原始的数据，最终得到有意义的信息。在这个过程中，数据是需要传输的内容，信号是数据在传输过程中所使用的形式，信息是接收方从数据中获取的有意义的知识。

2.1.2 数据通信方式

数据用什么方式传输

数据通信方式是指一种传输介质将数据从一个地方传输到另一个地方的方式，是数据传输过程中数据在发送方和接收方之间传输的基本规则和方式。它定义了数据如何在通信链路上传输、组织、编码和解码，以及如何处理传输中的错误和冲突等。

（1）单工、半双工与全双工通信

按信道上信号的传输方向与时间的关系，数据通信方式可分为单工通信、半双工通信与全双工通信，如图 2-1 所示。

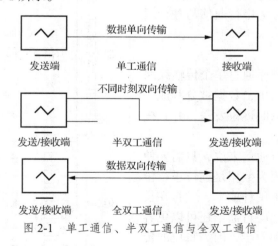

图 2-1　单工通信、半双工通信与全双工通信

① 单工通信。

在单工通信中，通信的一方只能发送数据，而另一方只能接收数据，无法同时进行发送和接收操作。常见的单工通信包括广播电台和电视台向观众播送内容、无线电等设备的发射端向接收端发送信号等。

单工通信的特点有操作简单、廉价、传输距离较长，但通信效率较低，且无法进行实时的双向交互。因此，当需要双向实时通信或进行高效率的数据交互时，通常需要使用其他更高级的通信方式，如半双工通信或全双工通信。

② 半双工通信。

半双工通信允许数据在两个方向上进行传输，但不能同时进行双向传输，即通信的双方可以交替地发送和接收数据，但不能在同一时间进行发送和接收操作。这种方式可以实现双方之间的双向数据传输，但由于只能交替进行发送和接收，通信效率较低。

半双工通信的特点是灵活、操作简单和成本较低，适用于某些场景下需要双向通信但不要求高实时性的情况。例如，对讲机就是一种常见的半双工通信设备，用户可以交替地按下按键进行发言或听取对方的回答。

相比于单工通信，半双工通信提供了双向传输的功能，但由于无法同时进行发送和接收，仍然存在通信效率的限制。当需要实时的双向交互和高效率的数据传输时，通常需要采用全双工通信。

③ 全双工通信。

全双工通信允许数据在两个方向上同时进行传输，实现实时的双向交互和高效率的数据传输。在全双工通信中，每个通信端点都有独立的发送和接收通道，可以同时发送数据和接收数据。

全双工通信的特点是高效、实时性强，适用于需要实时双向交互和高效率数据传输的场景。例如，电话通信就是一种全双工通信方式，双方可以同时说话或听取对方的回答。

相比于半双工通信，全双工通信克服了交替发送和接收的限制，提供了同时进行发送和接收功能，从而实现了更高的通信效率和更快的数据传输速率。然而，全双工通信需要更复杂的硬件支持和通信协议，并且成本更高。

（2）串行、并行通信

按照传输信息时信息与所用信道数量的关系，可将通信方式分为串行通信与并行通信，如图 2-2 所示。

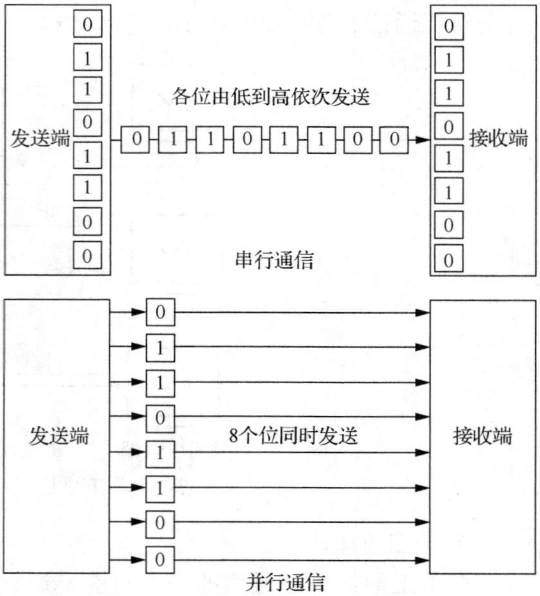

① 串行通信。

数据逐位地按照顺序通过单个传输线路进行传输。在串行通信中，数据被分割成一连串的二进制位，传输时逐位发送，并且按照相同顺序接收。

串行通信相对并行通信来说，只需要使用较少的传输线路，因为数据是逐位进行传输的。这种方式节约了硬件成本，尤其在长距离传输上更具优势。串行通信还可以更容易地提供数据的时序和同步，因为每位的传输时间间隔明确。

串行通信常用于计算机网络、串行接口和外部设备之间的数据传输，也被广泛应用于各种领域，如通信、嵌入式系统和物联网等。

② 并行通信。

并行通信是多位同时通过多个并行传输线路进行传输。在并行通信中，数据被同时分

图 2-2　串行通信与并行通信

割为多个部分，每个部分通过单独的传输线路进行传输，以提高传输速率和效率。

并行通信需要使用较多的传输线路，因为每个数据位都需要一个独立的传输线路。这可能会导致额外的成本、复杂性和功耗产生。并行通信还要求发送端和接收端数据的时序和同步非常精确，以确保数据的准确性和完整性。

并行通信在某些领域中广泛应用，如计算机内部总线、高性能计算、图像处理和多通道音频系统等。然而，随着串行通信技术的发展，由于相对较低的成本和便于实施的特点，串行通信逐渐成为许多应用领域的首选。

（3）同步通信和异步通信

计算机中实现同步的方式有异步通信和同步通信两种。从数据传输的时序和时间要求来看，数据通信可以分为同步通信与异步通信，如图 2-3 所示。

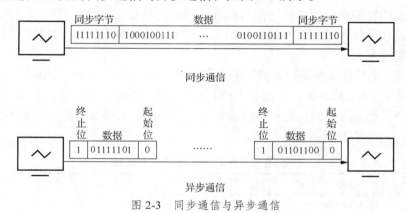

图 2-3　同步通信与异步通信

① 同步通信。

同步通信是指发送端和接收端在传输数据时采用相同的时钟信号来进行定时，保持统一的速率和时序。在同步通信中，发送端按照时钟信号的边沿进行数据的发送，接收端则按照相同的时钟信号进行数据的接收和解析。这种方式需要发送端和接收端之间有严格的时钟同步，以确保数据有效传输。典型的同步通信方式包括同步并行通信和同步串行通信。

同步通信需要使用同步时钟信号进行时序控制，便于确保发送端和接收端的传输数据一致，减少数据的丢失和错误，其可以适应不同的传输介质和场景，如远程通信、网络通信等。同步通信可以在长距离传输和高噪声环境中保持数据的稳定传输。但是进行同步通信时，发送端和接收端需要有严格的同步时钟信号，对高速传输或者长距离传输来说，两端的时钟信号保持完全一致是需要付出不少代价的。

② 异步通信。

异步通信是指发送端和接收端在传输数据时没有共享相同的时钟信号，数据通过特定的控制信号进行同步和判定。在异步通信中，每个数据位都包含起始位、数据位、校验位和终止位等控制信号，接收端根据这些控制信号来解析和接收数据。异步通信方式相对简单和灵活，适用于一些简单的通信场景。常见的异步通信方式包括异步串行通信，如 RS232/RS485。

与同步通信相比，异步通信更加灵活，不需要严格的时序控制和时钟同步，其发送端和接收端可以独立工作，减少了实现的复杂性。这使得异步通信适用于不同设备之间的通信，无论是速率、时钟同步还是传输距离都没有太大的限制，可以通过增加并行信道、使用高速传输线路、增加缓冲区等方式提高通信带宽和速率，扩展性好。在数据传输过程中，由于各个数据块之间是独立的，如果发生传输错误，只需要重新传输出错的数据块即可，而不需要重启整个数据流，这使得异步通信具有较强的容错能力。

虽然异步通信不需要严格的时序控制，但在某些情况下仍然需要解决同步问题。例如，在对接收到的数据进行处理之前，可能需要等待其他相关数据的到达。这需要引入同步机制，并使用缓冲区来存储发送和接收的数据块，这增加了额外的机制复杂性并需要占用更多内存。由于发送端和接收端需要独立工作，并且需要处理并发的数据块，涉及线程管理、消息队列等复杂机制，增加了开发和维护的难度，在大规模数据传输的情况下，还需要考虑内存的使用和管理问题。

2.1.3 数据通信中的主要性能指标

数据通信的性能指标用来从不同方面度量通信的性能，常用的有传输速率、带宽、吞吐量、时延、往返路程时间、时延带宽积、利用率以及丢包率这 8 个性能指标。

（1）传输速率

数据通信中的传输速率是指数据的传输速度（即每秒传输多少位），也称为数据率（Data Rate）或比特率（Bit Rate）。传输速率的基本单位是位每秒（bit/s）。传输速率的常用单位有千位每秒（kbit/s）、兆位每秒（Mbit/s）、吉位每秒（Gbit/s）以及太位每秒（Tbit/s），传输速率单位的换算关系如表 2-1 所示。

表 2-1　传输速率单位的换算关系

传输速率单位	换算关系
位每秒（bit/s）	基本单位
千位每秒（kbit/s）	$1kbit/s=10^3bit/s$
兆位每秒（Mbit/s）	$1Mbit/s=10^6bit/s$
吉位每秒（Gbit/s）	$1Gbit/s=10^9bit/s$
太位每秒（Tbit/s）	$1Tbit/s=10^{12}bit/s$

注意，传输速率单位中的 k、M、G、T 的数值分别为 10^3、10^6、10^9、10^{12}，而数据量单位中的 k、M、G、T 的数值分别为 2^{10}、2^{20}、2^{30}、2^{40}，如表 2-2 所示。

表 2-2　数据量单位的换算关系

数据量单位	换算关系
位（bit）	基本单位
字节（Byte）	$1Byte=8bit$
千字节（KB）	$1KB=2^{10}Byte$
兆字节（MB）	$1MB=2^{20}Byte$
吉字节（GB）	$1GB=2^{30}Byte$
太字节（TB）	$1TB=2^{40}Byte$

在实际应用中，很多人并没有严格区分上述两种类型的单位。例如，某块固态硬盘的厂家标称容量为 250GB，而操作系统给出的容量却为 232GB。产生容量差别的原因在于：厂家在标称容量时，GB 中的 G 并没有严格采用数据量单位中的数值 2^{30}，而是采用了数值 10^9，但操作系统在计算容量时，GB 中的 G 严格采用数据量单位中的数值 2^{30}。

此外，在日常生活中，人们习惯于用更简洁但不严格的说法来描述计算机网络的传输速率，如网速为 100M，省略单位中的 bit/s。

（2）带宽

带宽（Bandwidth）有以下两种不同的含义。

① 带宽在模拟信号系统中的意义：某个信号所包含的各种不同频率成分所占据的频率范围。单位是赫兹（Hz），简称"赫"。常用单位有千赫（kHz）、兆赫（MHz）以及吉赫（GHz）等。例如，在传统的模拟通信线路上传输的电话信号标准带宽是 3.1kHz，话音主要成分的频率范围为 300Hz～3.4kHz。表示通信线路允许通过的信号频率范围称为线路的带宽。

② 带宽在计算机网络中的意义：用来表示网络的通信线路传输数据的能力，即在单位时间内从网络中的某一点到另一点所能通过的最高传输速率。因此，在计算机网络中，带宽的单位与之前介绍过的传输速率的单位是相同的。基本单位是 bit/s，常用单位有 kbit/s、Mbit/s、Gbit/s 以及 Tbit/s。

根据香农公式可知，带宽的上述两种表述有着密切的关系：线路的"频率范围"越宽，其传输数据的"最高传输速率"也越高。

请读者注意，在实际应用中，主机接口传输速率、线路带宽、交换机或路由器的接口传输速率遵循"木桶效应"，也就是数据传输速率从主机接口传输速率、线路带宽以及交换机或路由器的接口传输速率这 3 者中取最小者，如表 2-3 所示。所以，在构建网络时，应该认真考虑各网络设备以及传输介质的传输速率匹配问题，以便达到网络本应具有的最佳传输性能。

表 2-3　传输速率匹配的"木桶效应"举例

主机接口传输速率	线路带宽	交换机或路由器的接口传输速率	数据传输速率
1Gbit/s	1Gbit/s	1Gbit/s	1Gbit/s
100Mbit/s	1Gbit/s	1Gbit/s	100Mbit/s
1Gbit/s	100Mbit/s	1Gbit/s	100Mbit/s
1Gbit/s	1Gbit/s	100Mbit/s	100Mbit/s

（3）吞吐量

吞吐量（Throughput）表示在单位时间内通过某个网络（或信道、接口）的实际数据量。吞吐量更常用于对现实世界中的网络进行测量，以便知道实际上有多少数据量能够通过网络。显然，吞吐量受网络带宽或网络额定传输速率的限制。例如，对于一个 1Gbit/s 的以太网，即其额定速率是 1Gbit/s，那么这个数值也是该以太网吞吐量的绝对上限值。因此，1Gbit/s 以太网的吞吐量可能只有 100 Mbit/s，甚至更低，并没有达到其额定传输速率。请注意，有时吞吐量还可用每秒传输的字节数或帧数来表示。

接入互联网的主机的吞吐量取决于互联网的具体情况。假定主机 A 和服务器 B 接入互联网的链路传输速率分别是 100 Mbit/s 和 1 Gbit/s。如果互联网各链路的容量都足够大，那么当主机 A 和服务器 B 交换数据时，其吞吐量显然应当是 100 Mbit/s。这是因为，尽管服务器 B 能够以超过 100Mbit/s 的传输速率发送数据，但主机 A 最高只能以 100 Mbit/s 的传输速率接收数据。现在假定有 100 个用户同时连接服务器 B（例如，同时观看服务器 B 发送的视频节目）。在这种情况下，服务器 B 连接互联网的链路容量被 100 个用户平分，每个用户平均只能分到 10 Mbit/s 的带宽。这时，主机 A 连接服务器 B 的吞吐量就只有 10Mbit/s 了。如果互联网的某处发生了严重的拥塞，则可能导致主机 A 暂时收不到服务器 B 发来的视频节目数据，因此使主机 A 的吞吐量下降到 0。

主机 A 的用户或许会想，我已经向运营商的 ISP 交了传输速率为 100 Mbit/s 的宽带接入费用，怎么现在不能保证这个传输速率呢？其实用户交的宽带费用，只是保证了从用户家里到运营商 ISP 的某个路由器之间的数据传输速率。再往后的传输速率取决于整个互联网的流量分布，这是任何单个用户都无法控制的。

（4）时延

时延（Delay 或 Latency）是指数据（一个报文或分组，甚至位）从网络（或链路）的一端传输到另一端所需的时间。时延是很重要的性能指标，有时也称为延迟或迟延。

数据在网络中经历的时延通常由发送、传播、处理和排队造成，如图 2-4 所示。

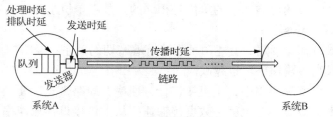

图 2-4　时延的产生

数据传输总时延如式（2-1）所示：

$$总时延=发送时延+传播时延+处理时延+排队时延 \tag{2-1}$$

① 发送时延。

发送时延（Transmission Delay）是指主机或路由器发送数据信息帧所需要的时间，也就是从发送数据信息帧的第一位算起，到该帧的最后一位发送完毕所需的时间。因此发送时延也叫作传输时延，其计算如式（2-2）所示。

$$发送时延=数据信息帧帧长（bit）/发送速率（bit/s） \tag{2-2}$$

对于一定的网络，发送时延并非固定不变，而是与发送的帧长成正比，与发送速率成反比。

② 传播时延。

传播时延（Propagation Delay）是电磁波在信道中传播一定的距离需要花费的时间，其计算如式（2-3）所示。

$$传播时延=信道长度（m）/电磁波在信道上的传播速率（m/s） \tag{2-3}$$

电磁波在链路上的传播速率主要有以下 3 种。

- 电磁波在自由空间中的传播速率约为 $3×10^8$m/s。
- 电磁波在铜线电缆中的传播速率约为 $2.3×10^8$m/s。
- 电磁波在光纤中的传播速率约为 $2×10^8$m/s。例如，1000 km 长的光纤线路产生的传播时延大约为 5ms。

以上两种时延有本质上的不同，但只要理解这两种时延发生的地方就不会把它们弄混。发送时延发生在计算机内部的发送器中，与信道长度（或信号传输的距离）没有任何关系。传播时延则发生在计算机外部的传输信道介质上，而与信号的发送速率无关，信号传输的距离越远，传播时延越大。

③ 处理时延。

网络中的交换设备从自己的输入队列中取出排队缓存并等待处理的分组后，会进行一系列处理工作。例如，检查分组的首部是否误码、提取分组首部中的目的地址、为分组查找相应的转发接口以及修改分组首部中的部分内容（如存活时间）等。交换设备对分组进行这一系列处理工作所耗费的时间就是处理时延。

交换设备的处理速率取决于硬件设备、操作系统、软件算法等多个因素，因此很难用一个固定的公式来计算处理时延。

④ 排队时延。

分组在网络传输过程中，要经过许多交换设备。但分组在进入交换设备后要先在输入队列中排队等待处理。在交换设备确定了转发接口后，还要在输出队列中排队等待转发。分组在交换设备的输入队列和输出队列中排队缓存所耗费的时间就是排队时延。

分组在每个交换设备上产生的排队时延长短，往往取决于网络当时的通信量和各交换设备的自身性能。由于网络的通信量随时间变化很大，各交换设备的性能也可能并不完全相同，因此排队时延一般无法用一个简单的公式进行计算。另外，当网络通信量很大时，可能会造成交换设备的队列溢出，使分组丢失，这相当于排队时延无穷大。

4 种时延究竟是哪一种占主导地位必须具体分析，不是采用高速链路就能得到优质的网络时延。一般来说，总时延小的网络要优于总时延大的网络。在某些情况下，一个低速率、小时延的网络很可能要优于一个高速率、大时延的网络。

此外还要注意，对于高速网络链路，我们提高的仅仅是数据的发送速率，而不是位在链路上的传播速率。荷载信息的电磁波在通信线路上的传播速率（这是光速的数量级）取决于通信线路的介质材料，而与数据的发送速率并无关系。提高数据的发送速率只能减小数据的发送时延。还有一点也应当注意，就是数据发送速率的单位是 bit/s，是指在某个点或某个接口上的发送速率。而传播速率的单位是 km/s，是指在某一段传输线路上位的传播速率。因此，通常所说的"光纤信道的传输速率高"是指可以用很高的传输速率向光纤信道发送数据，而光纤信道的传播速率实际上要比铜线的传播速率略低。这是因为经过测量得知，光在光纤中的传播速率约为每秒 20.5 万千米，比电磁波在铜线（如 5 类线）中的传播速率（每秒 23.1 万千米）略低。

（5）往返路程时间

往返路程时间（Round-Trip Time，RTT）是指从发送端发送数据分组开始，到发送端收到接收端发来的相应确认分组为止，总共耗费的时间。

往返路程时间是一个比较重要的性能指标，因为在我们日常的大多数网络应用中，信息都是双向交互而非单向传输的。我们经常需要知道通信双方交互一次所耗费的时间。在图 2-5 中，主机 A 与主机 B 通过多个异构网络和多个路由器进行互连。以太网中的主机 A 给无线局域网中的主机 B 发送数据分组，主机 B 收到数据分组后给主机 A 发送相应的确认分组。从主机 A 发送数据分组开始，到主机 A 收到主机 B 发来的相应确认分组为止，就是这一次交互的往返路程时间。请读者注意，卫星链路带来的传播时延比较大，这是因为卫星链路的通信距离一般比较远，如地球同步卫星与地球的距离大约为 36000km，信号的往返传播时延为

$$\text{往返传播时延} = （36000km×2）/（3×10^8m/s）=240ms$$

往返路程时间除了包含上述往返传播时延，还包括各中间节点的处理时延、排队时延以及转发数据时的发送时延。

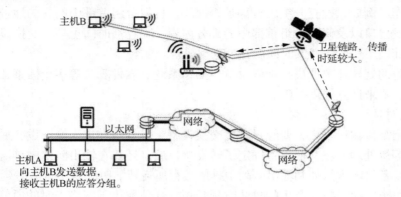

图 2-5　往返路程时间举例

（6）时延带宽积

时延带宽积是传播时延和带宽的乘积，其计算公式如式（2-4）所示。

$$时延带宽积=传播时延（s）\times 带宽（bit/s）\qquad（2-4）$$

设某段链路的传播时延为 10ms，带宽为 200 Mbit/s，则有：

$$时延带宽积=10\times 10^{-3}\times 200\times 10^{6}bit =2\times 10^{6}bit$$

这就表明，若发送端连续发送数据，则在发送的第一位即将到达终点时，发送端就已经发送了 200 万位，而这 200 万位都正在链路上向前移动，如图 2-6 所示。因此，链路的时延带宽积又称为以位为单位的链路长度。

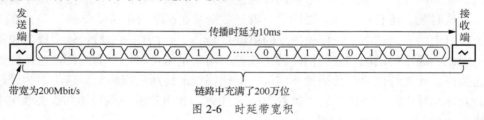

图 2-6　时延带宽积

（7）利用率

利用率有链路利用率和网络利用率两种。

链路利用率是指某条链路有百分之几的时间是被利用的（即有数据通过）。完全空闲的链路利用率为 0。

网络利用率是指网络中所有链路的链路利用率的加权平均值。根据排队论可知，当某链路利用率增大时，该链路引起的时延就会迅速增加，这并不难理解。例如，当公路上的车流量增大时，公路上的某些地方会出现拥堵，所需行车时间就会变长。网络也是如此，当网络的通信量较少时，产生的时延并不大，但当网络通信量不断增大时，分组在交换节点（路由器或交换机）中的排队时延会随之增大，因此网络引起的时延就会增大。若令 D_0 表示网络空闲时的时延，D 表示网络当前的时延，那么在理想的假定条件下，可用式（2-5）来表示 D、D_0 和网络利用率 U 之间的关系：

$$D=\frac{D_0}{1-U}\qquad（2-5）$$

按照式（2-5）可以画出时延 D 与网络利用率 U 的变化关系，如图 2-7 所示。

从图 2-7 中可以看出，时延 D 随网络利用率 U 的增大而增大。当网络利用率达到 0.5 时，时延就会加倍。当网络利用率接近最大值 1 时，时延就趋于无穷大。因此，网络利用率并不是越大越好，过高的网络利用率会产生非常大的时延。一些拥有较大主干网的 ISP 通常控制信道利用率不超过 50%。如果超过就要准备扩容，增大线路的带宽。

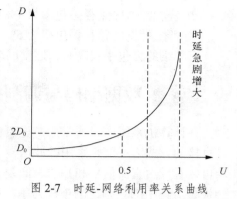

图 2-7 时延-网络利用率关系曲线

（8）丢包率

丢包率是指在一定的时间范围内，传输过程中丢失的分组数量与总分组数量的比例。丢包率可分为接口丢包率、节点丢包率、链路丢包率、路径丢包率以及网络丢包率等。

在过去，丢包率只是网络运维人员比较关心的一个网络性能指标，而普通用户往往并不关心这个指标，因为他们通常意识不到网络丢包。随着网络游戏的迅速发展，现在很多游戏玩家非常关心丢包率这个网络性能指标。

分组丢失主要有以下两种情况。

① 分组在传输过程中出现误码，被传输路径中的节点交换机（如路由器）或目的主机检测出误码而丢弃。

② 分组交换机根据丢弃策略主动丢弃分组。下面举例说明分组丢失的两种情况，如图 2-8 所示。

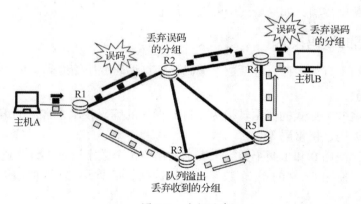

图 2-8 分组丢失

情况 1：主机 A 给主机 B 连续发送若干个分组，其中某些分组在传输过程中出现了误码。例如，在路由器 R1 到路由器 R2 的链路上有分组出现了误码，R2 收到后检测出分组有误码而丢弃该分组；在路由器 R4 到主机 B 的链路上有分组出现误码，主机 B 收到后检测出分组有误码而丢弃该分组。

情况 2：假设路由器 R3 的输入队列已满，没有空间存储新收到的分组，则 R3 主动丢弃新收到的分组。请读者注意，在实际应用中，路由器会根据自身的拥塞控制算法，在输入队列还未满的时候就开始主动丢弃分组。

丢包率可以反映网络的拥塞情况，具体如下。

① 无拥塞时路径丢包率为 0。

② 轻度拥塞时路径丢包率为 1%～4%。

③ 严重拥塞时路径丢包率为 5%～15%。

当网络的丢包率较高时，通常网络应用无法正常工作。

2.2 数据编码与调制技术

在计算机系统中，通常用二进制位来表示各类数据。而将这些二进制位转换成信号的最直接的方式之一就是采用脉冲信号。按照傅里叶分析，任何脉冲信号经过傅里叶变换后，均可以看成由直流信号和基频、低频、高频等多个谐波分量组成。其中，从 0 开始有一段能量相对集中的频率范围被称为基本频带（Baseband），简称基频或基带。基频等于脉冲信号的固有频率，与基频对应的数字信号被称为基带信号。其他低频和高频谐波的频率等于基频的整数倍，随着频率的升高，高频谐波的振幅减小直至趋于 0。

当在数字信道上使用数字信号传输数据时，通常不会也不可能将与该原始数据有关的所有直流、基频、低频和高频分量全部放在数字信道上传输，因为那会占据很大的信道带宽。相反，只要将占据脉冲信号大部分能量的基带信号传输出去，就可以在接收端还原出有效的原始数据。正是由于这个原因，将这种在数字信道中以基带信号形式传输数据的方式称为基带传输。

基带传输是一种非常基本的数据传输方式，它适合传输要求各种传输速率的数据，且传输过程简单，设备投资少。但是基带信号的能量在传输过程中很容易衰减，所以在没有信号再放大的情况下，基带信号的传输距离一般不会大于 2.5km。因此，基带传输被较多地用于短距离的数据传输，如局域网中的数据传输。

2.2.1 数据的编码技术

数据的编码技术有很多种，包括数字编码、字符编码、压缩编码、信号编码等。

1．数字编码

数字编码是将数字形式的数据转换为二进制形式的编码技术，常见的编码技术有二进制编码、十进制编码、格雷码等。

二进制编码：使用 0 和 1 两个数字来表示数据。每个数字通过 1 位二进制数来表示。

十进制编码：使用 0～9 的 10 个数字来表示数据。每个数字需要使用最少 4 位的二进制数来表示。

格雷码：相邻的两个编码之间只有一个位数的差异，这样可以避免由于误差导致的识别错误。格雷码主要用于数字通信中的差错检测和纠正。

数字编码技术可以实现数字信号的高效存储和传输。在数字通信中，数字编码可以通过将数字信号转换为二进制码流传输到接收端，再将二进制码流转换为数字信号来实现信号的传输。在数据存储中，数字编码可以将数字信号转换为二进制形式的编码，存储在计算机系统中，以便后续读取和处理。

2．字符编码

字符编码是将字符形式的数据转换为二进制形式的编码，常见的编码技术有 ASCII、Unicode 编码等。

（1）ASCII

ASCII（American Standard Code for Information Interchange，美国信息交换标准码）是一种常用的字符编码系统。它将字符映射为整数，使用 7 位二进制数据表示 128 个字符，包括英文字母、数字、标点符号、控制字符等。

ASCII 最初由美国国家标准学会（American National Standards Institute，ANSI）于 1963 年制定，主要用于美国英语。它的设计目的是使不同计算机和设备之间能够进行简单的文本交换。

ASCII 的编码规则如下：

① 数字 0～9 用 48～57 的整数表示；

② 大写字母 A～Z 用 65～90 的整数表示；

③ 小写字母 a～z 用 97～122 的整数表示。

常见的标点符号（如!、?、:、.等）、特殊字符（如@、#、&等）和用于控制计算机的操作和通信等的控制字符（如换行符、回车符、退格符）都由相应的整数表示，具体如表 2-4 所示。部分控制字符的说明如表 2-5 所示。

表 2-4　ASCII

ASCII 值	控制字符	ASCII 值	控制字符	ASCII 值	控制字符	ASCII 值	控制字符
0	NUL	32	(space)	64	@	96	`
1	SOH	33	!	65	A	97	a
2	STX	34	"	66	B	98	b
3	ETX	35	#	67	C	99	c
4	EOT	36	$	68	D	100	d
5	ENQ	37	%	69	E	101	e
6	ACK	38	&	70	F	102	f
7	BEL	39	'	71	G	103	g
8	BS	40	(	72	H	104	h
9	HT	41	)	73	I	105	i
10	LF	42	*	74	J	106	j
11	VT	43	+	75	K	107	k
12	FF	44	,	76	L	108	l
13	CR	45	–	77	M	109	m
14	SO	46	.	78	N	110	n
15	SI	47	/	79	O	111	o
16	DLE	48	0	80	P	112	p
17	DC1	49	1	81	Q	113	q
18	DC2	50	2	82	R	114	r
19	DC3	51	3	83	S	115	s
20	DC4	52	4	84	T	116	t
21	NAK	53	5	85	U	117	u
22	SYN	54	6	86	V	118	v
23	ETB	55	7	87	W	119	w
24	CAN	56	8	88	X	120	x
25	EM	57	9	89	Y	121	y
26	SUB	58	:	90	Z	122	z
27	ESC	59	;	91	[	123	{
28	FS	60	<	92	\	124		
29	GS	61	=	93	]	125	}
30	RS	62	>	94	^	126	~
31	US	63	?	95	_	127	DEL

表 2-5　部分控制字符的说明

控制字符	说明	控制字符	说明	控制字符	说明
NUL	空	VT	垂直制表	SYN	空转同步
SOH	标题开始	FF	走纸控制	ETB	信息组传输结束
STX	正文开始	CR	回车	CAN	作废
ETX	正文结束	SO	移位输出	EM	纸尽
EOT	传输结束	S1	移位输入	SUB	换置
ENQ	询部字符	DLE	空格	ESC	换码
ACK	承认	DC1	设备控制 1	FS	文字分隔符
BEL	报警	DC2	设备控制 2	GS	组分隔符
BS	退一格	DC3	设备控制 3	RS	记录分隔符
HT	横向制表	DC4	设备控制 4	US	单元分隔符
LF	换行	NAK	否定	DEL	删除

ASCII 在计算机系统和通信系统中广泛使用，它使得不同计算机和设备能够正确地解释和显示文本。ASCII 还是其他字符编码方式的基础，后者可以表示更多的字符和符号。然而，由于 ASCII 只使用 7 位二进制数，因此无法表示非英语字符和更多的符号等。

（2）Unicode 编码

Unicode 编码是一种用于表示和处理字符的标准。它是由 Unicode 联盟制定和维护的。Unicode 编码的目的是解决不同语言和文化中字符的统一表示问题。

Unicode 编码系统使用 32 位的二进制数来表示字符，可以表示几乎所有现有的文字和符号。它包括世界各个地区的字符，如拉丁字母、希腊字母、西里尔字母、汉字、日文假名、韩文等。

Unicode 编码通过为每个字符分配唯一的数值来表示字符，这个数值被称为码点（Code Point）。码点是用"U+"前缀和一个十六进制数表示的，如字母"A"的码点为 U+0041。

Unicode 编码允许使用多种编码方式来表示字符，十分常见的是 UTF-8 编码和 UTF-16 编码。UTF-8 编码使用 1～4 个字节来表示一个字符，对于英文字符和常见符号，使用 1 个字节表示；而对于中文、日文假名等字符，使用 3 个字节或 4 个字节表示。UTF-16 编码使用 2～4 个字节来表示一个字符，对大部分字符使用 2 个字节表示。

Unicode 编码的广泛应用使得不同语言、文化和平台之间的字符交换和处理变得更加简单和可靠。它被使用在各种计算机系统、编程语言、网页编码等场景中。

3．压缩编码

压缩编码是一种对数据进行压缩以减少存储空间或传输带宽占用的技术。它通过对原始数据应用一些算法和技巧，将数据中的冗余信息删除或者重新编码，达到压缩数据的目的。

压缩编码的主要原理是利用数据中的统计特性和重复模式来减少数据的冗余度。常见的压缩编码包括无损压缩与有损压缩。

（1）无损压缩

无损压缩能够将原始数据压缩为较小的尺寸，同时保持压缩后的数据能够完全还原为原始数据，不会改变原始数据的内容，不会引起任何数据的损失或失真，仅仅对数据的表示进行优化。

① Huffman 编码。

Huffman（霍夫曼）编码是一种常见的无损压缩算法，它通过构建优先队列和生成

Huffman 树来实现数据的压缩。Huffman 编码的基本思想是将出现频率较高的字符用较短的编码表示，而将出现频率较低的字符用较长的编码表示，这样做可以实现更高的压缩效率。

Huffman 编码的步骤如下。

- 统计输入数据中每个字符的出现频率。
- 根据字符的出现频率，构建一个优先队列或最小堆。在优先队列中，出现频率较低的字符具有较高的优先级。
- 从优先队列中选择两个出现频率最低的字符，创建一个新的节点，将这两个字符作为其子节点，并将新节点的频率设置为子节点频率之和。将新节点插入优先队列。
- 重复上述步骤，直到优先队列只剩下一个节点，即 Huffman 树的根节点。
- 遍历 Huffman 树，给每个字符分配唯一的二进制编码。路径上的左分支表示"0"，右分支表示"1"。从根节点到叶节点的路径对应每个字符的 Huffman 编码。
- 使用 Huffman 编码，将输入数据替换为对应的二进制编码。得到压缩后的数据。

Huffman 编码的优点是能够根据数据的统计特性自适应地生成编码，使频繁出现的字符具有较短的编码，从而实现高效的压缩。它常被用于文本文件、图像和音频等各种形式的数据压缩中。在压缩和解压缩过程中，编码的生成和读取速率较快，不需要存储额外的字典表，这使得 Huffman 编码成为一种简单又实用的压缩算法。

② Lempel-Ziv 编码。

Lempel-Ziv 编码系列是一组无损压缩算法，它们通过建立字典来存储数据中的重复信息，利用数据中的重复模式进行压缩。最早的算法是 LZ77，后来发展出了 LZ78 算法和 LZW 算法。

LZ77 算法使用了滑动窗口和查找缓冲区的概念，它通过将数据分解成前缀和后缀的组合来进行编码。算法从数据的开头逐个字符地读取数据，并将它们与之前已经编码的字符进行比较。如果找到了重复的子串，算法将输出一个"指针"，指向查找缓冲区中的重复子串，并将新字符添加到查找缓冲区中。如果没有找到重复子串，算法直接输出当前字符，并将该字符添加到查找缓冲区中。

不同于 LZ77 算法，LZ78 算法使用了一个字典来存储重复模式。该算法从数据的开头逐个字符地读取数据，并将其与字典中的前缀进行比较。如果找到了已经在字典中的前缀和当前字符组成的重复子串，算法将输出该重复子串在字典中的索引，并添加新的前缀和字符到字典中。如果没有找到重复子串，算法将输出当前字符，并将其添加到字典中。

LZW 算法是 LZ78 算法的变种，它在字典中存储更多的前缀字符串。LZW 算法从数据的开头逐个字符地读取数据，并将其与字典中的前缀进行比较。如果找到了重复子串，算法将继续读取下一个字符，并将前缀和下一个字符组成的字符串添加到字典中。然后，算法将输出重复子串在字典中的索引，并从下一个字符开始继续进行检索。如果没有找到重复子串，算法将输出当前字符，并将其添加到字典中。

Lempel-Ziv 编码系列的优点是能够利用数据中的重复模式进行压缩，从而达到较高的压缩比。这些算法在通信和存储领域广泛应用，特别是在文本、图像和视频等数据类型的压缩中。

（2）有损压缩

有损压缩是一种数据压缩方法，它在压缩数据的同时会导致一定程度的信息丢失。与无损压缩不同，有损压缩在还原压缩数据时无法完全还原成原始数据，即被压缩数据与原始数据存在一定的差异。

有损压缩通常用于对图像、音频和视频等多媒体数据进行压缩，因为这些数据对细微的变化不太敏感。通过牺牲一些细节和冗余信息，可以显著降低数据的存储空间和传输带宽需求。

常见的有损压缩方法有 JPEG（Joint Photographic Experts Group，联合图像专家组）编码、MP3（MPEG Audio Layer-3，按音频状态压缩第三层）编码，以及 H.264 编码，即 AVC（Advanced Video Coding，高级视频编码）。

① JPEG。

JPEG 是一种常用的图像压缩标准，通过牺牲一些细节和色彩信息来实现高比率的图像压缩，广泛应用于图像存储、传输和显示等领域。

JPEG 算法的主要步骤如下。

- 分块：将图像划分为 8×8 的小方块，每个方块抽样图像信号的一个亮度成分（Y）和两个色度成分（Cb 和 Cr）。
- 变换：对每个亮度和色度成分进行离散余弦变换（Discrete Cosine Transform，DCT），将图像从空域变换到频域。DCT 会将图像信息分解成不同频率的分量，从而更好地表示图像的能量分布。
- 量化：对 DCT 变换后的系数进行量化。通过将高频分量的系数设为 0 并保留较低频分量的较大系数，可以减少数据的细节和色彩精度，实现压缩。
- Huffman 编码：对量化后的系数进行 Huffman 编码，将系数转换为可变长度的二进制码。通过将常出现的系数编码为短码，不常出现的系数编码为长码，可以进一步减小数据的存储和传输量。
- 压缩率控制：引入压缩率控制参数，可以根据需求选择不同的压缩率，从而在保证图像质量的基础上实现不同程度的压缩。

JPEG 压缩算法的优点是可以实现较高的压缩比，适用于图像存储和传输。但由于信息损失，压缩后的图像会存在一定程度的失真和质量下降。因此，在使用 JPEG 压缩算法时，需要权衡压缩率和图像质量，选择适当的参数和压缩率。

② MP3。

MP3 是一种广泛应用于音频压缩的编码算法。它可以将音频数据压缩成较小的文件，同时保持相对较高的音质，从而在存储和传输音频文件时减少带宽和空间需求。

MP3 算法的主要步骤如下。

- 信号分析：首先将音频信号划分成称为帧的连续小段，每帧的持续时间约为 10～30ms；接着对每个帧应用窗函数进行加窗处理，减小每个帧的边界效应，使每个帧在频域上更平滑；最后对加窗后的帧进行傅里叶变换，将时域信号转换为频域信号。信号分析阶段可能会丢失一部分原始的音频信息，导致一定程度的音质损失。
- 基频计算：将音频信号划分为一系列固定大小的时间窗口，对每个时间窗口的信号进行自相关函数计算，从自相关函数中寻找峰值，根据自相关峰值的位置和振幅，提取基频信息。一般选择最大的峰值作为基频，但也可以考虑周围峰值的相对位置和振幅关系，以提高基频的准确性。

- 频域转换：首先将音频信号利用快速傅里叶变换（Fast Fourier Transform，FFT）或短时傅里叶变换（Short Time Fourier Transform，STFT）等分解为一系列频域上的部分信号并进行频域分析；接着根据人耳感知的特性对音频信号进行量化和压缩，提取出最重要的频率成分，删除不重要的信息，并进行高效的压缩。
- 音量调整：通过对频域数据进行缩放，调整音频帧的音量，常见的方法有增加/减小音频增益、动态范围压缩、标准化、动态范围控制。这些方法可以单独使用，也可以组合使用，根据具体需求进行调整。
- 量化：对经过频域转换和音量调整的数据进行量化。量化是根据人耳对不同频率的灵敏度和可察觉的信噪比来舍弃音频数据的一部分，从而减小文件大小。
- Huffman 编码：对量化后的频域数据进行 Huffman 编码，将数据转换为可变长度的二进制码。这使得常见的频域数据可以用较短的二进制码来表示，对于不常见的频域数据则使用较长的二进制码，从而实现进一步的压缩。

MP3 算法的优势在于可以实现相对较高的压缩率，同时尽可能保证音频质量。通过控制压缩参数，如比特率和声道数，可以在音质和文件大小之间进行权衡。但是，MP3 是有损压缩算法，因此存在一定程度的音质损失。

③ H.264。

H.264 是一种先进的有损压缩算法。它通过剔除视频数据中一些冗余和视觉上不显著的信息来减小数据量，同时尽量保持视频质量，主要包含以下几个步骤。

- 帧划分：将视频序列划分为一系列连续的帧。通常使用关键帧（I 帧）和预测帧（P 帧）来表示视频序列。
- 运动估计：对于 P 帧，通过与之前的关键帧或 P 帧进行比较来预测运动信息。运动估计的目的是找到最佳的运动矢量，以便在预测帧中差异更小。
- 残差编码：通过计算预测帧与原始帧之间的差异（残差），将差异信息编码。在进行残差编码时，使用变换（通常是离散余弦变换）将时域数据转换为频域数据。
- 变换和量化：对编码后的残差进行变换和量化，将频域的差异信息映射到较低的精度级别。量化步骤导致信息丢失，但是通过选择适当的量化参数，可以控制视频质量与压缩率之间的平衡。
- 熵编码：使用熵编码技术对量化后的残差进行编码。具体来说，H.264 使用了基于 Huffman 编码和上下文自适应二进制算术编码（Context-based Adaptive Binary Arithmetic Coding，CABAC）等编码技术。
- 重建：解码器接收到压缩数据后，对压缩数据进行解码，并利用解码得到的信息进行重建。重建阶段包括反量化、逆变换和运动补偿等步骤。

H.264 算法的主要目标是达到更高的压缩率和保持更好的视频质量。通过运动估计技术和残差编码，H.264 算法能够在保持良好视频质量的同时减少数据量，从而降低视频传输和存储的带宽和空间需求。它是目前互联网视频传输、视频通话和视频存储中最常用的视频编码标准之一。

4．信号编码

信号编码是将源信号转换为数字信号或其他能满足传输、存储或处理要求的形式的编码方式。它将连续的模拟信号转换为离散的数字信号，通过一系列的算法和技术来实现。信号编码在通信、音频处理、图像处理、视频处理和数据存储等领域中广泛应用。

信号编码主要包括以下几个步骤。

- 采样：将连续的模拟信号转换为离散的数字信号。采样过程中，信号在时间轴上以固定间隔进行采样。
- 量化：将离散采样的信号映射到有限数量的离散值，以减小信号表示的精度。量化将模拟信号的振幅范围划分为多个区间，然后将每个采样值映射到相应区间内的离散值。
- 编码：将量化后的离散信号编码为二进制码流，以便传输、存储或处理。常用的编码方式包括 Huffman 编码、算术编码、不等长编码等。
- 解码：接收方将接收到的二进制码流解码为原始的离散信号序列。解码可将编码器中进行的过程逆转，恢复量化后的离散信号。

信号编码的目标是在保持所需质量的前提下，尽可能地减小数据量并提高信号的传输和存储效率。编码技术的选择和设计需要考虑所需的压缩率、信号的特性、带宽和存储限制、传输延迟以及接收端的性能等因素。

常见的编码技术有脉冲编码调制（Pulse Code Modulation，PCM）、Delta 调制等。

2.2.2　数据的编码方式

采用二进制数据通信或基带传输系统，需要解决二进制数据的编解码问题。即在发送端，要解决如何将二进制数据序列通过某种编码（Encoding）方式转化为适合在数字信道上传输的基带信号的问题；而在接收端，则要解决如何将接收到的基带信号通过解码（Decoding）恢复为与发送端相同的二进制数据序列的问题。常见的数据编码方式有不归零编码、归零编码、曼彻斯特编码和差分曼彻斯特编码，如图 2-9 所示。

（1）不归零编码

不归零编码（Non-Return-to-Zero，NRZ）分别采用两种高低不同的电平来表示二进制数 0 和 1。通常，用正电平表示 1，负电平表示 0，图 2-9（a）所示为双极性不归零编码示例。

不归零编码实现简单，但抗干扰能力较差。另外，由于接收端不能准确地判断位的开始与结束，从而收发双方不能保持同步，需要采取另外的措施来保证发送时钟信号与接收时钟信号的同步。通常，需要提供一个专门用于传输同步时钟信号信道的方式来解决该问题。

（2）归零编码

归零编码（Return-to-Zero，RZ）是指信号在每个码元期间会回归到零电平，图 2-9（b）所示是一种双极性归零编码，正电平表示 1，负电平表示 0，在每个码元的中间时刻，信号都会回归到零电平。由于每个码元传输后信号都会归零，所以接收方只需在信号归零后采样即可。

归零编码相当于将时钟信号编码在数据之内，通过数据信号线进行发送，而不用单独的时钟信号线来发送时钟信号。因此，采用归零编码的信号也称为自同步信号。然而，归零编码也有缺点，大部分的数据带宽都因用来"归零"而浪费。

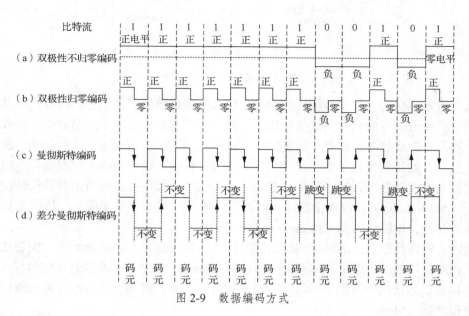

图 2-9　数据编码方式

（3）曼彻斯特编码

曼彻斯特编码（Manchester Coding）将每位信号周期 T 分为前 $T/2$ 和后 $T/2$，用前 $T/2$ 传输该位的反（原）码，用后 $T/2$ 传输该位的原（反）码。所以在这种编码方式中，每一位波形信号的中点（即 $T/2$ 处）都存在一个电平跳变，如图 2-9（c）所示。由于任何两次电平跳变的时间间隔是 $T/2$ 或 T，因此提取电平跳变信号就可作为收发双方的同步信号，而不需要另外的同步信号，故曼彻斯特编码又被称为"自含时钟编码"。

与不归零编码中以简单的振幅变化来表示数据比较，曼彻斯特编码采用跳变方式表示数据具有更强的抗干扰能力。

（4）差分曼彻斯特编码

差分曼彻斯特编码（Differential Manchester Coding）是对曼彻斯特编码的一种改进。它保留了曼彻斯特编码作为"自含时钟编码"的优点，仍将每位中间的跳变作为同步之用，但是每位的取值根据其开始处是否出现电平的跳变来决定。通常规定有跳变代表二进制数 0，无跳变代表二进制数 1，如图 2-9（d）所示。

之所以采用位边界的跳变方式来决定二进制的取值，是因为跳变更易于检测。在传输大量连续 1 或连续 0 的情况下，差分曼彻斯特编码信号比曼彻斯特编码信号的变化少。在有噪声干扰环境下，检测有无跳变比检测跳变方向更不容易出错，因此差分曼彻斯特编码信号比曼彻斯特编码信号更易于检测。另外，在传输介质接线错误，导致高、低电平翻转的情况下，差分曼彻斯特编码仍然有效。

2.2.3　数据的调制技术

由于基带传输受到距离限制，所以在远距离传输中倾向于采用模拟通信。利用模拟信道以模拟信号形式传输数据的方式被称为模拟数据通信，也称为频带传输，其对应的模拟数据通信模型如图 2-10 所示。就计算机网络系统而言，采用频带传输的关键问题之一是如何将计算机中的二进制数据转化为适合模拟信道传输的模拟信号。

图 2-10　模拟数据通信模型

为了将数字化的二进制数据转化为适合模拟信道传输的模拟信号，需要选取某一频率范围的正弦交流信号或余弦交流信号作为载波，然后将要传输的二进制数据"寄载"在载波上，利用二进制数据对载波的某些特性（振幅 A、频率 f、相位 ϕ）进行控制，使载波特性发生变化，然后将变化了的载波送往线路上进行传输。也就是说，在发送端，需要将二进制数据转换成能在电话线或其他传输线路上传输的模拟信号，即所谓的数模转换，也称为调制（Modulation）；而在接收端，则需要将收到的模拟信号还原成二进制数据，即所谓的模数转换，也称为解调（Demodulation）。

通常，将在数据发送端承担调制功能的设备称为调制器（Modulator），而把在数据接收端承担解调功能的设备称为解调器（Demodulator）。由于数据通信是双向的，所以实际上在数据通信的任何一方都要同时具备调制和解调功能，将同时具备这两种功能的设备称为调制解调器（Modem）。

由于正弦交流信号的载波可以用 $A\sin[2\pi f(t)+\phi]$ 表示，即参数振幅 A、频率 f 和相位 ϕ 的变化均会影响信号波形，故振幅 A、频率 f 和相位 ϕ 都可作为控制载波特性的参数，又称为调制参数，并由此产生 3 种基本的调制方法，即调幅、调频和调相，如图 2-11 所示。

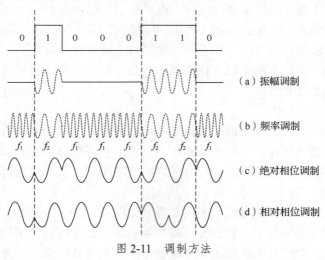

图 2-11　调制方法

（1）调幅

调幅（Amplitude Modulation，AM）指让载波信号的振幅随基带数字信号的变化而变化，又称为幅移键控（Amplitude Shift Keying，ASK）。在该调制中，频率和相位为常量，振幅随发送的二进制数据而变化。当发送的数据为 1 时，振幅调制信号的振幅保持某个电平不变，即有载波信号发射；当发送的数据为 0 时，振幅调制信号的振幅为 0，即没有载波信号发射。调幅的数学表达式为式（2-6），其中的 S_{AM} 表示调幅后的信号。

$$S_{AM}(t)=\begin{cases}A\sin[2\pi f(t)+\varphi], & \text{数字}1\\ 0, & \text{数字}0\end{cases} \qquad (2-6)$$

从图 2-11（a）中不难看出，振幅调制实际上相当于用一个受数字基带信号控制的开关来开启和关闭正弦载波。振幅调制方法实现容易、技术简单，但是易受突发性干扰的影响，不是理想的调制方法。

（2）调频

调频（Frequency Modulation，FM）就是让载波信号的频率随基带数字信号的变化而变化，也称为频移键控（Frequency-Shift Keying，FSK）。在该种调制中，振幅和相位为常量，频率为变量。如图 2-11（b）所示，数字信号 0 和 1 分别用两种不同频率的波形表示，当传输的数据为 0 时，频率调制信号的角频率为 $2\pi f_1(t)$；当传输的数据为 1 时，频率调制信号的角频率为 $2\pi f_2(t)$。其数学表达式为式（2-7），其中 S_{FM} 表示调频后的信号。

$$S_{FM}(t) = \begin{cases} A\sin\left[2\pi f_1(t) + \varphi\right], & \text{数字1} \\ A\sin\left[2\pi f_2(t) + \varphi\right], & \text{数字0} \end{cases} \tag{2-7}$$

频率调制不仅实现简单，而且比调幅技术有较高的抗干扰性，所以是一种常用的调制方法。图 2-12 给出了频率调制的一种实现方式，这种方式利用电子开关在两个独立的频率之间进行切换，以选择相应的频率。

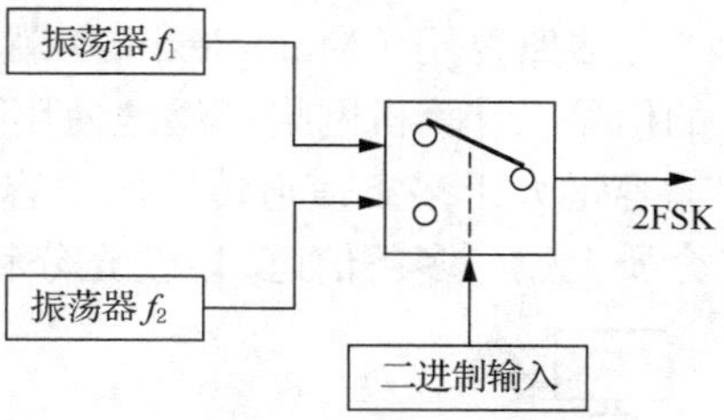

（3）调相

调相（Phase Modulation，PM）就是让载波信号的初相位随基带数字信号的变化而变化，也称为相移键控

图 2-12 频率调制的一种实现方式

（Phase-Shift Keying，PSK）。在相位调制中，振幅和频率为常量，但通过控制或改变正弦载波信号的相位来表示二进制数据。按照是使用相位的绝对值还是相位的相对偏移来表示二进制数据，可将相位调制分为绝对相位调制和相对相位调制，如图 2-11（c）和图 2-11（d）所示；按照对一个完整周期的相位等分方式，又可将相位调制分为二相制、四相制、八相制、十六相制等。

在绝对相位调制中，将一个完整载波周期的相位按相制要求进行等分，然后按划分后的相位绝对值来表示不同的二进制数据。以二相制为例，将一个完整周期的相位进行二等分，从而得到关于相位的绝对值 0° 和 180°，然后分别用 $\phi=0°$ 代表二进制数 0，用 $\phi=180°$ 代表二进制数 1。若为四相制，则需要对一个完整周期的相位进行四等分，使输出相位有 4 种变化状态，如分别为 0°、90°、180° 和 270°，从而可以用这 4 种相位分别代表二进制数据 00、01、10 和 11。显然，在四相制的情况下，由于每个载波周期可包含两位信息，从而数据传输效率比二相制增加一倍。以此类推，八相制可以用 8 种相位描述 3 位的 8 种组合，而十六相制可以用 16 种相位描述 4 位的 16 种组合。绝对二相制的数学表达式如式（2-8），其中的 S_{PM} 表示调相后的信号。

$$S_{PM}(t) = \begin{cases} A\sin\left[2\pi f(t) + 0\right], & \text{数字1} \\ A\sin\left[2\pi f(t) + \pi\right], & \text{数字0} \end{cases} \tag{2-8}$$

在相对相位调制中，利用前后码元信号相位的相对偏移量来表示不同的二进制数据，相对偏移量的大小与采用的相制有关。以二相制为例，相对偏移量可以取 0° 和 180° 两个值，若所要传输的数据为二进制数 1，则载波相位要发生 180° 的跳变；若所要传输的数据为二进制数 0，则载波相位不发生跳变，即跳变为 0°。

从理论上讲，相位调制中的制数是没有上限的，但在实际系统中，必须考虑设备在检测微小相位变化能力上的限制。可以看出，与振幅调制和频率调制方法相比，相位调制的实现技术要复杂得多，但它具有很强的抗干扰能力和较高的编码效率。

对采用相位调制的频带传输来说，除了用前面所说的数据传输速率来衡量数据传输的快慢以外，还可以用每秒传输的波形个数来衡量。这种速率被称为波特率，又称为调制速率或波形速率，单位为波特（Baud）。波特率与比特率之间的关系如式（2-9）所示。

$$R_b = R_s \log_2 L \qquad (2\text{-}9)$$

其中，R_b 代表传输速率，即比特率；R_s 代表波特率；L 为信号的码元数。对应于二相制、四相制、八相制等，L 分别为 2、4 和 8 等。可以看出，当采用二相制时，比特率和波特率在数值上是相等的。

2.3 多路复用技术

信道复用技术

多路复用（Multiplexing）就是在一条传输介质上同时传输多路用户的信号。计算机网络广泛地使用了各种复用技术。当一条传输介质的传输容量大于多条信道传输的总容量时，就可以通过复用技术在这条传输介质上建立多条信道，以便充分利用传输介质的带宽。图 2-13 展示了复用技术的基本原理。

图 2-13　复用技术的基本原理

在发送端需要使用一个复用器，让多个用户通过复用器使用一个大容量共享信道进行通信。在接收端需要使用一个分用器，将共享信道中传输的信息分别发送给相应的用户。

尽管实现信道复用会增加通信成本（需要复用器、分用器以及费用较高的大容量共享信道），但如果复用的信道数量较大，还是比较划算的。

常见的信道复用技术有频分复用、时分复用、波分复用和码分复用。

2.3.1　频分复用

频分复用（Frequency Division Multiplexing，FDM）通过将线路的带宽划分成若干段较小的带宽来达到多路复用的目的。实现频分复用的前提是每一路信号只占据一个宽度有限的频率，而信道可以被利用的频率比一个信号的频率宽得多，因此可以利用频率分割的方式来实现多路复用。

当有多路信号输入时，发送端将各路信号分别调制到所分配的频率范围内的载波上，传输到接收端以后，利用接收滤波器把各路信号区分开来并恢复成原始信号。为了防止相邻两个信号频率覆盖而造成干扰，在相邻两个信号的频率段之间需要留一定的频率间隔。

在频分复用中，数据在各个复用信道上是并行传输的。由于各个信道相互独立，因此一个信道发生故障时不会影响其他信道的数据传输。

频分复用的方法起源于电话系统，所以我们以电话系统为例来进一步说明频分复用的原理。规定一路电话的标准频带是 0.3kHz～3.4kHz，语音信号中高于 3.4kHz 和低于 0.3kHz 的频率分量都将衰减（注：这对语音清晰度和自然度的影响都很小，不会令人不满意）。如果在一对导线上同时传输若干路这样的电话信号，接收端就无法把它们区分开来。若利用频率变换，将若干路（假设为 N 路）电话信号"搬"到频段的不同位置，一路电话信号占有 4kHz 的带宽，就可以形成一个带宽为 4kHz 的频分复用信号。图 2-14 给出了一个三路话音复用的例子。由于每路电话信号占有不同的频带，信号到达接收端后，就可以用滤波器将各路电话信号区分开。显然，物理信道的带宽越大，可复用的信道数量越多。

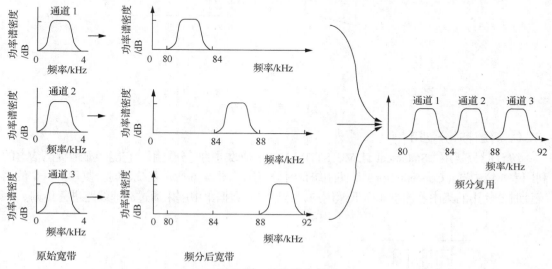

图 2-14　三路话音复用

频分复用以信道频带作为分割对象，通过为多个信道分配互不重叠的频率范围来实现多路复用，但其前提是信道可以被利用的频率比一个信号的频率要宽得多。模拟信号通常具有持续时间长、占用信道带宽较小的特点，所以在提供模拟信号传输的频带传输系统中比较多地采用频分复用。

2.3.2　时分复用

当信号的频宽与物理线路的频宽相当时，采用频分复用就会变得不现实。以数字信号为例，它通常具有较大的频率宽度，需要占据物理线路的全部带宽来传输一路信号，但它作为离散量，又具有持续时间很短的特点。因此，可以考虑将线路的传输时间作为分割对象，将线路传输时间分成一个个互不重叠的时间片（Time Slice），并按一定规则将这些时间片分配给多路信号，每一路信号在分配给自己的时间片内独占信道进行传输。这种划分线路传输时间的复用技术被称为时分复用（Time Division Multiplexing，TDM）。时分复用主要用于基带传输系统。

时分复用又可进一步分为同步时分复用和统计时分复用两大类。

（1）同步时分复用

同步时分复用如图 2-15 所示。复用器（Multiplexer，MUX）将线路的传输时间分为若干个等长的时间片，多路信号采用轮转方式使用这些时间片，即使在某个时间片内某个信源没有信号发送，该时间片也不能被其他信源使用，因此各个信道的发送与接收必须是同步的。显然，当时分复用系统中的某些信源没有数据要发送或发送的数据量太少时，这种固定时间片的方式会造成很大的带宽浪费。

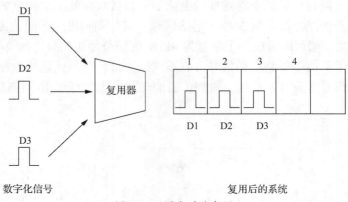

图 2-15　同步时分复用

（2）统计时分复用

统计时分复用（Statistical TDM，STDM）是一种改进的时分复用，它能明显地提高信道的利用率。集中器（Concentrator）常使用统计时分复用。图 2-16 所示是统计时分复用。一个使用统计时分复用的集中器连接 4 个低速用户，然后将其数据集中起来通过高速线路进行传输。

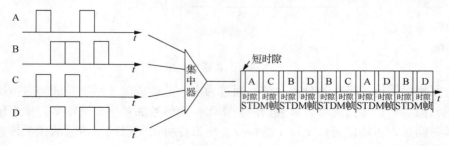

图 2-16　统计时分复用

统计时分复用使用 STDM 帧来传输复用的数据，但每一个 STDM 帧中的时隙数小于连接在集中器上的用户数。各用户有了数据就随时发往集中器的输入缓存，然后集中器按顺序依次扫描输入缓存，把缓存中的输入数据放入 STDM 帧。没有数据的缓存就跳过去。当一个帧的数据放满了，就发送出去。可以看出，STDM 帧不是固定分配时隙，而是按需动态地分配时隙。因此，统计时分复用可以提高线路的利用率。我们还可看出，在输出线路上，某一个用户所占用的时隙并不是周期性出现的。因此，统计时分复用又称为异步时分复用，而普通的时分复用称为同步时分复用。这里应注意的是，虽然统计时分复用的输出线路上的传输速率小于各输入线路传输速率的总和，但从平均的角度来看，这二者是平衡的。假定所有的用户都不间断地向集中器发送数据，那么集中器肯定无法应付，它内部设置的缓存都将溢出，所以集中器能够正常工作的前提是假定各用户都是间歇地工作的。

由于 STDM 帧中的时隙并不是固定地分配给某个用户的，因此在每个时隙中必须有用户的地址信息，这是统计时分复用必须有的和不可避免的一些开销。图 2-16 中输出线路上每个时隙之前的短时隙就用于放入这样的地址信息。使用统计时分复用的集中器也叫作智能复用器，它能提供对整个报文的存储转发能力（但大多数复用器一次只能存储一个字符或一位），通过排队方式使各用户更合理地共享信道。此外，许多集中器还可能具有路由选择、数据压缩、前向纠错等功能。

2.3.3 波分复用

波分复用（Wavelength Division Multiplexing）是光的频分复用。根据频分复用的设计思想，可在一根光纤上同时传输多个频率相近的光载波信号，实现基于光纤的频分复用。最初，人们只能在一根光纤上复用两路光载波信号。随着技术的进步，目前可以在一根光纤上复用 80 路或更多路的光载波信号。因此，这种复用技术也称为密集波分复用（Dense Wavelength Division Multiplexing，DWDM）。

波分复用的具体实现技术非常复杂，但其中的基本物理原理还是比较简单的。三棱镜可根据入射角和波长将几束光合成一道光，也可将一束合成光分离成多束光。根据三棱镜的原理，可以实现光复用器（又称为合波器）和光分用器（又称为分波器），如图 2-17 所示。

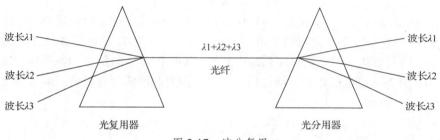

图 2-17　波分复用

在一根光纤上可以复用的光信号数被称为分波波数，它既取决于光纤的频率宽度，也取决于光栅制造与检测技术的改进与发展。目前主流可支持的分波波数可以达到 160 个波长。为了区别于早期的两波长复用，引入了密集波分复用的概念。以 8 路传输速率为 2.5Gbit/s 的光信号密集波分复用为例，每路光信号经过调制后，波长分别变换到 1550～1557nm 的范围，即每个光信号的波长相隔为 1nm，8 路传输速率为 2.5Gbit/s 的光信号在同一根光纤上传输，从而一根光纤上的数据传输速率可以达到 8×2.5Gbit/s，即 20Gbit/s。

随着密集波分复用的不断发展，其分波波数的上限值仍在不断地增长。目前，在商业化应用中，采用密集波分复用的单根光纤上的数据传输速率已高达 1.6Tbit/s。

2.3.4 码分复用

码分复用（Code Division Multiplexing，CDM）常称为码分多路访问（Code Division Multiple Access，CDMA），是在扩频通信技术的基础上发展起来的一种无线通信技术。与频分复用和时分复用不同，CDMA 的每个用户可以在相同的时间内使用相同的频带进行通信。CDMA 最初用于军事通信，这种系统发送的信号有很强的抗干扰能力，其频谱类似于白噪声，不易被敌人发现。随着技术的进步，CDMA 现在已广泛应用于民用的移动通信中。

在 CDMA 中，每一个位时间再划分为 m 个短的间隔，称为码片（Chip），通常 m 的值是

64 或 128。我们设 m 为 8 时，使用 CDMA 的每一个站被分配唯一的 8 bit 码片序列（Chip Sequence）。一个站如果要发送位 1，则发送它自己的 m bit 码片序列。如果要发送位 0，则发送该码片序列的二进制反码。例如，指派给 S 站的 8 bit 码片序列是 00011011，当 S 发送位 1 时，它就发送 00011011；而当 S 发送位 0 时，就发送 11100100。为了方便，我们按惯例将码片中的 0 记为-1，将 1 记为+1，因此 S 站的码片序列是（-1-1-1+1+1-1+1+1）。

现假定 S 站要发送信息的传输速率为 b bit/s。由于每一位要转换成 m 位的码片，因此 S 站实际上发送的传输速率提高到 mb bit/s，同时 S 站所占用的频带宽度也提高到原来数值的 m 倍。这种通信方式是扩频（Spread Spectrum）通信中的一种。扩频通信通常有两大类，一类是直接序列扩频（Direct Sequence Spread Spectrum，DSSS），如前文讲的码片序列；另一类是跳频扩频（Frequency Hopping Spread Spectrum，FHSS）。

CDMA 系统的一个重要特点就是这种体制给每一个站分配的码片序列不仅必须各不相同，还必须互相正交（Orthogonal）。在实用的系统中使用伪随机码序列。令向量 S 表示站 S 的码片向量，再令 T 表示其他任何站的码片向量。两个不同站的码片序列正交，那么向量 S 和 T 的规格化内积（Inner Product）都是 0，如式（2-10）所示。

$$S \cdot T \equiv \frac{1}{m} \sum_{i=1}^{m} S_i T_i = 0 \qquad (2\text{-}10)$$

例如，向量 S 的码片序列为（-1-1-1+1+1-1+1+1），同时设向量 T 的码片序列为（-1-1+1-1+1+1+1-1），这相当于 T 站的码片序列为 00101110。将向量 S 和 T 的各分量值代入式（2-10）就可看出这两个码片序列是正交的。不仅如此，向量 S 和各站码片反码向量的内积也是 0。另外一点也很重要，即任何一个码片向量和该码片向量自己的规格化内积都是 1，如式（2-11）所示。

$$S \cdot S = \frac{1}{m} \sum_{i=1}^{m} S_i S_i = \frac{1}{m} \sum_{i=1}^{m} S_i^2 = \frac{1}{m} \sum_{i=1}^{m} (\pm 1)^2 = 1 \qquad (2\text{-}11)$$

而一个码片向量和该码片反码向量的规格化内积是-1。这从式（2-11）中可以很清楚地看出，因为求和的各项都变成了-1。

现在假定在 CDMA 系统中有很多站在相互通信，每一个站发送的是数据位和本站的码片序列乘积，因此是本站的码片序列（相当于发送位 1）和该码片序列的二进制反码（相当于发送位 0）的组合序列，或什么也不发送（相当于没有数据发送）。我们还假定所有的站所发送的码片序列都是同步的，即所有的码片序列都在同一个时刻开始，利用全球定位系统（Global Positioning System，GPS）就不难做到这点。

现假定有一个 X 站要接收 S 站发送的数据，X 站就必须知道 S 站特有的码片序列。X 站使用它得到的码片向量 S 与接收到的未知信号进行求内积的运算。X 站接收到的信号是各个站发送的码片序列之和。根据式（2-10）和式（2-11），再根据叠加原理（假定各种信号经过信道到达接收端是叠加的关系），那么求内积得到的结果是所有其他站的信号都被过滤掉（其内积的相关项都是 0），而只剩下 S 站发送的信号。当 S 站发送位 1 时，X 站计算得到的内积结果是+1；当 S 站发送位 0 时，内积结果是-1。

2.4 数据交换技术

数据交换是指计算机网络中将数据从源设备传输到目的设备的过程。

计算机网络的数据
通信方式

它是网络最基本、最重要的功能之一，使得不同设备可以相互通信、共享信息和资源。

网络核心部分是互联网中十分复杂的部分，为网络边缘部分中的大量主机提供连通性，使边缘部分中的任何一台主机都能够与其他主机通信。在网络核心部分中有大量的交换设备，其中路由器（Router）最为重要，是实现分组交换（Packet Switching）的关键构件。其任务是转发收到的分组，完成网络核心部分重要的数据交换功能。

目前数据交换技术主要有线路交换、报文交换、分组交换。为了提高数据交换速率，还有一些高速交换技术，如 ATM 交换、多协议标记交换（Multi-Protocol Label Switching，MPLS）、光交换、背压交换等。

2.4.1　线路交换

在早期专为电话通信服务的电信网络中，需要使用很多相互连接起来的电话交换机来完成全网的交换任务。电话交换机接通电话线的方式就是线路交换（Circuit Switching）。从通信资源分配的角度看，交换（Switching）实际上就是以某种方式动态地分配传输线路的资源。使用线路交换进行通信的 3 个步骤如下。

（1）建立连接：主叫方必须首先进行拨号以请求建立连接。当被叫方听到电话交换机送来的振铃音并摘机后，主叫方到被叫方之间就建立了一条专用的物理通路，简称连接。这条连接为通话双方提供通信资源。

（2）通话：主叫方和被叫方可以基于已建立的连接进行通话。在整个通话期间，通话双方始终占用连接，通信资源不会被其他用户占用。

（3）释放连接：通话完毕并挂机后，主叫方到被叫方之间的这条专用的物理通路被电话交换机释放，将双方所占用的通信资源归还给电信网络。

如果主叫方在拨号请求建立连接时听到忙音，这可能是被叫方此时正忙或电信网络的资源已不足以支持这次请求，则主叫方必须挂机等待一段时间后再重新拨号。

图 2-18 所示为线路交换，用户线是电话用户专用的，电话交换机之间的中继线是许多用户共享的。电话 A 与 F 之间的物理通路共经过了 3 个电话交换机，而电话 D 和 E 是同一个电话交换机覆盖范围内的用户，因此 D 和 E 之间建立的连接不需要经过其他的电话交换机。在 A 和 F 的通话过程中，它们始终占用这条已建立的物理通路，就好像 A 和 F 之间直接用一对电话线连接起来一样。A 和 F 的通话结束并挂机后，它们之间的连接就断开了，之前所占用的电话交换机之间的电路又可以由其他用户使用。由此可见线路交换的一个重要特点就是，在通话的全部时间内，通话的两个用户始终占用端到端的通信资源。

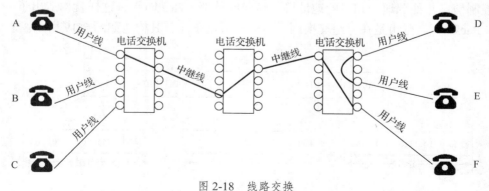

图 2-18　线路交换

数据通信基础　第 2 章

计算机数据的传输不适合使用线路交换来实现，因为计算机数据的传输为突发式传输。何为数据突发式传输？例如，计算机上运行的即时通信工具之间的数据交流。我们并不是一直连续通过该工具发送消息和接收消息，而是随时发送和接收消息。对于这种情况，如果采用线路交换方式，则已被用户占用的通信线路资源在绝大部分时间里都是空闲的，其线路的传输效率非常低，真正用来传输数据的时间往往不到10%甚至1%。

2.4.2　报文交换

报文交换是一种在通信网络中用于传输数据的交换方式，它是分组交换的前身。在报文交换中，发送方将要传输的数据打包成一个完整的报文，然后发送给接收方。接收方在接收到完整的报文后，进行解包处理，获取原始数据。报文交换过程中不需要对数据进行分割和拼接，整个报文作为一个独立的单位而不是按照固定大小的分组进行传输，能够保留原始数据的完整性。

报文交换在通信网络中具有以下一些优点。

（1）灵活性：报文交换不限制数据大小，并且报文的长度可以根据应用程序的需要进行动态调整，使得传输各种类型和大小的数据均能适应。

（2）数据完整性：报文交换将数据作为一个整体进行传输，能够保持数据完整性，不会出现由于分割和拼接导致的数据错误。

（3）简化处理：对接收方来说，一次性接收到完整的报文后进行解包处理的工作较为简单，不需要进行分组的排序和重组。

然而，报文交换存在一些缺点。由于报文的长度不固定，可能会造成传输延迟，且在网络拥塞时可能会导致大量报文积压。此外，报文交换需要通过信道控制技术来确保报文的正确传输和顺序传输。

2.4.3　分组交换

早在因特网的"鼻祖"ARPANET的研制初期，就采用了基于存储转发技术的分组交换。源主机将待发送的整块数据构造成若干个分组并发送出去，分组传输途中的各交换节点（也就是路由器）对分组进行存储转发，目的主机收到这些分组后将它们组合还原成原始数据块。

待发送的整块数据通常被称为报文（Message），较长的报文一般不适宜直接传输。如果报文太长，则对交换节点的缓存容量有很严格的要求，在错误处理方面也会比较低效。因此需要将较长的报文划分成若干个较小的等长数据段，在每个数据段前面添加一些由必要的控制信息（如源地址和目的地址等）组成的首部（Header），这样就构造出了一个个分组（Packet）。分组是在分组交换网上传输的数据单元，其构造如图2-19所示。

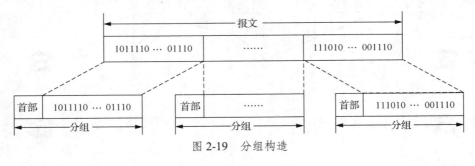

图2-19　分组构造

源主机将分组发送到分组交换网中，分组交换网中的分组交换机收到一个分组后，先将其缓存下来，然后从其首部提取出目的地址，按照目的地址查找自己的转发表，找到相应的转发接口后将分组转发出去，把分组交给下一个分组交换机。经过多个分组交换机的存储转发后，分组最终被转发到目的主机。

图 2-20 所示为简化的分组交换网。位于网络边缘部分的主机和位于网络核心部分的路由器都是"计算机"，但它们的作用很不一样。主机是为用户进行信息处理的，并且可以和其他主机通过网络交换信息。路由器则用来转发分组，即进行分组交换。路由器收到一个分组，先暂时存储，检查其首部，查找转发表，按照首部中的目的地址找到合适的接口转发出去，把分组交给下一个路由器。这样一步一步地（有时会经过几十个不同的路由器）以存储转发的方式，把分组交付给最终的目的主机。各路由器之间必须经常交换彼此掌握的路由信息，以便创建和动态维护路由器中的转发表，使得转发表能够在整个网络拓扑发生变化时及时更新。

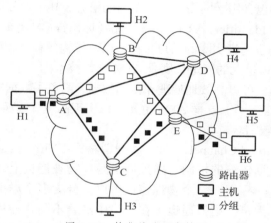

图 2-20　简化的分组交换网

主机 H1 向主机 H5 发送数据。主机 H1 先将分组逐个地发往与它直接相连的路由器 A。此时，除链路 H1—A 外，其他通信链路并不被目前通信的双方占用。需要注意的是，即使是链路 H1—A，也只是当分组正在此链路上传输时才被占用。在各分组传输之间的空闲时间，链路 H1—A 仍可被其他主机发送的分组使用。

路由器 A 把主机 H1 发来的分组放入缓存。假定从路由器 A 的转发表中查出应把该分组转发到链路 A—C，分组就传输到路由器 C。当分组正在链路 A—C 上传输时，该分组并不占用网络其他部分的资源。

路由器 C 继续按上述方式查找转发表，假定查出应转发到路由器 E。当分组到达路由器 E 后，路由器 E 就把分组直接交给主机 H5。

假定在某一个分组的传输过程中，链路 A—C 的通信量太大，那么路由器 A 可以把分组沿另一个路由传输，即先转发到路由器 B，再转发到路由器 E，最后把该分组传输到主机 H5。在网络中多台主机可同时进行通信，如主机 H2 也可以经过路由器 B 和 E 与主机 H6 通信。

这里要注意，路由器暂时存储的是一个个短分组，而不是整个长报文。短分组是暂存在路由器的存储器（即内存）中而不是存储在磁盘中的。这就保证了较高的交换速率。

　　　　数据通信基础　第 2 章

应当注意，分组交换在传输数据之前不必先占用一条端到端的通信资源，分组在哪段链路上传输才占用那段链路的通信资源。分组到达一个路由器后，先暂时存储下来，待路由器查找转发表，然后从另一条合适的链路上转发出去。分组在传输时就这样逐段地断续占用通信资源，而且省去了建立连接和释放连接的开销，因此数据的传输效率更高。

2.4.4　其他高速交换技术

（1）ATM 交换

ATM 交换是一种将数据按照 ATM 进行交换和传输的技术。它通过使用 ATM 单元来处理数据包，将数据包划分为固定大小的 ATM 单元并在网络中进行交换，实现高速、高效的数据传输。

ATM 单元是在 ATM 交换技术中使用的数据单位，是固定长度的数据包，通常包含 53 个字节。每个 ATM 单元由一个 5 字节的首部和一个 48 字节的数据部分（也称为有效载荷）组成。ATM 单元的首部包含用于网络控制和路由的信息，其中十分关键的部分是虚拟通道标识符（Virtual Channel Identifier，VCI）和虚拟路径标识符（Virtual Path Identifier，VPI）；ATM 单元的数据部分用于携带实际的用户数据，以及传输各种类型的数据，包括音频、视频、图像和数据等。ATM 单元的固定长度是 ATM 交换技术的一个重要特点。由于 ATM 单元长度固定，ATM 交换机可以高效地处理和传输数据，避免了数据在经过路由器或交换机时需进行分组和重组的复杂性。这样 ATM 单元可以实现高速、低延迟的数据传输，适用于实时应用和宽带数据传输需求。

ATM 虚拟通道（Virtual Channel，VC）和虚拟路径（Virtual Path，VP）是在 ATM 网络中用于区分和组织数据传输的机制。虚拟通道是在物理连接上划分的逻辑通道，它通过虚拟通道标识符来唯一标识。一个物理连接可以划分为多个虚拟通道，每个虚拟通道都有自己的虚拟通道标识符。虚拟通道可在网络中沿着不同路径传输数据，可以被视为一组特定通信要求的数据流。虚拟路径是在网络中划分的逻辑路径，它通过虚拟路径标识符来唯一标识。虚拟路径是一组关联的虚拟通道的集合，这些虚拟通道共享同一个虚拟路径标识符。虚拟路径可以提供更强的灵活性和可伸缩性，因为网络可以根据不同的通信需求动态分配或重组虚拟通道。使用虚拟通道和虚拟路径的组合，ATM 网络可以实现多种通信要求的灵活传输。虚拟通道和虚拟路径的设置、配置和管理可以通过 ATM 交换机和路由器来实现，以确保数据在网络中的正确路由和传输。通过精细的虚拟通道和虚拟路径管理，ATM 网络能够提供高带宽、低延迟、可靠的数据传输，适用于各种实时和多媒体应用。

ATM 适配层（ATM Adaptation Layer，AAL）是 ATM 网络将不同类型的数据转换为适合 ATM 传输格式的协议。由于不同的应用和服务对数据传输的要求不同，AAL 提供了一些协议和机制，以适应不同的需求。AAL 定义了在上层协议和 ATM 物理层之间的适配层，以便将不同类型的数据封装为 ATM 可传输的数据单元。AAL 支持多种服务类别，如实时音频/视频传输、数据传输等。它将不同类型的数据进行分组、分割和重组，并添加必要的控制信息，以确保数据在 ATM 网络中可靠传输。AAL 将应用层提供的数据分段并封装为 ATM 单元（ATM Cell）进行传输。不同的 AAL 版本和协议提供不同的特性和功能，以满足不同应用的需求。常见的 AAL 版本包括 AAL1、AAL2、AAL3/4

和 AAL5。其中，AAL5 是较常用的版本，用于封装非实时数据，如 IP 数据包，以在 ATM 网络中传输。

ATM 交换的基本流程如下。

- 数据分段：发送方将待传输的数据按照 AAL 协议进行分段，将每个分段封装为适合 ATM 传输的格式。
- ATM 单元封装：每个分段被封装为固定长度的 ATM 单元。ATM 单元的长度是 53 字节，由 5 字节的首部和 48 字节的有效数据部分组成。ATM 首部包含控制信息和目的地址等字段。
- ATM 单元传输：封装完成后，ATM 单元通过 ATM 网络传输。在 ATM 网络中，ATM 单元通过虚拟通道和虚拟路径进行路由，以确定最终的目的站。
- ATM 单元交换：ATM 单元在每个节点（ATM 交换机）上进行交换和转发。ATM 交换机根据 ATM 单元的目的地址，在交换机内部的交换矩阵中找到正确的输出端口，并将 ATM 单元转发到目的端口。
- ATM 单元重组：当 ATM 单元到达目的站的时候，ATM 单元可能会经过多个交换机，因此需要将 ATM 单元按原来的顺序进行重组。
- 数据恢复：当 ATM 单元成功交付到接收方后，接收方会根据 AAL 协议对 ATM 单元进行解封装和重组，将其恢复成原始的分段数据。
- 数据传递：恢复的数据被传输到上层的应用程序中进行处理和使用。

总而言之，ATM 交换流程包括数据分段、ATM 单元封装、ATM 单元传输、ATM 单元交换、ATM 单元重组、数据恢复和数据传递等步骤。通过这些步骤，ATM 网络可实现高速、可靠的数据传输。

（2）MPLS

MPLS 是一种基于标签交换的高效数据传输技术，它可以在传输层和网络层之间建立一种新的转发机制。MPLS 通过在数据包首部添加标签，对数据包进行封装和传输，来提高网络传输效率和灵活性。

MPLS 标签是 MPLS 网络中用于数据包转发和路由的关键元素。每个 MPLS 标签由 20 位组成，用于在数据包首部添加和传递信息。具体而言，MPLS 标签由 4 部分组成，分别是标签值（Label Value）、实验（Experimental）、时间戳（Time Stamp）和底部校验和（Checksum）。标签值字段用于标识数据包的转发路径，实验字段用于指示数据包的特殊处理需求，时间戳字段用于防止数据包循环，底部校验和字段用于验证标签头的完整性。在 MPLS 网络中，首先需要为每个传输的数据包分配一个标签。这个标签可以是固定长度的，也可以是可变长度的。标签的分配是在 MPLS 核心路由器中进行的，通常使用各种标签分配协议（如 LDP、RSVP-TE）来分配和管理标签。MPLS 标签的主要作用是提供一种灵活和高效的数据包转发机制，使数据包可以根据预先定义的标签值在网络中进行快速的转发。

MPLS 的基本流程如下。

- 标签压入：在数据包进入 MPLS 网络时，边界路由器会通过标签压入操作，在数据包首部添加一个或多个标签。标签被压入数据包的最前面，原始的网络层首部信息则被移到标签之后。

- 标签传输：一旦数据包被添加了标签，它就会在 MPLS 网络中进行传输和交换。每个 MPLS 节点使用标签来决定下一跳目的站和转发路径。节点根据标签转发表中的映射信息，将接收到的数据包首部的标签替换为新的标签，并将数据包转发到相应的接口。
- 标签交换：在数据包沿着路径传输时，每个 MPLS 节点会根据转发表中的标签映射信息，将接收到的数据包首部的标签替换成新的标签，以便指导数据包的下一跳路径。
- 标签弹出：当数据包到达最后一个 MPLS 节点或离开 MPLS 网络时，该节点会弹出数据包首部的标签，并将数据包传递给相应的网络层协议继续处理。如果一个数据包没有标签，它将被当作普通网络层数据包来处理。

MPLS 的主要优势是提供灵活、高效的数据包转发机制。通过在数据包首部插入标签，MPLS 网络可以基于预先定义的标签值快速转发数据包，避免每个节点都进行全局路由查找的开销。同时，MPLS 还支持服务质量（Quality of Service，QoS）机制，可以实现跨越不同的物理和逻辑网络结构，提供统一的网络服务和灵活的流量工程管理，保证特定服务的质量。

2.5 传输介质

网络上数据是如何传输的

传输介质是计算机网络用来连接各个计算机的物理介质，而且主要指用来连接各个通信处理设备的物理介质。

常用的传输介质有两类：有线介质和无线介质。有线介质包括双绞线、同轴电缆、光纤；无线介质包括无线电波、微波、红外线、可见光等，由于这几种介质的共同特点是通过空间传输电磁波来载送信号，因此也称为空间传输介质。

用于评价传输介质性能的主要因素：带宽，传输介质的频带宽度，即频率范围；数据传输速率，在有效带宽上单位时间内能可靠传输的二进制位数；容量，指传输介质传输信息的能力，用带宽或数据传输速率来表示；衰减，在信号传输过程中，信号被削弱的趋势或失真的程度；抗干扰能力；价格；安装难易程度。

2.5.1 有线传输介质

1. 双绞线

双绞线（Twisted Pair）是目前广泛使用且价格低廉的一种有线传输介质。"Twisted"源于双绞线电缆的内部结构，双绞线在内部由 4 对两两相绞在一起的相互绝缘的铜导线组成，导线的典型直径为 1mm 左右（通常是 0.4mm～1.4mm）。之所以采用这种两两相绞的绞线，是为了抵消相邻线对之间产生的电磁干扰，以及减少线缆端接点处的近端串扰。为了进一步提高双绞线电缆抗电磁干扰的能力，在双绞线电缆的绝缘保护套内，多对相互绝缘的双绞线的外面，可再包裹一层用金属丝编织成的屏蔽层。按照线对外围是否有屏蔽层，双绞线可进一步分为非屏蔽双绞线（Unshielded Twisted Pair，UTP）和屏蔽双绞线（Shielded Twisted Pair，STP）。图 2-21 所示为 UTP 和 STP。与 UTP 相比，STP 由于采用了良好的屏蔽层，所以抗干扰性更好。

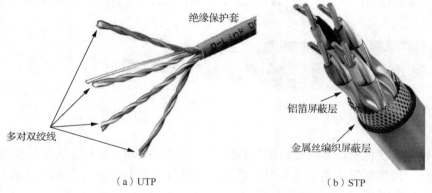

（a）UTP   （b）STP

图 2-21 UTP 和 STP

  双绞线既可以传输模拟信号，也可以传输数字信号。用双绞线传输数字信号时，它的数据传输速率与电缆的长度有关。距离短时，数据传输速率就高一些。表 2-6 给出了常用双绞线类别、带宽、线缆特点以及典型应用。

表 2-6 常用双绞线类别、带宽、线缆特点以及典型应用

双绞线类别	带宽/ MHz	线缆特点	典型应用
3	16	2 对 4 芯双绞线	传统 10Mbit/s 以太网，模拟电话
4	20	4 对 8 芯双绞线	曾用于令牌局域网
5	100	与 4 类相比增加了绞合度	传输速率不超过 100Mbit/s 的应用
5E（超 5 类）	125	与 5 类相比衰减更小	传输速率不超过 1Gbit/s 的应用
6	250	与 5 类相比改善了串扰等性能	传输速率高于 1Gbit/s 的应用
7	600	使用 STP	传输速率高于 10Gbit/s 的应用

  信号在双绞线上的衰减，会随着信号频率的升高而增大。为了降低信号的衰减，可以使用更粗的导线，但这增加了导线的重量和成本。为了尽量减少相邻导线间的电磁干扰，线对之间的绞合度（即单位长度内的绞合次数）和线对内两根导线之间的绞合度，都必须经过精心的设计，并在生产中加以严格的控制。除上述因素外，双绞线能够达到的最高数据传输速率，还与信号的振幅和数字信号的编码方法有很大的关系。

  2．同轴电缆

  20 世纪 80 年代，同轴电缆常用作局域网的传输介质，它由内导体、绝缘层、外屏蔽层以及外部保护层组成。如图 2-22 所示，同轴电缆中央是一根比较硬的铜导线或多股导线，外面由一层绝缘材料包裹，这一层绝缘材料又被第二层导体包住，第二层导体可以是网状的导体（有时是导电的铝箔），主要用来屏蔽电磁干扰，最外面由坚硬的绝缘塑料管包住。从同轴电缆的横切面可以看出，其各层是共圆心的，也就是同轴心的，这就是同轴电缆名称的由来。由于外屏蔽层的作用，同轴电缆具有很好的抗干扰性，被广泛应用于高速率数据传输。

  同轴电缆一般分为以下两类。

  （1）50Q 阻抗的基带同轴电缆：用于数字信号传输，在早期局域网中广泛使用。

  （2）75Q 阻抗的宽带同轴电缆：用于模拟信号传输，目前主要用于有线电视的入户线。

            数据通信基础 第 2 章

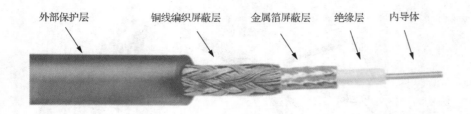

外部保护层　　铜线编织屏蔽层　　金属箔屏蔽层　　绝缘层　　内导体

图 2-22　同轴电缆

为了确保导线传输信号的良好电气特性，电缆必须接地，接地是为了构成必要的电气回路。另外，使用同轴电缆时还要对电缆的末端进行必要的处理，通常要在端头连接终端匹配负载，以削弱反射信号的作用。

同轴电缆的价格因直径及导体的不同而不同，通常介于双绞线与光纤之间，而且细同轴电缆相对粗同轴电缆要便宜一些。同轴电缆抗电磁干扰能力比双绞线强，但安装较复杂，而且受限于复杂的设计与实现成本，同轴电缆数据传输速率的提升受到明显限制，其典型速率为 10 Mbit/s。因此，随着双绞线与光纤作为两大类主流的有线传输介质被广泛使用后，最新的局域网布线标准中已不再推荐使用同轴电缆。

3．光纤

光纤是利用光反射原理传输信号的一种介质，主要由纤芯和反射包层两层组成。纤芯是一种由玻璃或塑料材料制成的纤维，其直径范围为 50～100μm，使用超高纯度石英玻璃制作的纤芯可以实现最低的传输损耗。包裹在纤芯之外的反射包层是一层薄薄的玻璃或塑料，其折射率低于纤芯。由于纤芯的折射率高于外部反射包层的折射率，基于光的全反射原理，可以形成光波在纤芯与反射包层界面上的全反射，从而将光信号限制在光纤中向前传输。光纤质地脆、易断裂，故在外面有一层起保护作用的涂覆层。光纤结构如图 2-23 所示。我们通常使用的是将多根光纤捆在一起，再加上一层用塑料或其他材料制成的护套而构成的光缆。

按照传输模式，光纤可分为多模光纤与单模光纤两大类，如图 2-24 所示。

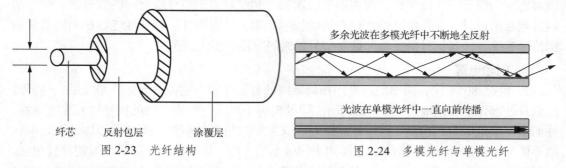

纤芯　　反射包层　　涂覆层

图 2-23　光纤结构　　　　　　　　　图 2-24　多模光纤与单模光纤

多模光纤用于传输多个传输模式下的光信号。在多模光纤中，光信号可以沿着不同的路径传输，因此在光纤中能够传输多个光束，每个光束都具有不同的传输模式。多模光纤通常有较大的纤芯直径，在光纤中光信号通过反射的方式传输。由于纤芯直径较大，光信号在纤芯内经历多次内部反射，导致光信号沿不同路径传播的时间长度不同。多模光纤的主要特点是传输距离相对较短，光信号传输时容易发生色散和失真。这限制了多模光纤的传输速率和带宽，一般适用于短距离通信和低速数据传输的场景。

单模光纤的纤芯直径非常小，通常只有几微米，光线在其内部的传播方式只有一条路径，这就是所谓的"单模"（单一传输模式）。如果将光纤的直径减小到只有一个光的波长，则光纤就像一根波导那样，可以使光波一直向前传播，而不会产生多次反射。单模光纤是单一传输模式，具有较高的信号容量和较强的抗干扰能力，并且能够解决多模光纤的色散和损耗问题。单模光纤传输距离相对较长，传输损耗低，能够提供高带宽和高速率的数据传输。它通常用于长距离通信和高速数据传输，如光纤通信网络、数据中心互连、高速互联网接入等。

在光纤通信中，常用的 3 个光波波段的中心波长分别为 850nm、1300nm 和 1550nm。这 3 个波段都具有 25000GHz～30000GHz 的带宽，因此光纤的通信容量是很大的。1300nm 和 1550nm 波段的衰减较小，850nm 波段的衰减较大，但此波段的其他特性较好。

常用的光纤规格如下。

- 单模 8/125μm、9/125μm 和 10/125μm。
- 多模 50/125μm（欧洲标准）和 62.5/125μm（美国标准）。

其中，斜线前面的数字表示纤芯的直径，斜线后面的数字表示反射包层的直径。

光纤通信是利用光脉冲在光纤中的传递来进行通信的。有光脉冲相当于位 1，而没有光脉冲相当于位 0。由于可见光的频率（约为 10MHz 量级）非常高，因此光纤通信系统的传输带宽远远大于目前其他各种传输介质的带宽。

典型光纤通信系统结构如图 2-25 所示。

图 2-25　典型光纤通信系统结构

- 发送端：采用发光二极管或半导体激光器，在电脉冲的作用下产生光脉冲。
- 接收端：利用光电二极管或激光检波器，将检测到的光脉冲还原成电脉冲。

2.5.2　无线传输介质

利用自由空间进行无线通信是在运动中进行通信的唯一手段。无线通信可使用的频段很广，图 2-26 所示为电磁波频谱，其中紫外线、X 射线以及 γ 射线波段目前还不能用于通信，因为这些波段很难产生和调制、穿透障碍物能力很弱并且对生物有害。此外，频率非常低（30kHz 以下）的波段一般也不用于通信。目前，用于数据通信的主要有无线电波、微波、红外线和可见光，而且不同电磁波具有不同的特性，其在通信中的主要用途也不同。

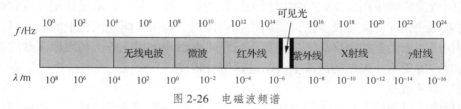

图 2-26　电磁波频谱

要使用某一波段无线电频谱进行通信，通常必须得到本国政府无线电频谱管理机构的相关许可证。我国的无线电频谱管理机构是工信部无线电管理局（国家无线电办公室）；美国的无线电频谱管理机构是联邦通信委员会（Federal Communications Commission，FCC）。工业、科学和医疗频带（Industria Scientific and Medical band，ISM）是可以自由使用的无线电频段。各国的 ISM 标准可能略有不同。图 2-27 给出了美国 ISM，现在的 IEEE 802.11 无线局域网就使用其中的 2.4GHz 和 5GHz 频段。

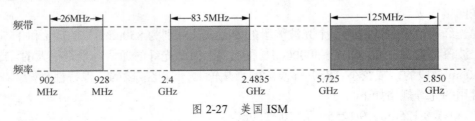

图 2-27　美国 ISM

1．无线电波

频率范围约为 30kHz～30000MHz 的电磁波被称为无线电波，它所对应的波长为 10km～0.01m。根据电波的波长，无线电波被分为长无线电波、中无线电波和短无线电波（简称长波、中波和短波）等。长波通信主要用于远距离通信，如航海导航、气象预报等；中波常用作广播波段，同时也可用于空中导航；短波主要用于电话电报通信、广播等。

目前 IEEE 802.11 无线局域网中所使用的传输介质即为无线电波，如 IEEE 802.11b 工作在 2.4GHz 频段，通道最大传输速率是 11Mbit/s；IEEE 802.11a 工作在 5.8GHz 频段，通道最大传输速率为 54Mbit/s。使用无线电波上网的另一种技术称为蓝牙（Bluetooth）技术，其目前也使用无线电波中的 2.4GHz 频段。

2．微波

微波分为地面微波和卫星微波，如图 2-28 所示。

（a）地面微波　　　（b）卫星微波

图 2-28　微波

（1）地面微波

地面微波一般采用定向式抛物面形天线发送和接收信号，要求发送站和接收站之间没有大的障碍或相互视线能及。地面微波适合连接两个位于不同建筑物中的局域网，或在建筑群中构成一个完整的网络，还广泛用于长距离电话和电视业务。利用地面微波进行长距离通信时，需要用一连串的微波中继站进行信号转接。

（2）卫星微波

卫星微波以通信卫星作为微波中继站，卫星接收地面微波发送站发射的微波信号后，以广播方式发向地面的微波接收站。使用卫星微波时要求通信卫星与地面微波定向抛物天线之间没有大的障碍。

卫星微波系统主要用来实现远距离电话、电传和电视业务，是构成通信国际干线的传输介质。

3．红外线

红外线的使用与地面微波的类似，它不受电磁干扰和射频干扰的影响。红外线传输建立在红外线光的基础上，采用光发射二极管、激光二极管或光电二极管等来进行站点与站点之间的数据交换，容易安装，而且不需要批准，传输速率较快，但方向性很强。红外线传输既可以进行点到点通信，也可以进行广播式通信。但是，红外线传输技术要求通信节点之间必须在直线视距之内，数据传输速率相对较低，没有穿透力、载波频率低，只适合小范围的网络传输。

4．可见光

可见光通信利用可见光来实现无线通信，主要依靠发光二极管（Light Emitting Diode，LED）发出的、肉眼看不到的高速明暗闪烁信号来传输信息。与传统的无线通信技术相比，可见光通信具有一些独特的优势。可见光通信能够同时实现照明与通信的功能，其数据传输需要光线在可见范围内可见，因此其传输范围相对较小，不会产生大范围的干扰和泄露，具有传输速率快、功耗低、保密性强、无电磁干扰以及无须频谱认证等优点，是理想的室内高速无线接入方案之一。

可见光通信正在被广泛应用于室内定位、物联网、室内导航、智能照明等领域。随着LED技术的不断发展和应用场景的扩大，可见光通信已成为现代无线通信领域的重要补充技术。

中国在可见光通信技术领域已取得一些重要的成果。

- 室内可见光通信技术实现了室内高速数据传输和定位。通过利用LED灯光进行数据传输，可以在室内环境中实现百兆甚至千兆级别的高速通信，提供稳定、高速、安全的室内通信解决方案。
- 中国的研究机构和企业在可见光通信芯片的设计和制造方面取得了一些突破。他们开发出了一系列的可见光通信芯片，如紫光、烽火通信、银河麒麟等半导体可见光通信芯片，实现了高速数据传输和光电转换的功能，为可见光通信的商业化应用提供了有力的支持。
- 中国的企业在可见光通信技术的应用上积极探索。通过与智能手机、物联网设备等结合，已经实现了室内定位、智能照明、数据传输等多个应用场景的商业化。例如，乐鑫科技ESP8266、汉唐通信与海康威视室内重定位系统等利用可见光通信技术提供室内定位和导航服务。

 小阅读

中国通信事业崛起之路

1．20世纪50年代

书信，就是人间脉脉温情的映照。

人们对通信的记忆，始终离不开纸张与文字。1958年，北京电报大楼建成，电报在电报员手中的电键下转换为数字，快速以电波送达另一个城市，成为人们急传信息的首选。在当时月薪不过数十元的中国人眼中，电报一个字一毛四，无异于一字千金。内敛的中国人，更习惯用书信抒发彼此的情感，几分钱的邮票和绿色的大邮筒，承载着老一辈人最深刻的集体回忆。

与此同时，公用电话开始萌芽。1951 年，北京电信局开办了传呼公用电话的业务，极大地方便了同城用户之间的沟通。通话费由每次 4 分改为 5 分再改为每次（通话时间在 3min 内）1 毛，排队打电话的人始终络绎不绝。

2．20 世纪 60 年代

"摇把子"，声音让情感更加热切。

随着电话网络开始扩大，手摇式电话机真正实现了普通百姓不用见面即可对话的愿望。那时信号传输主要靠铺明线和模拟微波，打长途电话要经过人工的电话交换机，需要人工话务员连线转接，中间需要等上 1～2h，人们带着午饭去电报大楼排队打电话，成为被围观的风景。

1962 年，我国自主设计制造的 60 路载波长途对称电缆投入使用，极大地改善了明线线路串音干扰问题，为我国以后建设高频长途电缆打下了坚实的技术基础。

3．20 世纪 70 年代

公用电话，"大喇叭"是最亲切的呼唤。

"某某家，接电话了！"这样的大喇叭声伴随很多人一路成长。公用电话网从 20世纪 50 年代零星出现，经过 20 年发展后建设完成，公用电话逐渐深入城市的街头巷尾。一个小卖部加一部公用电话，再加一个大爷或者大妈，就是最温暖的信息据点，风雨无阻实现情感的传递。

也是在这一年代我国的通信业发展步伐逐渐加快，1976 年，中国第一根石英光纤研发成功！一根长度为 17m 的"玻璃细丝"，标志着我国迈出了"光纤之旅"的传奇第一步，我国通信业的春天已悄然来临！

4．20 世纪 80 年代

"手拿'大哥大'，腰揣 BP 机"。

越来越多的公用电话依然满足不了人们的通信需求。1982 年，我国第一条实用化的光纤通信线路在武汉开通，光纤通信线路是通向"信息时代"的"桥梁"，自此我国加速进入"光纤数字化通信时代"。1984 年，我国开始在长途线路上采用单模光纤，通信线路技术有了质的飞跃，"家用电话"逐渐风靡全中国。

移动通信也是从这时开始蓬勃发展。1983 年，上海开通国内第一家寻呼台，BP机（寻呼机）进入中国，时髦青年争先尝鲜。1987 年，我国第一个模拟移动电话网在广州开通，并随着"大哥大"的出现，进入"1G 移动通信时代"。这个动辄上万元的"砖头"成为当时让人最有面子的奢侈品之一，也是十分引人瞩目的"高科技产品"。当时北京全年"大哥大"放号名额不到 500 名，有价也难求。"一部'大哥大'，一套房"的天价让围观群众惊叹不已，"大哥大"往桌上一放，别人先敬你三分。

与此同时，国外迎来技术革新，这一次我们紧随而上。1987 年，我国发送了"越过长城，走向世界"的第一封电子邮件，揭开了中国人使用互联网的序幕。

5．20 世纪 90 年代

从电话到互联网——中国信息世界的新纪元。

1994 年，中国获准加入国际互联网；1995 年，我国全球移动通信系统（Global

System for Mobile Communications，GSM）数字移动电话网正式开通，"2G 时代"开启，移动电话逐渐普及，受到人们用手帕小心翼翼盖上的待遇。也是在这时，通过一根电话线和"猫"拨号上网，实现了中国人"上网冲浪"新的休闲方式，人们如饥似渴地吸收着外界信息。

1998 年，国内第一个全中文界面电子邮件系统正式运行，在名片上添加电子邮件地址，成为职场圈的新时髦。90 年代末，个人计算机（Personal Computer，PC）端的互联网应用如雨后春笋般出现，将中国正式带入"桌面互联网时代"。对于很多 80、90 后来说，注册聊天号是进入互联网的第一件事。

与此同时，从自主研发，到自主生产光棒、光纤、光缆，不断创新，推动我国进入"光网时代"。1999 年 1 月，我国第一条国家一级干线系统建成，光纤通信容量扩大了 8 倍！这对中国通信事业实现现代化的意义重大！

6. 2000—2009 年

掌中新宠，手机百家齐鸣。

2000 年，中国拥有自主知识产权的时分同步码分多路访问（Time Division-Synchronous Code Division multiple Access，TD-SCDMA）标准成为 3G 三大国际标准之一，实现了我国百年通信史上"零的突破"。

手机市场也进入白热化竞争，折叠手机、滑盖手机、触摸屏手机等层出不穷，内置 MP3、游戏的初代娱乐式智能手机，成为年轻人追捧的潮品。手机里的贪吃蛇游戏，成为很多人抹不去的青春回忆。"3G 时代"的到来，促使越来越多的手机接入 3G，对外连接的"触角"越来越广阔。

ADSL/VDSL 技术的兴起，让我们的固定网络从"窄带"真正实现"宽带"，各种互联网技术全面爆发！

7. 2010—2018 年

连接全世界，迈向网络强国。

2013 年，4G 牌照发放。

手机从 3G 跨入 4G，固定网络发展同样不可阻挡！

2013 年，华为助力中国第一个 100G 主干网诞生。

同年，上海建成"中国光网第一城"，光纤用户数超过 320 万。

2016 年，中国光纤入户率超过 80%，成为世界第一，成为全球最活跃的光网络市场之一。

2017 年，首个干线波分可重构光分插复用器（Reconfigurable Optical Add/Drop Multiplexer，ROADM）网络建成，标志着光传输网络向光联网、"智能化时代"演进。

同时，开拓通信新领域的脚步不停，我国于 2016 年成功发射了世界首颗量子科学实验卫星"墨子号"，对量子通信技术进行探索。

随着"网络覆盖工程"不断深入，我国吹响了迈向"网络强国"的号角！一键下单、网上购物、网上预约出行、线上教育等已成为我们的生活常态，便利的生活方式使人们幸福感满满，圈粉了无数外国朋友，让全世界刮目相看。

8. 2019 年至今

从跟随者到领跑者，"5G+千兆时代"已到来！

我国通信技术高速发展，从铅皮电缆、明线为主到现在的全光网，我们实现了"跨越式"发展。

目前我国地级以上的城市全部实现光纤化，2019 年上半年，我国行政村光纤普及率达到 98%以上，3G、4G 基站已遍布农村。随着光纤宽带不断升级，第五代固定网络(Fixed 5G，F5G)的落地，使属于中国的"千兆时代"拉开了序幕。2019 年，上海规模部署 10G PON，打造"双千兆第一城"，全面实现 5G 千兆、宽带千兆的网络提质提速！

移动通信领域同样经历了 1G 空白、2G 跟随、3G 突破、4G 同步、5G 引领的历程。从 2014 年开始，我国建成全球规模最大、覆盖最广的 4G 网络。并早在多年前就开启 5G 技术研发，在 2019 年开始进行各类 5G 商业化应用。

在通信这条赛道上，我们获得了越来越多的国际话语权。万物互联，运用互联网、大数据、人工智能等信息技术，通信网络成为推动我国各行各业转型升级的赋能者。那些只存在于电影中的科幻场景，全息通话、远距离增强现实（Augmented Reality，AR）购物等，将比我们想象中更快到来！

从"见字如面"到"万物互联"，科技不断改变着我们的通信方式，我们为祖国通信的巨变点赞，也为更快更好地传递信息而不断努力！

习 题

一、选择题

1. 在数据通信中，将数字信号变换为模拟信号的过程称为（   ）。
   A. 编码   B. 解码   C. 解调   D. 调制
2. 如果对某模拟信号进行采样后，使用 128 个量化级，则用（   ）位表示结果。
   A. 256   B. 128   C. 8   D. 7
3. 在同一个信道上的同一时刻，能够进行双向数据传输的通信方式是（   ）。
   A. 单工   B. 半双工   C. 全双工   D. 上述 3 种均不是
4. 下列交换技术中，节点不采用"存储—转发"方式的是（   ）。
   A. 线路交换技术   B. 报文交换技术   C. 虚线路交换技术 D. 数据报交换技术
5. 常用的互联网接入方式有（   ）。
   A. 电话拨号   B. 光纤   C. ADSL   D. 有线电视
   E. 以太网   F. Wi-Fi   G. 5G，4G
6. 采用专线方式接入互联网时，可以按照实际通信量（即每月传输了多少字节数据）来计费，这是因为（   ）。
   A. 采用线路交换技术   B. 采用报文交换技术
   C. 采用分组交换技术   D. 采用同步传输技术
7. 在计算机网络中，表征数据传输有效性的指标是（   ）。
   A. 误码率   B. 频带利用率   C. 信道容量   D. 传输速率
8. 在下列传输介质中，（   ）的抗电磁干扰性最好。
   A. 双绞线   B. 同轴电缆   C. 光缆   D. 无线介质
9. 在串行通信中采用位同步技术的目的是（   ）。
   A. 更快地发送数据   B. 更快地接收数据
   C. 更可靠地传输数据   D. 更有效地传输数据

10. 以下压缩编码中，（　　　　）方法的压缩是有损的。

    A．Huffman 编码　　　　　　　　　　　　B．JPEG 编码

    C．LZW 编码　　　　　　　　　　　　　　D．Burrows-Wheeler 编码

二、填空题

1. 多路复用技术有（　　　）、（　　　）、（　　　）和（　　　）。

2. 计算机网络中常用的 3 种有线介质是（　　　）、（　　　）、（　　　）。

3. 按信道上信号的传输方向与时间的关系，数据通信方式可分为（　　　）、（　　　）与（　　　）。

4. 数据通信的性能指标用来从不同方面度量通信的性能，常用的有（　　　）、（　　　）、（　　　）、（　　　）、（　　　）、（　　　）、（　　　）以及（　　　）这 8 个性能指标。

5. 在（　　　）中，发送方将要传输的数据打包成完整的报文，然后发送给接收方；在（　　　）中，源主机将待发送的整块数据构造成若干个（　　　）并发送出去，目的主机收到它们后将它们组合还原成原始数据块。

三、综合题

1. 什么是信息、数据和信号？它们有何区别和联系？

2. 常用的传输介质有哪几种？各有何特点？

3. 收发两端之间的传输距离为 1000km，信号在介质上的传播速率为 $2×10^8$m/s。试计算以下两种情况的发送时延和传播时延。

（1）数据长度为 $1×10^7$bit，数据发送速率为 100kbit/s，传播距离为 1000km。

（2）数据长度为 $1×10^3$bit，数据发送速率为 1Gbit/s。

从以上计算结果中可以得出什么结论？

4. 假设信号在介质上的传播速率为 $2.3×10^8$m/s。介质长度分别如下。

（1）10cm（网卡）。

（2）100m（局域网）。

（3）100km（城域网）。

（4）5000km（广域网）。

试计算当传输速率为 1Mbit/s 和 10Gbit/s 时在以上介质中正在传播的位数。

5. 共有 4 个站进行 CDMA 通信。4 个站的码片序列如下。

（1）（ −1 −1 −1 +1 +1 −1 +1 +1 ）。

（2）（ −1 −1 +1 −1 +1 +1 +1 −1 ）。

（3）（ −1 +1 −1 +1 +1 +1 −1 −1 ）。

（4）（ −1 +1 −1 −1 −1 −1 +1 −1 ）。

现收到这样的码片序列：（ −1 +1 −3 +1 −1 −3 +1 +1 ）。问哪个站发送数据了？发送数据的站发送的是 1 还是 0？

第3章 TCP/IP 协议族

TCP/IP 协议族是互联网通信的基础，促使不同类型的计算机和网络进行互联，无论是使用有线还是无线、局域网还是广域网，只要遵循 TCP/IP 协议族，就可以在全球范围内进行通信和共享资源。它提供了可靠的数据传输、灵活的寻址和路由、支持多种网络应用以及网络管理和诊断工具。它的意义在于连接了全球的计算机和网络，促进了信息的交流和共享，极大地推动了社会的发展和进步。

3.1 IP

IP 是 TCP/IP 协议族中的核心协议之一，它定义了在互联网上进行数据包传输的方式和规则，包括数据包的划分、寻址、路由等。通过 IP，设备可以在全球范围内进行通信和共享资源，实现互联网的连接和无缝传输。

IP 由罗伯特·卡恩（Robert Kahn）和文特·瑟夫（Vint Cerf）二人共同研发，因此 IP 又称为 Kahn-Cerf 协议。注意，本章所讲的 IP 为 IP 的第 4 个版本，记为 IPv4。

由于 IP 是 TCP/IP 体系结构网络层中的核心协议，因此 TCP/IP 体系结构的网络层常被称为网际层或 IP 层。在网络层中，与 IP 配套使用的有以下 3 个协议。

- 地址解析协议（Address Resolution Protocol，ARP）。
- 互联网控制报文协议（Internet Control Message Protocol，ICMP）。
- 互联网组管理协议（Internet Group Management Protocol，IGMP）。

图 3-1 给出了上述协议的层次关系。因为 IP 需要用到 ARP，所以 ARP 位于网络层最下面；而 ICMP 和 IGMP 需要使用 IP，所以位于该层的上方。

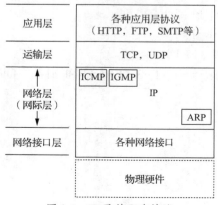

图 3-1　IP 及其配套协议

3.1.1 IP 数据报格式

IP 数据报的首部格式及其内容是实现 IP 各种功能的基础。图 3-2 给出的是 IPv4 数据报格式。IPv4 数据报的首部由 20 字节的固定部分和最大 40 字节的可变部分组成。所谓固定部分，是指每个 IPv4 数据报的首部都必须包含的部分。某些 IPv4 数据报的首部，除了包含 20 字节的固定部分，还包含一些可选的字段以增加 IPv4 数据报的功能。

在 TCP/IP 协议族中，各种数据格式常常以 32 位（即 4 字节）为单位来描述。图 3-2 中的每一行都由 32 位（即 4 字节）构成，每个格子称为字段或者域。每个字段或某些字段的组合用来表达 IPv4 的相关功能。

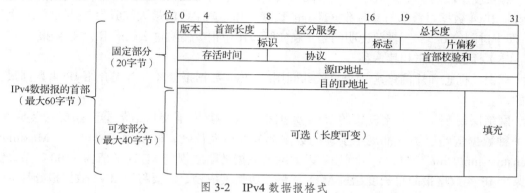

图 3-2　IPv4 数据报格式

（1）版本

版本字段的长度为 4 位，用来表示 IP 的版本。通信双方使用的 IP 版本必须一致。目前广泛使用的 IP 版本号为 4（即 IPv4）。

（2）首部长度、可选和填充

首部长度字段的长度为 4 位，该字段的取值以 4 字节为单位，用来表示 IPv4 数据报首部的长度。该字段的最小取值为二进制的 0101，即十进制的 5，再乘以 4 字节单位，表示 IPv4 数据报首部只有 20 字节固定部分。该字段的最大取值为二进制的 1111，即十进制的 15，再乘以 4 字节单位，表示 IPv4 数据报首部包含 20 字节固定部分和最大 40 字节可变部分。

可选字段的长度为 1～40 字节，用来支持排错、测量以及安全措施等功能。虽然可选字段增加了 IPv4 数据报的功能，但同时使得 IPv4 数据报的首部长度可变。这增加了因特网中每一个路由器处理 IPv4 数据报的开销。实际上，可选字段很少被使用。

填充字段用来确保 IPv4 数据报的首部长度是 4 字节的整数倍，使用全 0 进行填充。由于 IPv4 数据报的首部长度字段的值以 4 字节为单位，因此 IPv4 数据报的首部长度一定是 4 字节的整数倍。由于 IPv4 数据报首部中可选字段的长度为 1～40 字节，那么当 20 字节固定部分加上 1～40 字节长度不等的可变部分时，会造成 IPv4 数据报的首部长度不是 4 字节的整数倍。对于这种情况，就用取值为全 0 的填充字段填充相应数量的字节，以确保 IPv4 数据报的首部长度是 4 字节的整数倍。

下面举例说明。

某个 IPv4 数据报首部中的可选字段长度为 3 字节，如果不进行填充，则首部长度为 20 字节固定部分加上 3 字节可变部分，共 23 字节。但 23 字节不是 4 字节的整数倍，因此在首部长度字段中就无法填入恰当的值。使用 1 字节的全 0 字段进行填充，使首部长度变为

24 字节。这样就可以在首部长度字段中填入二进制数 0110，即十进制值 6，再乘以 4 字节的单位，共 24 字节。

（3）区分服务

区分服务字段的长度为 8 位，用来获得更好的服务。该字段在旧标准中叫作服务类型，但实际上一直没有被使用。1998 年，因特网工程任务组（Internet Engineering Task Force，IETF）把这个字段改名为区分服务。利用该字段的不同取值可提供不同等级的服务质量，只有在使用区分服务时该字段才起作用，一般情况下不使用该字段。

（4）总长度

总长度字段的长度为 16 位，该字段的取值以字节为单位，用来表示 IPv4 数据报的长度，也就是 IPv4 数据报首部与其后数据部分的长度总和。该字段的最大取值为二进制的 16 个位 1，即十进制的 65535。需要说明的是，在实际应用中很少传输这么长的 IPv4 数据报。

（5）标识、标志和片偏移

标识、标志和片偏移这 3 个字段共同用于 IPv4 数据报分片。首先介绍 IPv4 数据报分片的概念。

网络层封装了一个比较长的 IPv4 数据报，并将其向下交付给数据链路层封装成帧。每一种数据链路层协议都规定了帧的数据部分的最大长度，即最大传输单元（Maximum Transmission Unit，MTU）。例如，以太网的数据链路层规定 MTU 的值为 1500 字节。如果某个 IPv4 数据报的总长度超过 MTU，将无法封装成帧，需要将原 IPv4 数据报分片为更小的 IPv4 数据报，再将各分片 IPv4 数据报封装成帧。

标识字段的长度为 16 位。属于同一个 IPv4 数据报的各分片数据报应该具有相同的标识。IP 软件会维持一个计数器，每产生一个 IPv4 数据报，计数器值就加 1，并将此值赋给标识字段。

标志字段的长度为 3 位，各位含义如下。

- 最低位为 MF（More Fragment）位，表示本分片后面是否还有分片。MF=1 表示本分片后面还有分片，MF=0 表示本分片后面没有分片。
- 中间位为 DF（Don't Fragment）位，表示是否允许分片。DF=1 表示不允许分片，DF=0 表示允许分片。
- 最高位为保留位，必须设置为 0。

片偏移字段的长度为 13 位，该字段的取值以 8 字节为单位，用来指出分片 IPv4 数据报的数据部分与其在原 IPv4 数据报的位置偏移了多远。

（6）存活时间

存活时间（Time To Live，TTL）字段的长度为 8 位，最大取值为二进制的 11111111，即十进制的 255。该字段的取值最初以 s 为单位。因此，IPv4 数据报的最大存活时间最初为 255s。路由器转发 IPv4 数据报时，将其首部中该字段的值减去该数据报在本路由器上所耗费的时间，若不为 0 就转发，否则丢弃。

存活时间字段后来改为以"跳数"为单位，路由器收到待转发的 IPv4 数据报时，将其首部中该字段的值减 1，若不为 0 就转发，否则丢弃。

存活时间字段的初始值由发送 IPv4 数据报的主机进行设置，其目的是防止被错误路由的 IPv4 数据报无限制地在因特网中"兜圈"。

（7）协议

协议字段的长度为 8 位，用于指出此数据报携带的数据使用何种协议，以便使目的主机的 IP 层知道应将数据部分上交给哪个协议进行处理。

（8）首部校验和

首部校验和字段长度为 16 位，用于检验且只检验数据报的首部。因为数据报每经过一个路由器，路由器都要重新计算首部校验和（一些字段，如存活时间、标志、片偏移等都可能发生变化）。不检验数据部分可减少计算的工作量。为了进一步减少计算校验和的工作量，IP 首部的校验和不采用复杂的循环冗余校验（Cyclic Redundancy Check，CRC）码而采用简单计算方法：在发送方，先把 IP 数据报首部划分为许多 16 位字的序列，并把校验和字段置 0。用反码算术运算把所有 16 位字相加后，将得到的和的反码写入首部校验和字段。接收方收到数据报后，把首部的所有 16 位字再使用反码算术运算相加一次，将得到的和取反码，即得出接收方校验和的计算结果。若首部未发生任何变化，则此结果必为 0，于是保留这个数据报；否则认为出错，并将此数据报丢弃。

（9）源 IP 地址和目的 IP 地址

源 IP 地址字段和目的 IP 地址字段的长度都是 32 位，用来填写发送 IPv4 数据报的源主机 IPv4 地址和接收该 IP 数据报的目的主机 IPv4 地址。

3.1.2　IPv4 编址

分类 IP 的问题

IPv4 地址是给 IP 网上的每一个主机（或路由器）的每一个接口分配的在世界范围内唯一的 32 位标识符。

IPv4 地址由互联网名称与数字地址分配机构（Internet Corporation for Assigned Names and Numbers，ICANN）进行分配。我国用户可向亚太互联网络信息中心（Asia Pacific Network Information Center，APNIC）申请 IPv4 地址，这需要缴纳相应的费用，一般不接受个人申请。

2011 年 2 月 3 日，由 ICANN 行使职能的因特网编号分配机构（Internet Assigned Numbers Authority，IANA）宣布，IPv4 地址已经分配完毕。我国在 2014—2015 年逐步停止了向新用户和应用分配 IPv4 地址，同时全面开展商用部署 IPv6。

IPv4 地址的编址经历了 3 个历史阶段。

- 分类编址：基本的编址方法，早在 1981 年就通过了相应的标准协议。
- 划分子网：对分类编址的改进，其标准 RFC 950 在 1985 年通过。
- 无分类编址：目前因特网正在使用的编址方法。它消除了分类编址和划分子网的概念，于 1993 年提出后很快就得到了应用和推广。

（1）IPv4 地址的表示方法

由于 32 位的 IPv4 地址不方便阅读、记录以及输入等，因此 IPv4 地址采用点分十进制表示方法以方便用户使用。如图 3-3 所示，将某个 32 位 IPv4 地址以每 8 位分为一组，写出每组 8 位所对应的十进制数，每个十进制数之间用"."来分隔，就可以得到该 IPv4 地址的点分十进制形式。

（2）分类编址

分类编址将 32 位的 IPv4 地址分为以下两部分。

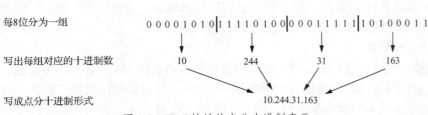

图 3-3　IPv4 地址的点分十进制表示

- 网络号：用来标志主机（或路由器）的接口所连接到的网络。
- 主机号：用来标志主机（或路由器）的接口。

分类编址的 IPv4 地址分为以下 5 类，如图 3-4 所示。

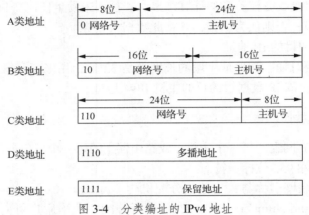

图 3-4　分类编址的 IPv4 地址

- A 类地址：网络号占 8 位，主机号占 24 位，网络号最前面的 1 位固定为 0。
- B 类地址：网络号和主机号各占 16 位，网络号最前面的 2 位固定为 10。
- C 类地址：网络号占 24 位，主机号占 8 位，网络号最前面的 3 位固定为 110。
- D 类地址：多播地址，其最前面的 4 位固定为 1110。
- E 类地址：保留地址，其最前面的 4 位固定为 1111。

当给网络中的主机（或路由器）的各接口分配分类编址的 IPv4 地址时，需要注意以下规定。

- 只有 A 类、B 类和 C 类地址可以分配给网络中主机（或路由器）的各接口。
- 主机号为"全 0"（即全部位都为 0）的地址是网络地址，不能分配给网络中主机（或路由器）的各接口。
- 主机号为"全 1"（即全部位都为 1）的地址是广播地址，不能分配给网络中主机（或路由器）的各接口。

把 IP 地址划分为 A 类、B 类、C 类 3 个类别，当初是这样考虑的：各种网络的差异很大，有的网络拥有很多主机，而有的网络拥有的主机很少。把 IP 地址划分为 A 类、B 类和 C 类是为了更好地满足不同用户的需求。

这种分类的 IP 地址由于网络号的位数是固定的，因此管理简单、使用方便、转发分组迅速，完全可以满足当时互联网在美国的科研需求。后来，为了更加灵活地使用 IP 地址，出现了划分子网的方法，在 IP 地址的主机号中，插入一个子网号，把两级的 IP 地址变为三级的 IP 地址。但是，谁也没有预料到，互联网在 20 世纪 90 年代突然迅速发展。互联网从美国专用的科研实验网演变为世界范围开放的商用网！互联网用户的猛增，使得 IP 地址的数量面临枯竭的危险。这时，人们才注意到使用原来分类方法分类的 IP 地址在设计上确实有很不合理的地方。例如，一个 A 类网络地址块的主机号超过了 1677 万个！当初美国的很多大学都可以分配到一个 A 类网络地址块。现在看起来可能令人惊讶，但在互联网出现早期，人们认为 IP 地址是用不完的，不需要精打细算地分配。又如，一个 C 类网络地址块可指派的主机号只有 254 个。但不少单位需要 300 个以上的 IP 地址，那么干脆申请一个 B 类网络地址块（可以指派的主机号有 65534 个），宁可多要些 IP 地址，把多余的地址保留以后慢慢用，这样就浪费了不少的地址资源。即使后来采用了划分子网的方法，也无法解决 IP 地址枯竭的问题。

于是，在 20 世纪 90 年代，当发现 IP 地址在不久后将枯竭时，一种新的无分类编址方法就问世了。这种方法虽然也无法解决 IP 地址枯竭的问题，但可以推迟 IP 地址用尽的日子。

（3）无分类编址

无分类编址的全名是无类别域间路由选择（Classless Inter-Domain Routing，CIDR），其要点有以下 3 个。

① 网络前缀。

CIDR 网络号改称为"网络前缀"（Network-Prefix），或简称"前缀"，用来指明网络，剩下的后面部分仍然是主机号，用来指明主机。在有些文献中也把主机号字段称为后缀（Suffix）。CIDR 的记法具体如下。

图 3-5 说明了 CIDR 的网络前缀和主机号的位置，看起来和分类编址 IP 地址没有什么不同，只是把"网络号"换成"网络前缀"。其实不然。这里最大的区别是网络前缀的位数 n 不是固定的数，而是可以在 0～32 范围选取任意值。

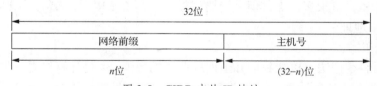

图 3-5　CIDR 中的 IP 地址

CIDR 使用"斜线记法"（Slash Notation），或称为 CIDR 记法，即在 IP 地址后面加上斜线"/"，斜线后面是网络前缀所占的位数。例如，CIDR 表示的一个 IP 地址 128.14.35.7/20，二进制 IP 地址的前 20 位是网络前缀（相当于原来的网络号），剩下后面的 12 位是主机号。

② 地址块。

CIDR 把网络前缀都相同的所有连续 IP 地址组成一个"CIDR 地址块"。一个 CIDR 地址块包含的 IP 地址数目取决于网络前缀的位数。我们只要知道 CIDR 地址块中的任何一个地址，就可以知道这个地址块的起始地址（即最小地址）和最大地址，以及地址块中的地址数。例如，已知 IP 地址 128.14.35.7/20 是某 CIDR 地址块中的一个地址，现在把它写成二进制表示形式，其中的前 20 位是网络前缀（用粗体和下划线表示），而网络前缀后面的 12 位是主机号：

128.14.35.7/20=**<u>10000000000011100010</u>**0011100000111

可以很方便地得出这个地址所在的地址块中的最小地址和最大地址：最小地址为128.14.32.0，10000000000011100010000000000000；最大地址为128.14.47.255，10000000000011100010111111111111。

这个地址块中的 IP 地址共有 2^{12} 个，扣除主机号为全 0 和全 1 的地址（最小地址和最大地址）后，可指派的地址数是 $2^{12}-2$ 个。我们常使用地址块中的最小地址和网络前缀的位数指明一个地址块（不必每次都通过减 2 来算出可指派的地址数，这样做太麻烦）。也可以用二进制数简要地表示此地址块：10000000000011100010*。这里的星号*代表主机号字段所有的 0。星号前二进制数的个数，就是网络前缀的位数。在不需要指明网络地址时，可把这样的地址块简称为"/20 地址块"。

请读者注意以下几点。

128.14.32.7 是 IP 地址，但未指明网络前缀长度，因此不知道网络地址是什么。

128.14.32.7/20 也是 IP 地址，但同时指明了网络前缀为 20 位，由此可推导出网络地址。

128.14.32.0/20 是包含多个 IP 地址的地址块或网络前缀，或更简单些，称为前缀，同时也可以表示这个地址块中主机号为全 0 的地址。请注意，上面地址块中 4 段十进制数字最后的 0 有时可以省略，即简写为 128.14.32/20。

我们不能仅用 128.14.32.0 来指明一个网络地址，因为无法知道网络前缀是多少。如128.14.32.0/19 或 128.14.32.0/21，都是有效的网络地址。128.14.32.0 可能是一个可以指派的IP 地址（如果网络前缀的位数不超过 18）。

早期使用分类编址的 IP 地址时，A 类网络的前缀是 8 位，B 类网络的前缀是 16 位，C 类网络的前缀是 24 位，都是固定值，因此不需要重复指明其网络前缀。例如，在使用分类编址的 IP 地址时，一看 15.3.4.5 就知道是 A 类地址，其网络地址为 15.0.0.0。但在使用 CIDR 记法时，15.3.4.5/30 则是一个很小的地址块 15.3.4.4/30 中的、不属于任何类别的IP 地址。

总之，CIDR 具有很多优点，但一定要记住，采用 CIDR 后，仅从斜线左边的 IP 地址无法知道其网络地址。

③ 地址掩码。

CIDR 使用斜线记法可以让我们知道网络前缀的数值。但是计算机看不见斜线记法，而是使用二进制来进行各种计算，因此必须使用 32 位的地址掩码（Address Mask）以能够从IP 地址中迅速算出网络地址。

地址掩码（常简称掩码）由一连串 1 和接着的一连串 0 组成，1 的个数就是网络前缀的长度。地址掩码又称为子网掩码。在 CIDR 记法中，斜线后面的数字就是地址掩码中 1的个数。例如，/20 地址块的地址掩码是 11111111111111111111000000000000（20 个连续的1 和接着的 12 个连续的 0）。这个掩码用 CIDR 记法表示就是 255.255.240.0/20。

对于早期使用的分类编码 IP 地址，其地址掩码是固定的，常常不用专门指出，具体如下。

A 类网络，地址掩码为 255.0.0.0 或 255.0.0.0/8。

B 类网络，地址掩码为 255.255.0.0 或 255.255.0.0/16。

C 类网络，地址掩码为 255.255.255.0 或 255.255.255.0/24。

把二进制的 IP 地址和地址掩码进行按位 AND 运算，即可得出网络地址。图 3-6 说明了 AND 运算的过程。AND 运算就是逻辑乘法运算，其规则是：1 AND 1=1，1 AND 0=0，

0 AND 0=0。请注意，对于点分十进制的 IP 地址，并不容易看出其网络地址，要使用二进制地址来运算。在本例中使二进制 IP 地址的前20位保留不变，剩下的12位全写为0，即可得出网络地址。

	132	14	103	39
二进制IP地址	10000100	00001110	01100111	00100111
地址掩码	11111111	11111111	11110000	00000000
按位AND运算	10000100	00001110	01100000	00000000
		← 前缀20位 →		
网络地址	132	14	96	0 /20

图 3-6　根据 IP 地址计算网络地址

从上面的运算结果可以知道，IP 地址 132.14.103.39/20 所在的网络地址是 132.14.96.0/20。

使用 CIDR 的一个好处就是可以更加有效地分配 IP 地址空间，可根据客户的需要分配适当大小的 CIDR 地址块。然而在使用分类编址 IP 地址时，向一个部门分配 IP 地址，就只能以/8、/16 或/24 为单位来分配，这显然是很不灵活的。

一个大的 CIDR 地址块中往往包含很多小地址块，所以在路由器的转发表中利用较大的 CIDR 地址块来代替许多较小的地址块。这种方法称为路由聚合（Route Aggregation），它使得转发表中只用一个项目就可以表示原来传统的分类编址 IP 地址的很多个（如上千个）路由项目，因此大大压缩了转发表所占的空间，减少了查找转发表所需的时间。此外，不难看出网络前缀越短的地址块所包含的地址数越多。

3.1.3　物理地址与 IP 地址

1．物理地址

IP 地址和物理地址

在局域网中，物理地址又称为硬件地址或 MAC 地址，因为这种地址用在 MAC 帧中。在标识系统中，地址就是识别某个系统的非常重要的标识符。IEEE 802 标准为局域网规定了一种 48 位的全球地址（一般简称为"地址"），这就是局域网上每一台计算机固化在适配器的只读存储器（Read-Only Memory，ROM）中的地址，计算机的适配器不变，则它的 MAC 地址不变。计算机的 MAC 地址不会因为地点的改变而改变，不会因为所处局域网的不同而不同。

MAC 地址由 48 位二进制数表示，通常以十六进制数的形式呈现，其结构为前 24 位（6 个十六进制数）表示组织唯一标识符（Organizationally Unique Identifier，OUI），用于标识设备的制造厂商；后 24 位（6 个十六进制数）表示设备序列号，是由制造厂商分配给每个设备的唯一标识。

MAC 地址的示例：00-1C-42-CA-8A-AC。其中，00-1C-42 为厂商识别码，CA-8A-AC 为设备序列号。

再次强调，物理地址是硬件的固定地址，一般在生产过程中被烧录到设备的网卡上，与设备相关联，无法修改。每个网络设备都有自己独特的物理地址，用于在局域网中唯一地标识和定位设备。

IEEE 规定地址字段的第一字节的最低有效位为 I/G（Individual/Group）位。当 I/G 位为 0 时，地址字段表示单个站地址；当 I/G 位为 1 时表示组地址，用来进行多播（以前译为组播）。地址字段第一字节的最低第二位规定为 G/L（Global/Local）位。当 G/L 位为 0

时是全球管理（保证在全球没有相同的地址），厂商向 IEEE 购买的 OUI 都属于全球管理；当地址字段的 G/L 位为 1 时是本地管理，这时用户可任意分配网络上的地址，采用 2 字节地址字段时全都是本地管理。

在全球管理时，MAC 地址的最低位和最低第二位均为 0，剩下的 46 位组成的地址空间可以有 2^{46} 个地址，即超过 70 万亿个，可保证世界上的每一个适配器都有唯一的地址。当然，非无限大的地址空间总有用完的时候。但据测算，至少近期还不需要考虑 MAC 地址耗尽的问题。

适配器有过滤功能，当适配器从网络上每收到一个 MAC 帧时就先用硬件检查 MAC 帧中的目的地址。如果是发往本站的帧则收下，然后进行其他处理；否则就将此帧丢弃，不再进行其他的处理。这样做能不浪费主机的处理机和内存资源。这里"发往本站的帧"包括以下 3 种。

（1）单播（Unicast）帧（一对一），即收到的帧的 MAC 地址与本站的 MAC 地址相同。

（2）广播（Broadcast）帧（一对全体），即发送给本局域网上所有站点的帧（全 1 地址）。

（3）多播（Multicast）帧（一对多），即发送给本局域网上一部分站点的帧。

所有的适配器都至少应当能够识别前两种帧，即能够识别单播和广播帧。有的适配器可用编程方法识别多播帧。当操作系统启动时，它就把适配器初始化，使适配器能够识别某些多播帧。显然，只有目的地址才能使用广播地址和多播地址。

2．MAC 地址与 IP 地址的关系

（1）封装位置

从层次的角度看，MAC 地址是数据链路层使用的地址，而 IP 地址是网络层及其以上层使用的地址，是一种逻辑地址（称 IP 地址为逻辑地址是因为 IP 地址是用软件实现的），如图 3-7 所示。

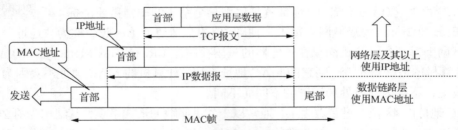

图 3-7　MAC 地址与 IP 地址的位置

在发送数据时，数据从高层下到低层，然后到通信链路上传输。使用 IP 地址的 IP 数据报一旦交给数据链路层，就被封装成 MAC 帧。MAC 帧在传输时使用的源地址和目的地址都是 MAC 地址，这两个 MAC 地址都写在 MAC 帧的首部中。

连接在通信链路上的设备（主机或路由器）收到 MAC 帧时，根据 MAC 帧首部中的 MAC 地址决定收下或丢弃。只有在剥去 MAC 帧的首部和尾部并把 MAC 层的数据上交给网络层后，网络层才能在 IP 数据报的首部中找到源 IP 地址和目的 IP 地址。

总之，IP 地址放在 IP 数据报的首部，而 MAC 地址放在 MAC 帧的首部。在网络层及其以上层使用 IP 地址，而数据链路层使用 MAC 地址。在图 3-7 中，当 IP 数据报插入数据链路层的 MAC 帧以后，整个 IP 数据报就成为 MAC 帧的数据，因此在数据链路层看不见 IP 数据报的 IP 地址。

（2）地址作用

在分组从源主机发出，经过多个路由器转发，最终到达目的主机的过程中，源 IP 地址和目的 IP 地址始终保持不变，而源 MAC 地址和目的 MAC 地址会逐网络（或逐链路）变化，如图 3-8 所示。

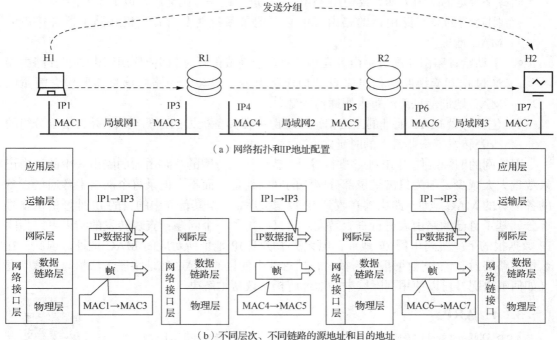

（a）网络拓扑和IP地址配置

（b）不同层次、不同链路的源地址和目的地址

图 3-8　地址在传输过程中的作用与变化

图 3-8（a）所示是 3 个局域网通过两个路由器 R1 和 R2 互联起来的小型互联网。MAC 地址与 IP 地址标识如图 3-8（a）所示。主机可有多个接口，但一般只有 1 个接口，而路由器最少有 2 个接口。每个接口需要 1 个 IP 地址和 1 个 MAC 地址。假设主机 H1 给 H2 发送分组，显然，该分组需要依次经过路由器 R1 和 R2 的转发才能最终到达 H2。

图 3-8（b）所示是分组在传输过程中所携带的 IP 地址和 MAC 地址的变化情况。

① 主机 H1 将分组发送给路由器 R1。在网际层封装的 IP 数据报的首部中，源 IP 地址字段应填入主机 H1 的 IP 地址 P1，目的 IP 地址字段应填入主机 H2 的 IP 地址 IP3，也就是从 IP1 发送到 IP3。而在数据链路层封装的帧的首部中，源 MAC 地址字段应填入主机 H1 的 MAC 地址 MAC1，目的 MAC 地址字段应填入路由器 R1 的 MAC 地址 MAC3，也就是从 MAC1 发送到 MAC3。

② 路由器 R1 将收到的分组转发给路由器 R2。在网际层封装的 IP 数据报的首部中，源 IP 地址字段和目的 IP 地址字段的内容保持不变，仍然是从 IP1 发送到 IP3。而在数据链路层封装的帧的首部中，源 MAC 地址字段应填入路由器 R1 转发接口的 MAC 地址 MAC4，目的 MAC 地址字段应填入路由器 R2 的 MAC 地址 MAC5，也就是从 MAC4 发送到 MAC5。

③ 路由器 R2 将收到的分组转发给主机 H2。在网际层封装的 IP 数据报的首部中，源 IP 地址字段和目的 IP 地址字段的内容保持不变，仍然是从 IP1 发送到 IP3。而在数据链路层封装的帧的首部中，源 MAC 地址字段应填入路由器 R2 转发接口的 MAC 地址 MAC6，

目的 MAC 地址字段应填入主机 H2 的 MAC 地址 MAC7，也就是从 MAC6 发送到 MAC7。

（3）地址关系

计算机网络为什么要使用 IP 地址和 MAC 地址这两种类型的地址来共同完成寻址工作，仅用 MAC 地址进行通信不可以吗？

回答是否定的。因为如果仅使用 MAC 地址进行通信，则会出现以下主要问题。

- 因特网的每台路由器的路由表中必须记录因特网上所有主机和路由器各接口的 MAC 地址。
- 手动给各路由器配置路由表几乎是不可能完成的任务，即使使用路由协议让路由器通过相互交换路由信息来自动构建路由表，也会因为路由信息需要包含海量的 MAC 地址信息而严重占用通信资源。
- 包含海量 MAC 地址的路由信息需要路由器具备极大的存储空间，并且会给分组的查表转发带来非常大的时延。

因特网的网际层使用 IP 地址进行寻址，就可使因特网的各路由器的路由表中的路由记录数量大大减少，因为只需记录部分网络的网络地址，而不是记录每个网络中各通信设备的各接口的 MAC 地址。路由器在收到 IP 数据报后，根据其首部中的目的 IP 地址的网络号部分，基于自己的路由表进行查表转发。这又引出了一个问题：查表转发的结果可以指明 IP 数据报的下一跳路由器 IP 地址，但无法指明该 IP 地址所对应的 MAC 地址。因此，在数据链路层封装该 IP 数据报成为帧时，帧首部中的目的 MAC 地址字段无法填写，该问题又如何解决呢？可以使用网际层中的地址解析协议帮忙解决。

3.1.4　ARP

ARP 是将 IP 地址转换为相应 MAC 地址的一种计算机网络协议。

网络层使用的是 IP 地址，但在实际网络的链路上传输数据信息帧时，最终还是必须使用数据链路层的 MAC 地址。IP 地址和数据链路层的 MAC 地址之间由于格式不同而不存在简单的映射关系（例如，IP 地址有 32 位，而数据链路层的 MAC 地址是 48 位）。此外，在网络中可能经常有新的主机加入，或撤走一些主机。更换网络适配器会使主机的 MAC 地址改变（请注意，主机的 MAC 地址实际上就是其网络适配器的 MAC 地址）。ARP 解决这个问题的方法是在主机的 ARP 高速缓存中存放一个从 IP 地址到 MAC 地址的映射表，并且这个映射表经常动态更新（新增或超时删除）。

ARP 协议（地址解析协议）

下面基于图 3-9 解释 ARP 工作原理。

当主机 H2 要向本局域网上的某台主机 H4 发送 IP 数据报时，就先在其 ARP 高速缓存中查看有无主机 H4 的 IP 地址。如有，就在 ARP 高速缓存中查出其对应的 MAC 地址，再把这个 MAC 地址写入 MAC 帧，然后通过局域网把该 MAC 帧发往此 MAC 地址。

也有可能查不到主机 H4 的 IP 地址。这可能是因为主机 H4 才入网，也可能是因为主机 H2 刚刚加电，其高速缓存是空的。在这种情况下，主机 H2 自动运行 ARP，然后按以下步骤找出主机 H4 的 MAC 地址。

（1）ARP 进程在本局域网上广播发送一个 ARP 请求分组。图 3-9（a）所示是主机 H2 广播发送 ARP 请求分组。ARP 请求分组的主要内容是"我的 IP 地址是 211.0.1.8，MAC 地址是 00-00-C0-18-BD-1C。我想知道主机 211.0.1.10 的 MAC 地址。"

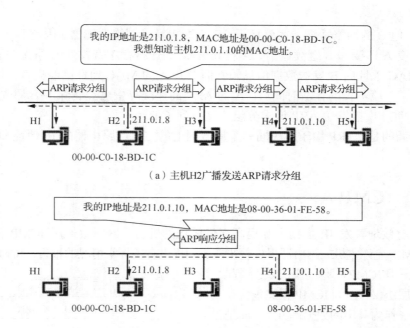

（a）主机H2广播发送ARP请求分组

（b）主机H4向H2发送ARP响应分组

图 3-9　ARP 工作原理

（2）在本局域网的所有主机上运行的 ARP 进程都收到此 ARP 请求分组。

（3）主机 H4 的 IP 地址与 ARP 请求分组中要查询的 IP 地址一致，就收下这个 ARP 请求分组，并向主机 H2 发送 ARP 响应分组，同时在这个 ARP 响应分组中写入自己的 MAC 地址。由于其余所有主机的 IP 地址都与 ARP 请求分组中要查询的 IP 地址不一致，因此都不理睬这个 ARP 请求分组，如图 3-9（b）所示。ARP 响应分组的主要内容是"我的 IP 地址是 211.0.1.10，MAC 地址是 08-00-36-01-FE-58。"请注意，虽然 ARP 请求分组是广播发送的，但 ARP 响应分组是普通的单播，即从一个源地址发送到一个目的地址。

（4）主机 H2 收到主机 H4 的 ARP 响应分组后，就在其 ARP 高速缓存中写入主机 H4 的 IP 地址到 MAC 地址的映射。

当主机 H2 向 H4 发送数据报时，很可能不久后主机 H4 要向 H2 发送数据报，因此主机 H4 也可能要向 H2 发送 ARP 请求分组。为了减少网络上的通信量，主机 H2 在发送其 ARP 请求分组时，就把自己的 IP 地址到 MAC 地址的映射写入 ARP 请求分组。当主机 H4 收到 H2 的 ARP 请求分组时，它就把主机 H2 的地址映射写入自己的 ARP 高速缓存。以后主机 H4 向 H2 发送数据报就很方便了。

ARP 高速缓存非常重要。如果不使用 ARP 高速缓存，那么任何一台主机只要进行一次通信，就必须在网络上用广播方式发送 ARP 请求分组，这会使网络上的通信量大大增加。ARP 把已经得到的地址映射保存在 ARP 高速缓存中，这样使得主机下次再和具有同样目的地址的主机通信时，可以直接从 ARP 高速缓存中找到所需的 MAC 地址，而不必再用广播方式发送 ARP 请求分组。

ARP 对保存在 ARP 高速缓存中的每一个映射地址项目都设置存活时间（例如，10～20min），凡超过存活时间的项目就从 ARP 高速缓存中删除。设置这种地址映射项目的存活时间是很重要的，设想一种情况：主机 A 和 B 通信，A 的 ARP 高速缓存里保存有 B 的

MAC 地址，但 B 的网络适配器突然坏了，B 立即更换了网络适配器，因此 B 的 MAC 地址改变了。假设 A 还要和 B 继续通信，A 在其 ARP 高速缓存中查找到 B 原先的 MAC 地址，并使用该 MAC 地址向 B 发送数据信息帧。但 B 原先的 MAC 地址已经失效，因此 A 无法找到 B。过了一段不长的存活时间后，A 的 ARP 高速缓存中已经删除了 B 原先的 MAC 地址，于是 A 重新广播发送 ARP 请求分组，又找到了 B。

需要强调的是，ARP 用于解决同一个局域网上的主机或路由器的 IP 地址和 MAC 地址的映射问题。

3.2 ICMP

为了更有效地转发 IP 数据报和提高交付成功的机会，网际层使用 ICMP [RFC 792，STD5]。ICMP 允许主机或路由器报告差错情况和提供有关异常情况的报告，ICMP 是互联网的标准协议。但 ICMP 不是高层协议（看起来好像是高层协议，因为 ICMP 报文包含在 IP 数据报中，作为其中的数据部分），而是 IP 层的协议。ICMP 报文作为 IP 层数据报中的数据，加上数据报的首部，组成 IP 数据报发送出去。ICMP 报文格式如图 3-10 所示。注意，ICMP 报文的前 4 字节是固定的格式，共有 3 个字段，即类型、代码和校验和；接着的 4 字节的内容与 ICMP 报文的类型有关。

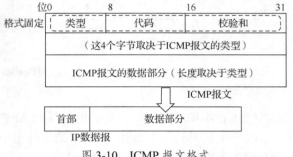

图 3-10 ICMP 报文格式

1．ICMP 报文的种类

ICMP 报文分为两大类：ICMP 差错报告报文和 ICMP 询问报文。

（1）ICMP 差错报告报文

ICMP 差错报告报文用来向主机或路由器报告差错情况，共有以下 5 种。

① 终点不可达。

当路由器或主机不能交付 IP 数据报时，就向源点发送终点不可达报文。具体可再根据 ICMP 的代码字段细分为目的网络不可达、目的主机不可达、目的协议不可达、目的端口不可达、目的网络未知、目的主机未知等 13 种。

② 源点抑制。

当路由器或主机由于拥塞而丢弃 IP 数据报时，就向源点发送源点抑制报文，使源主机知道应当把 IP 数据报的发送速率放慢。

③ 时间超过（超时）。

当路由器收到一个目的 IP 地址不是自己的 IP 数据报时，会将其首部中存活时间字段的值减 1。若结果不为 0，则路由器将该 IP 数据报转发出去。若结果为 0，路由器不但要丢弃该 IP 数据报，还要向源点发送时间超过（超时）报文。

④ 参数问题。

当路由器或目的主机收到 IP 数据报后，根据其首部中的校验和字段的值发现首部在传输过程中出现了误码，就丢弃该 IP 数据报，并向源点发送参数问题报文。

⑤ 改变路由（重定向）。

路由器把改变路由报文发送给主机，让主机知道下次应将数据报发送给另外的路由器，这样可以通过更好的路由到达目的主机。

以下情况不应发送 ICMP 差错报告报文。

- 对 ICMP 差错报告报文不会再次发送 ICMP 差错报告报文。
- 除第一个分片外，对所有后续分片 IP 数据报都不发送 ICMP 差错报告报文。
- 对具有多播地址的 IP 数据报都不发送 ICMP 差错报告报文。
- 对具有特殊地址（如 127.0.0.0 或 0.0.0.0）的数据报不发送 ICMP 差错报告报文。

（2）ICMP 询问报文

常用的 ICMP 询问报文有回送请求和回答报文，以及时间戳请求和回答报文。

① 回送请求和回答报文。

回送请求和回答报文由主机或路由器向一个特定的目的主机或路由器发出。收到此报文的主机或路由器必须给源主机或路由器发送 ICMP 回送回答报文。这种 ICMP 询问报文用来测试目的站是否可达以及了解其有关状态。

② 时间戳请求和回答报文。

时间戳请求和回答报文用来请求某个主机或路由器回答当前的日期和时间。在 ICMP 时间戳回答报文中有一个 32 位的字段，其中写入的整数代表从 1900 年 1 月 1 日起到当前时刻一共有多少秒。时间戳请求和回答报文用来进行时钟同步和测量时间。

2．ICMP 的典型应用

（1）互联网分组探测器

互联网分组探测器（Packet Internet Groper，PING）用来测试主机或路由器之间的连通性。PING 是 TCP/IP 体系结构的应用层直接使用网际层 ICMP 的一个例子，它并不使用传输层的 TCP 或 UDP。PING 应用所使用的 ICMP 报文类型为回送请求和回答。

Windows 操作系统的用户可在接入互联网后转入 MS DOS（单击"开始"，单击"运行"，再输入"cmd"）。看见屏幕上的提示符后，输入"ping hostname"（hostname 是想要测试连通性的远程计算机的名称），按 Enter 键开始连通性测试。图 3-11 所示为从位于洛阳的一台 PC 到网易的邮件服务器 mail.163.com 的连通性测试结果。PC 一连发出 4 个 ICMP 回送请求报文。如果邮件服务器 mail.163.com 正常工作而且响应这个 ICMP 回送请求报文（有的主机为了防止恶意攻击就不理睬外界发送过来的这种报文），它就向 ICMP 发送回送回答报文。由于往返的 ICMP 报文上都有时间戳，因此很容易得出往返路程时间。最后显示出的是统计结果：发送到哪个计算机（IP 地址），发送的、收到的和丢失的分组数（但不给出分组丢失的原因），以及往返路程时间的最小值、最大值和平均值，如图 3-11 所示。

（2）跟踪路由

另一个非常有用的应用是 traceroute（这是 UNIX 操作系统中的命令），用来跟踪一个分组从源点到终点的路径。在 Windows 操作系统中这个命令是 tracert。下面简单介绍 tracert 的工作原理。

采用 tracert 从源主机向目的主机发送一连串的 IP 数据报，IP 数据报中封装的是无法交付的 UDP 用户数据报。第一个数据报 P1 的存活时间设置为 1。当 P1 到达路径上的第一个路由器 R1 时，路由器 R1 先收下它，接着把存活时间的值减 1。由于存活时间等于 0，因此 R1 把 P1 丢弃，并向源主机发送一个 ICMP 时间超过差错报告报文。

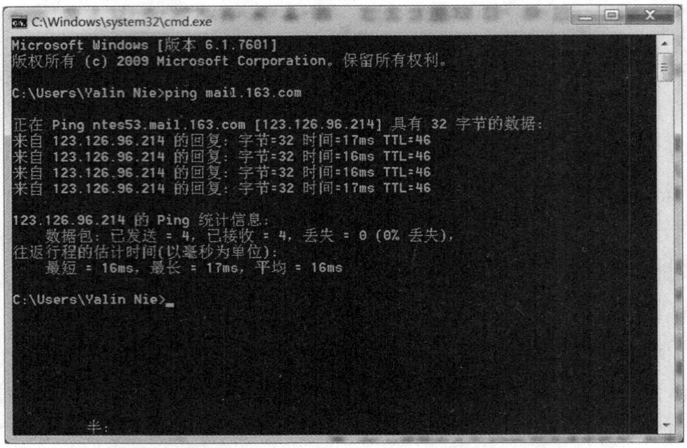

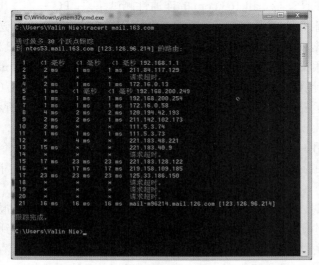

图 3-11　用 PING 测试主机连通性

　　源主机接着发送第二个数据报 P2，并把存活时间设置为 2。P2 先到达路由器 R1，R1 收下后把存活时间减 1 再转发给路由器 R2。R2 收到 P2 时存活时间为 1，但减 1 后存活时间变为 0。R2 丢弃 P2，并向源主机发送一个 ICMP 时间超过差错报告报文。这样一直继续下去。当最后一个数据报刚刚到达目的主机时，数据报的存活时间是 1。主机不转发数据报，也不把存活时间值减 1。但因 IP 数据报中封装的是无法交付的传输层的 UDP 用户数据报，因此目的主机要向源主机发送 ICMP 终点不可达差错报告报文。

　　这样，源主机达到了自己的目的，因为这些路由器和最后目的主机发来的 ICMP 报文正好给出了源主机想知道的路由信息——到达目的主机所经过的路由器的 IP 地址，以及到达其中每一个路由器的往返路程时间。图 3-12 所示是从洛阳的一台 PC 向网易的邮件服务器 mail.163.com 发出 tracert 命令后所获得的结果。其中每一行有 3 个时间出现，是因为对应于每一个存活时间值，源主机要发送 3 次同样的 IP 数据报。

　　我们还应注意到，从原则上讲，IP 数据报经过的路由器越多，所花费的时间会越长。但从图 3-12 中可看出，有时正好相反。这是因为互联网的拥塞程度随时都在变化，很难预料。因此，完全有这样的可能：经过更多的路由器反而花费更短的时间。

图 3-12　用 tracert 命令获得到达目的主机的路由信息

3.3 UDP

UDP 是传输层协议中的一种，与 TCP 并列。相比 TCP，UDP 更简单。UDP 在应用层的数据报发送和接收上提供快速的传输速率，适用于实时应用程序，如音频、视频和游戏。尽管 UDP 不提供错误检测和恢复机制，但它在某些场景下的低开销和高性能特性使其成为网络通信中不可或缺的一部分。

3.3.1 UDP 概述

UDP 只在 IP 的数据报服务之上增加了很少的功能，即复用和分用的功能以及差错检测的功能。UDP 的主要特点如下。

（1）UDP 是无连接的，即发送数据之前不需要建立连接（当然，发送数据结束时也没有连接可释放），因此减少了开销和发送数据之前的时延。

（2）UDP 尽最大努力交付，即不保证可靠交付，因此主机不需要维持复杂的连接状态表（这里面有许多参数）。

（3）UDP 是面向报文的，发送方的 UDP 对应用程序交下来的报文，在添加首部后就向下交付给 IP 层。UDP 对应用层交下来的报文，既不合并，也不拆分，而是保留这些报文的边界。也就是说，应用层交给 UDP 多长的报文，UDP 就照样发送，即一次发送一个报文。在接收方的 UDP，对 IP 层交上来的 UDP 用户数据报，将其去除首部后就原封不动地交付上层的应用进程。UDP 一次交付一个完整的报文，因此应用程序必须选择合适大小的报文。若报文太长，UDP 把它交给 IP 层后，IP 层在传输时可能要进行分片，这会降低 IP 层的效率。反之，若报文太短，UDP 把它交给 IP 层后，会使 IP 数据报首部的相对长度太长，这也会降低 IP 层的效率。

（4）UDP 没有拥塞控制，因此网络中出现的拥塞不会使源主机的发送速率降低，这对某些实时应用是很重要的。很多的实时应用（如 IP 电话、实时视频会议等）要求源主机以恒定的速率发送数据，并且允许在网络发生拥塞时丢失一些数据，但不允许数据有太大的时延，UDP 正好满足这种要求。

（5）UDP 支持一对一、一对多、多对一和多对多的交互通信。

（6）UDP 的首部开销小，只有 8 个字节，比 TCP 的 20 个字节的首部要短。

3.3.2 UDP 的首部字段

UDP 有两个字段：数据字段和首部字段。首部字段很简单，只有 8 个字节，由 4 个字段组成，每个字段的长度都是 2 字节，如图 3-13 所示。各字段意义如下。

（1）源端口号。在需要对方回信时选用，不需要时可用全 0。

（2）目的端口号。在终点交付报文时必须使用。

（3）长度。UDP 用户数据报的长度，其最小值是 8（仅有首部）。

（4）校验和。用于检测 UDP 用户数据报在传输中是否有错，有错就丢弃。

如果接收方 UDP 发现收到的报文中的目的端口号不正确（即不存在对应该端口号的应用进程），就丢弃该报文，并由 ICMP 发送"端口不可达"差错报告报文给发送方。我们在 3.2 节"ICMP 的典型应用"中讨论 tracert 时，就是让发送的 UDP 用户数据报故意使用一个非法的 UDP 端口，结果 ICMP 返回"端口不可达"差错报告报文，因此达到测试的目的。

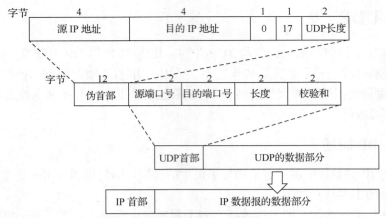

图 3-13　UDP 用户数据报的首部与伪首部

UDP 用户数据报首部中校验和的计算方法有些特殊。在计算校验和时，要在 UDP 用户数据报之前增加 12 个字节的伪首部。这种伪首部并不是 UDP 用户数据报真正的首部，只是在计算校验和时，临时添加在 UDP 用户数据报前面得到的一个临时的 UDP 用户数据报。校验和就是按照这个临时的 UDP 用户数据报来计算的。伪首部既不向下传输也不向上递交，而仅仅是为了计算校验和而存在。图 3-13 的最上面给出了伪首部各字段的内容。

UDP 计算校验和的方法和计算 IP 数据报首部校验和的方法相似，不同的是 IP 数据报的校验和只检验 IP 数据报的首部，但 UDP 的校验和把首部和数据部分一起检验。在发送方，首先把全 0 放入校验和字段。再把伪首部以及 UDP 用户数据报看成是由许多 16 位的字串接起来的。若 UDP 用户数据报的数据部分不是偶数个字节，则要填入一个全 0 字节（但此字节不发送）。然后按二进制反码计算这些 16 位字的和。将此和的二进制反码写入校验和字段后，就发送这样的 UDP 用户数据报。在接收方，把收到的 UDP 用户数据报连同伪首部（以及可能的填充全 0 字节）一起，按二进制反码求这些 16 位字的和。当无差错时其结果应为全 1；否则表明有差错出现，接收方就应丢弃这个 UDP 用户数据报（也可以上交给应用层，但会同时上交出现了差错的警告）。

3.3.3　传输层端口

运行在计算机上的进程是使用进程标识符（Process Identification，PID）来标识的。然而，因特网上的计算机并不是使用的统一的操作系统，而不同操作系统（Windows、Linux、macOS）又使用不同格式的进程标识符。为了使运行不同操作系统的计算机的应用进程之间能够进行网络通信，就必须使用统一的方法对 TCP/IP 体系结构的应用进程进行标识。

TCP/IP 体系结构的传输层使用端口号来标识和区分应用层的不同应用进程。3.3.2 节讲到的 UDP 和即将讲到的 TCP 的首部格式中都有源端口号和目的端口号这两个重要字段，用于标识传输层和应用层进行交互的地点。注意，TCP 和 UDP 端口号之间是没有关系的。

端口号长度为 16 位，取值范围是 0～65535，分为以下两大类。

（1）服务器使用的端口号

① 熟知端口号：又称为全球通用端口号，取值范围是 0～1023。IANA 将这些端口号分配给 TCP/IP 体系结构应用层中最重要的一些应用协议。例如，HTTP 服务器的端口号为80，FTP 服务器的端口号为 21 和 20。与电话通信相比，TCP/IP 传输层的熟知端口号相当

于所有人都知道的重要电话号码，如报警电话 110，急救电话 120，火警电话 119，等等。表 3-1 给出了 TCP/IP 传输层的常用熟知端口号及其对应的应用层协议。

表 3-1　常用熟知端口号及其对应的应用层协议

应用层协议	FTP	SMTP	DNS	DHCP	HTTP	BGP	HTTPS	RIP
传输层端口号	21/20	25	53	67/68	80	179	443	520

② 登记端口号：取值范围是 1024～49151。这类端口号是被没有熟知端口号的应用程序使用的，要使用这类端口号必须在 IANA 按照规定的手续登记，以防重复。例如，Microsoft 远程桌面应用程序使用的端口号是 3389。

（2）客户端使用的短暂端口号

短暂端口号的取值范围是 49152～65535。这类端口号仅在客户端使用，由客户进程在运行时动态选择，又称为临时端口号。当服务器进程收到客户进程的报文时，就可知道客户进程所使用的临时端口号，因而可以把响应报文发送给客户进程。通信结束后，已使用过的临时端口号会被系统收回，以便给其他客户进程使用。

端口号只具有本地意义，即端口号只用于标识本计算机网络协议栈应用层中的各应用进程。在因特网中，不同计算机中的相同端口号是没有关系的，即相互独立。

3.4　TCP

TCP 是 TCP/IP 体系结构传输层中面向连接的协议，它向其上的应用层提供全双工的可靠的数据传输服务。TCP 与 UDP 最大的区别是，TCP 是面向连接的，而 UDP 是无连接的。TCP 比 UDP 复杂得多，除具有面向连接和可靠传输的特性，TCP 还在传输层使用了流量控制和拥塞控制机制。

3.4.1　TCP 报文格式

TCP 报文段分为首部和数据两部分，其全部功能都体现在它首部中各字段的作用。为此着重讨论 TCP 首部格式及其各字段的作用。

TCP 报文段首部的前 20 个字节是固定的，如图 3-14 所示，后面有 $4n$ 字节是根据需要而增加的选项（n 是整数）。因此 TCP 首部的最短长度是 20 字节。

首部固定部分各字段的意义如下。

（1）源端口和目的端口：各占 2 个字节。分别写入源端口号和目的端口号，实现复用与分用。

（2）序号：占 4 字节。序号范围是 $[0, 2^{32}-1]$，共 2^{22}（即 4294967296）个序号。序号增加到 $2^{32}-1$ 后，下一个序号就回到 0。也就是说，序号使用 mod 2^{32} 运算。TCP 是面向字节流的，在一个 TCP 连接中传输的字节流中的每一个字节都按顺序编号。整个要传输的字节流的起始序号必须在连接建立时设置。首部中的序号字段值指的是本报文段所发送数据的第一个字节的序号。例如，报文段的序号字段值是 301，而携带的数据共有 100 字节。这就表明本报文段数据的第一个字节的序号是 301，最后一个字节的序号是 400。显然，下一个报文段（如果还有）的数据序号应当从 401 开始，即下一个报文段的序号字段值应为 401。这个字段的名称也叫作"报文段序号"。

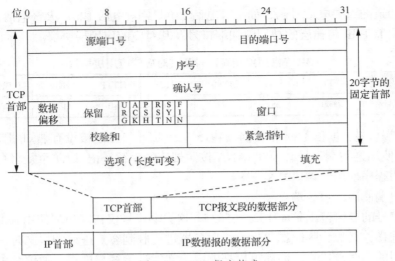

图 3-14　TCP 报文格式

（3）确认号：占 4 字节，是期望收到对方下一个报文段的第一个数据字节的序号。例如，B 正确收到了 A 发送过来的一个报文段，其序号字段值是 501，而数据长度是 200 字节（序号字段值范围为 501~700），这表明 B 正确收到了 A 发送的到序号字段值 700 为止的数据。因此，B 期望收到 A 的下一个数据序号字段值是 701，于是 B 在发送给 A 的确认报文段中把确认号设置为 701。请注意，现在的确认号不是 501，也不是 700，而是 701。

总之，应当记住以下要点。

若确认号=N，则表明到序号 N-1 为止的所有数据都已正确收到。

由于序号字段有 32 位，可对 4GB（即 4 千兆字节）的数据进行编号。在一般情况下可保证当序号重复使用时，旧序号的数据早已通过网络到达终点。

（4）数据偏移：占 4 位，它指出 TCP 报文段的数据起始处距离 TCP 报文段的起始处有多远。这个字段实际上指出了 TCP 报文段的首部长度。由于首部中还有长度不确定的选项字段，因此数据偏移字段是必要的。但应注意，"数据偏移"的单位是 32 位字（即以 4 字节长的字为计算单位）。由于 4 位二进制数能够表示的最大十进制数字是 15，因此数据偏移的最大值是 60 字节，这也是 TCP 首部的最大长度（即选项长度不能超过 40 字节）。

（5）保留：占 6 位，保留字段为今后使用，但目前应置 0。

（6）紧急 URG（URGent）：当 URG=1 时，表明紧急指针字段有效。它告诉系统此报文段中有紧急数据，应尽快传输（相当于高优先级的数据），而不要按原来的排队顺序传输。例如，正在发送很长的一个程序要在远地的主机上运行，但后来发现了一些问题，需要停止该程序的运行。因此用户从键盘发出中断命令。如果不使用紧急数据，那么这两个字符将存储在接收 TCP 的缓存末尾。只有在所有的数据处理完毕后这两个字符才被交付给接收方的应用进程，这样做就会浪费许多时间。

当 URG 置 1 时，发送应用进程告诉发送方的 TCP 有紧急数据要传输。于是发送方 TCP 把紧急数据插入本报文段数据的最前面，而在紧急数据后面的数据仍是普通数据。这时要与首部中紧急指针（Urgent Pointer）字段配合使用。

（7）确认 ACK（ACKnowledgment）：仅当 ACK=1 时确认号字段才有效。当 ACK=0 时，确认号字段无效。TCP 规定，在连接建立后所有传输的报文段都必须把 ACK 置 1。

（8）推送 PSH（PuSH）：当两个应用进程进行交互式的通信时，有时在一端的应用进程希望输入一个命令后立即就能够收到对方的响应。在这种情况下，TCP 就可以使用推送（Push）操作。这时，发送方 TCP 把 PSH 置 1，并立即创建一个报文段发送出去。接收方 TCP 收到 PSH=1 的报文段，就尽快地（即"推送"向前）交付接收应用进程，而不用等到整个缓存都填满了再向上交付。

虽然应用程序可以选择推送操作，但推送操作很少使用。

（9）复位 RST（ReSeT）：当 RST=1 时，表明 TCP 连接中出现严重差错（如主机崩溃或其他原因），必须释放连接，然后重新建立连接。将 RST 置 1 还可用来拒绝一个非法的报文段或拒绝打开一个连接。RST 也可称为重建位或重置位。

（10）同步 SYN（SYNchronization）：在连接建立时用来同步序号。当 SYN=1 而 ACK=0 时，表明这是一个连接请求报文段。对方若同意建立连接，则应在响应的报文段中使 SYN=1 和 ACK=1。因此，SYN 置 1 表示这是一个连接请求或连接接收报文。

（11）终止 FIN（FINish，意思是"完了""终止"）：用来释放一个连接，当 FIN=1 时，表明此报文段的发送方数据已发送完毕，并要求释放连接。

（12）窗口：占 2 字节。窗口值是[0,$2^{16}-1$]范围内的整数。窗口指的是发送本报文段一方的接收窗口（而不是自己的发送窗口）。窗口值告诉对方：从本报文段首部中的确认号算起，接收方目前允许对方发送的数据量（以字节为单位）。之所以要有这个限制，是因为接收方的数据缓存空间是有限的。总之，窗口值作为接收方让发送方设置其发送窗口的依据。

例如，发送了一个报文段，其确认号是 701，窗口值是 1000。这就是告诉对方："从 701 算起，我（即发送此报文段的一方）的接收缓存空间还可接收 1000 个字节数据（字节序号是 701～1700），你在给我发送数据时，必须考虑我的接收缓存容量。"

应当记住以下要点。

窗口字段明确指出了现在允许对方发送的数据量。窗口值经常动态变化。

（13）校验和：占 2 字节。校验和字段检验的范围包括首部和数据这两部分。与 UDP 用户数据报一样，在计算校验和时，要在 TCP 报文段的前面加上 12 字节的伪首部。伪首部的格式与图 3-13 中 UDP 用户数据报的伪首部一样。但应把伪首部第 4 个字段中的 17 改为 6（TCP 的协议号是 6），把第 5 个字段中的 UDP 长度改为 TCP 长度。接收方收到此报文段后，仍要加上这个伪首部来计算校验和。若使用 IPv6，则相应的伪首部也要改变。

（14）紧急指针：占 2 字节。紧急指针仅在 URG=1 时有意义，它指出本报文段中紧急数据的字节数（紧急数据结束后就是普通数据）。因此，紧急指针指出了紧急数据的末尾在报文段中的位置。当所有紧急数据都处理完时，TCP 就告诉应用程序恢复正常操作。值得注意的是，即使窗口值为 0 时也可发送紧急数据。

（15）选项：TCP 报文段首部除了 20 字节的固定部分，还有最大长度为 40 字节的选项部分。增加选项可以增加 TCP 的功能，目前有以下选项。

① 最大报文段长度选项：最大报文段长度（Maximum Segment Size，MSS）用来指出 TCP 报文段数据部分的最大长度，而不是整个 TCP 报文段的长度。MSS 的选择并不简单。

- 若选择较小的 MSS，网络的利用率就会降低。设想在极端的情况下，TCP 报文段只包含 1 字节的数据部分，但有 20 字节的 TCP 首部，在网际层封装成 IP 数据报时又会添加 20 字节的 IP 首部。为了传输 1 字节的数据，要额外传输共 40 字节的 TCP 首部和 IP 首部，到了数据链路层还要加上一些开销，因此网络的利用率不会超过 1/40。

- 若选择很大的 MSS，则 TCP 报文段在网际层封装成 IP 数据报时，可能要分片成多个短的数据报片。在目的站要将收到的各个短数据报片装配成原来的 TCP 报文段，当传输出错时还要进行重传，这些都会使开销增大。
- 一般认为，TCP 报文段的 MSS 应尽可能大，只要在网际层将 TCP 报文段封装成 IP 数据报时不需要分片就行。在 TCP 连接建立的过程中，双方可以将自己能够支持的 MSS 写入该字段。在以后的数据传输阶段，MSS 取双方提出的较小的那个数值。若主机未填写这一项，则 MSS 的默认值是 536。因此，所有在因特网上的主机都应能接受的 TCP 报文段长度为 20+536=556 字节。

② 窗口扩大选项：用来扩大窗口，提高吞吐率。

③ 时间戳选项：用于计算往返路程时间和处理序号超范围的情况，又称为防止序号绕回（Protect Against Wrapped Sequence Numbers，PAWS）。

④ 选择确认选项：用来实现选择确认功能。

（16）填充字段：由于选项字段的长度是可变的，因此需要使用填充字段（填充内容为若干个位 0）来确保 TCP 报文段首部能被 4 整除。这是因为 TCP 报文段首部中的数据偏移字段（也就是首部长度字段）是以 4 字节为单位的。如果选项字段的长度加上 20 字节固定首部的长度的值不能被 4 整除，则需要使用填充字段来确保其能被 4 整除，这与 IPv4 数据报首部中填充字段的作用是一样的。

3.4.2　TCP 可靠传输

为了便于讲述 TCP 可靠传输的原理，我们假定数据传输只在一个方向进行：A 发送数据，B 接收确认。这样做的好处是使讨论限于两个窗口，即发送方 A 的发送窗口和接收方 B 的接收窗口，使原理描述更加清晰。

TCP 的滑动窗口是以字节为单位的。现假定 A 收到了 B 发来的确认报文段，其中窗口大小为 15 字节，而确认号是 39，表明 B 期望收到的下一个字节序号是 39（请注意，这里是字节的编号，不是分组的序号），而到序号 38 为止的数据已经收到了。根据这两个数据，A 构造出自己的发送窗口，如图 3-15 所示。

图 3-15　根据 B 的反馈 A 构造的发送窗口

发送窗口表示：在没有收到 B 的确认报文段的情况下，A 可以连续把窗口内的数据都发送出去。凡是已经发送过的数据，在未收到确认之前都必须暂时保留，以便在超时重传时使用。

发送窗口里面的序号表示允许发送的序号。显然，窗口越大，发送方就可以在收到对方确认报文段之前连续发送更多的数据，因此获得更高的传输效率。由于接收方会把自己的接收窗口值放在窗口字段中发送给对方，所以 A 的发送窗口一定不能超过 B 的接收窗口值。

发送窗口后沿的后面部分表示已发送并收到确认报文段，这些数据显然不需要再保留。而发送窗口前沿的前面部分表示不允许发送，因为接收方没有为这部分数据保留临时存放的缓存空间。

发送窗口的位置由窗口前沿和后沿的位置共同确定。发送窗口后沿的变化情况有两种可能，即不动（没有收到新的确认报文段）和前移（收到了新的确认报文段）。发送窗口后沿不可能向后移动，因为不能撤销已收到的确认报文段。发送窗口前沿通常是不断向前移动的，但也有可能不动。这对应两种情况：一是没有收到新的确认报文段，对方通知的窗口大小也不变；二是收到了新的确认报文段，但对方通知的窗口缩小了，使得发送窗口前沿正好不动。

发送窗口前沿也有可能向后收缩，这发生在对方通知的窗口缩小了的情况下，但 TCP 的标准强烈不赞成这样做。因为很可能发送方在收到这个通知以前已经发送了窗口中的许多数据，现在又要收缩窗口，不允许发送这些数据，这样会产生一些错误。

现在假定 A 发送了序号为 39～48 的数据。这时，发送窗口位置并未改变，如图 3-16 所示，但发送窗口内靠后面有 10 个字节（灰色方框表示）表示已发送但未收到确认。而发送窗口内的第 49～53 号字节是允许发送但未发送的。

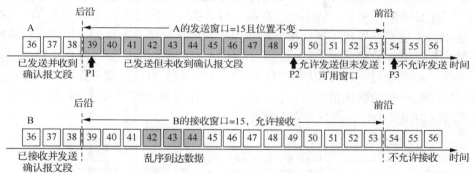

图 3-16　A 发送数据与 B 接收数据的情况

描述一个发送窗口的状态需要 3 个指针：P1，P2 和 P3。指针都指向字节的序号。A 的发送窗口中 3 个指针指向的几个部分的意义如下。

P1 之前的数据（序号<39）是已发送并收到确认的部分。P3 之后的数据（序号≥54）是不允许发送的部分。P3−P1=A 的发送窗口=15（序号 39～53）。

P2−P1=已发送但未收到确认的字节数（序号 39～48）。

P3−P2=允许发送但未发送的字节数（序号 49～53），又称为可用窗口或有效窗口。

再看 B 的接收窗口。设 B 的接收窗口大小是 15。在接收窗口外面，到序号为 38 的数据是已接收并发送确认的，因此 B 可以不再保留这些数据。接收窗口内的数据（序号 39～53）是允许接收的。在图 3-16 中，B 收到了序号为 42、43 和 44 的数据，但序号为 39～41 的数据没有收到（也许丢失了，也许滞留在网络中的某处）。请注意，B 只能对按序收到的数据中的最高序号进行确认，因此 B 发送的确认报文段中的确认号仍然是 39（即最期望收到的字节的序号）。

现在假定 B 收到了序号为 39～41 的数据，把序号为 39～44 的数据交付主机；接着把接收窗口向前移动 6 个序号，如图 3-17 所示，同时给 A 发送确认报文段，其中窗口值仍为 15，但确认号是 45。这表明 B 已经收到了到序号 44 为止的数据。我们注意到，B 还收到了序号为 46 和 47 的数据，但这些数据都没有按序到达，只能先暂存在接收窗口中。A 收到 B 的确认后，就可以把发送窗口前滑 6 个序号，但没有发送新数据，因此指针 P2 不动。可以看出，现在 A 的可用窗口增大了，允许发送的序号范围是 45～59。

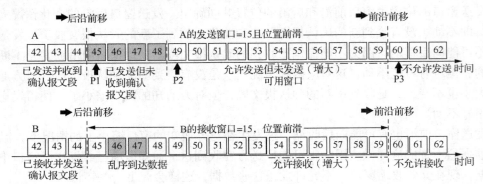

图 3-17　A 收到确认报文段并前滑发送窗口

A 在继续发送完序号 49～59 的数据后，指针 P2 向前移动和 P3 重合。发送窗口内的序号都已用完，但还没有收到确认，如图 3-18 所示。由于 A 的发送窗口已满，可用窗口已减小到 0，因此必须停止发送。请注意，存在一种可能性，就是发送窗口内所有的数据都已正确到达 B，B 也早已发出了确认报文段。但不幸的是，所有这些确认报文段都滞留在网络中。在没有收到 B 的确认报文段时，为了保证可靠传输，A 只能认为 B 还没有收到这些数据。于是，A 在经过一段时间后（由超时计时器控制）重传这部分数据，重新设置超时计时器，直到收到 B 的确认报文段为止。如果 A 按序收到落在发送窗口内的确认号，A 就可以使发送窗口继续前滑，并发送新的数据。

图 3-18　A 的发送窗口中的数据已发送但未收到确认

需要注意的是以下几点。

①　虽然 A 的发送窗口是根据 B 的接收窗口设置的，但在同一时刻，A 的发送窗口并不总是和 B 的接收窗口一样大。这是因为通过网络传输窗口值需要经历一定的时间滞后（这个时间是不确定的）。另外，正如后文将讲到的，发送方 A 还可能根据网络当时的拥塞情况适当减小自己的发送窗口值。

②　对不按序（乱序）到达数据应如何处理，TCP 标准并无明确规定。如果接收方把不按序到达数据一律丢弃，那么接收窗口的管理将会比较简单，但这样做对网络资源的利用不利（因为发送方会重复传输较多的数据）。因此 TCP 通常把不按序到达数据先临时存放在接收窗口中，等到收到字节流中所缺少的字节后，再按序交付给上层的应用进程。

③　TCP 要求接收方必须有累积确认的功能，这样可以减小传输开销。接收方可以在合

适的时候发送确认报文段，也可以在自己有数据要发送时顺便捎带确认报文段。但请注意两点，一是接收方不应过分推迟发送确认报文段，否则会导致发送方不必要的重传，反而浪费网络的资源。TCP 标准规定，确认推迟的时间不应超过 0.5s。若收到一连串具有最大长度的报文段，则必须每隔一个报文段就发送一个确认报文段[RFC 1122，STD3]。二是捎带确认报文段实际上并不经常发生，因为大多数应用程序很少同时在两个方向上发送数据。

最后强调，TCP 的通信是全双工通信，通信中的每一方都在发送和接收报文段。因此，每一方都有自己的发送窗口和接收窗口。在用到这些窗口时，一定要弄清是哪一方的窗口。

3.4.3　流量控制

流量控制的基本方法是接收方根据自己的接收能力（接收缓存的可用空间大小）控制发送方的发送速率，促使发送方的数据发送跟上接收方的数据接收节奏，以保持数据传输的平衡，防止因数据发送过快或过慢导致的数据丢失和资源浪费。

TCP 利用滑动窗口机制在 TCP 连接上实现对发送方的流量控制。图 3-19 举例展示 TCP 流量控制。

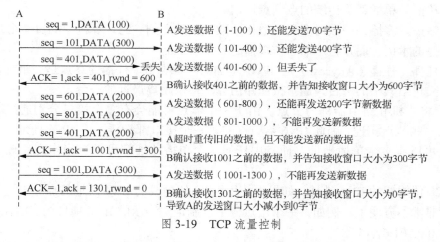

图 3-19　TCP 流量控制

设 A 向 B 发送数据。在连接建立时，B 告诉 A："我的接收窗口 rwnd =800。"因此，发送方的发送窗口值不能超过接收方给出的接收窗口值（字节数，非报文数）。设数据报文段序号的初始值为 1。注意，图 3-19 中箭头上面的 ACK 表示首部中的 ACK 字段，ack 表示 ACK 字段的值。

接收方的主机 B 进行了 3 次流量控制。第一次把窗口减小到 rwnd = 600，第二次减小到 rwnd=300，最后减小到 rwnd=0，即不允许发送方再发送数据。这种使发送方暂停发送的状态将持续到主机 B 重新发出一个新的窗口值为止。我们还应注意到，B 向 A 发送的 3 个报文段都设置了 ACK=1，只有在 ACK=1 时确认号字段才有意义。

现在我们考虑一种情况。在图 3-19 中，B 向 A 发送了零窗口的报文段后不久，B 的接收缓存又有了一些存储空间。于是 B 向 A 发送 rwnd= 500 的报文段。然而这个报文段在传输过程中丢失了。A 一直等待收到 B 发送的非零窗口通知，而 B 也一直等待 A 发送的数据。如果不采取其他措施，这种互相等待的死锁局面将一直延续下去。

为了解决这个问题，TCP 为每一个连接设一个持续计时器（Persistence Timer）。只要TCP 连接的一方收到对方的零窗口通知，就启动持续计时器。若持续计时器设置的时间到期，就发送一个零窗口探测报文段（仅携带 1 字节的数据），而对方就在确认这个探测报文段时给出现在的窗口值。如果仍然是零窗口，收到这个报文段的一方就重新设置持续计时器。如果不是零窗口，死锁的僵局就可以打破。

3.5 IPv6

IPv6 出现的直接原因是 IPv4 地址的枯竭。IPv4 采用 32 位地址，数量有限，只能提供大约 42 亿个地址。然而，随着互联网的快速发展，人们对 IP 地址的需求剧增，导致 IPv4 地址供应不足。为了解决这个问题，IPv6 采用 128 位地址，可以提供约 340 万亿亿亿亿（3.4×10^{38}）个地址，从根本上解决 IPv4 地址耗尽的问题。因此，IPv6 出现的直接原因是能够满足互联网的庞大地址需求。

3.5.1 IPv6 的地址结构

IPv6 数据报的目的地址可以是以下 3 种基本类型地址之一。

（1）单播。单播就是传统的点到点通信。

（2）多播。多播是一点对多点的通信，数据报发送到一组计算机中的每一个。IPv6 没有采用广播的术语，而是将广播看作多播的一个特例。

（3）任播。任播（Anycast）是 IPv6 增加的一种类型。任播的终点是一组计算机，但数据报只交付给其中的一台，通常按照路由算法得出距离最近的一台。

IPv6 将主机和路由器称为节点。由于一个节点可能会有多个接口分别通过不同的链路与其他一些节点相连，因此 IPv6 给节点的每一个接口都指派一个 IPv6 地址。这样使得一个节点可以有多个单播地址，而其中任何一个单播地址都可以被当作到达该节点的目的地址。

由 128 位构成的 IPv6 地址，如果再使用由 32 位构成的 IPv4 地址的点分十进制记法来表示，就非常不方便了。例如，一个用点分十进制记法表示的 IPv6 地址为 32.1.13.184.64.4.0.16.0.0.0.0.101.67.15.253。

为了使 IPv6 地址的表示更简洁，IPv6 采用冒号十六进制记法（Colon Hexadecimal Notation），具体如下。

（1）将 128 位的 IPv6 地址以每 16 位分为 1 组（共 8 组），每组之间使用冒号":"分隔。

（2）将每组的每 4 位转换为 1 个十六进制数。

例如，将之前所给的用点分十进制记法表示的 IPv6 地址，改用冒号十六进制记法表示为 2001:0db8:4004:0010:0000:0000:6543:0ffd。

在 IPv6 地址的冒号十六进制记法的基础上，再使用"左侧 0"省略和"连续 0"压缩，可使 IPv6 地址的表示更加简洁。

"左侧 0"省略是指两个冒号间的十六进制数中最前面的一串 0 可以省略不写，如 000F 可缩写为 F。

"连续 0"压缩是指一连串的 0 可以用一对冒号取代，如 2001:0:0:0:0:0:0:ffd，可缩写为 2001::ffd。注意：在一个 IPv6 地址中只能使用一次"连续 0"压缩，否则会产生歧义。

将之前例子中 IPv6 地址的冒号十六进制记法，再使用"左侧 0"省略和"连续 0"压缩，结果为 2001:db8:4004:10::6543:ffd。

另外，冒号十六进制记法还可结合点分十进制的后缀。这在 IPv4 向 IPv6 的过渡阶段非常有用。例如，下面是某个冒号十六进制记法结合点分十进制后缀的 IPv6 地址：

0:0:0:0:0:ffff:192.168.1.1

请读者注意：在这种记法中，被冒号 ":" 分隔的每个值，是 16 位的十六进制形式。被每个点 "." 分隔的值，是 8 位的十进制形式。再使用 "连续 0" 压缩即可得出：

:fff:192.168.1.1

CIDR 记法在 IPv6 中仍然可用。例如，一个指明了 60 位前缀的 IPv6 地址为 2001:0db8:0000:cd30:0000:0000:0000:0000/60。

还可记为

2001:db8::cd30:0:0:0:0/60

或

2001:db8:0:cd30::/60

3.5.2　IPv6 配置

1．主机的 IPv6 配置

（1）确认支持：确认计算机的操作系统和网络接口卡（Network Interface Card，NIC）支持 IPv6。目前大多数现代操作系统和 NIC 都支持 IPv6。

（2）进入网络设置：打开操作系统的网络设置界面，这通常在控制面板或系统设置中，单击 "本地连接"，如图 3-20 所示。

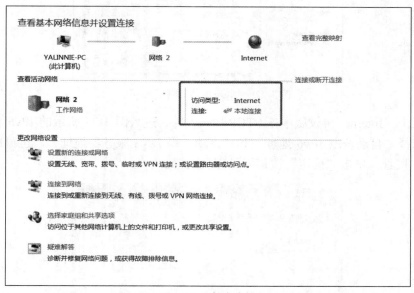

图 3-20　本地连接

在弹出的 "本地连接 状态" 对话框中单击 "属性"，如图 3-21 所示，进行网络属性配置。

（3）勾选 "Internet 协议版本 6（TCP/IPv6）"，如果没有该选项则表明本设备不支持 IPv6，如图 3-22 所示。

图 3-21 "本地连接 状态"对话框

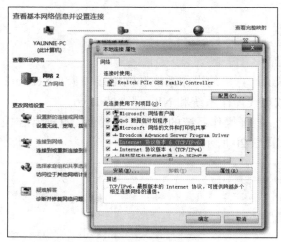

图 3-22 "本地连接 属性"设置

（4）双击"Internet 协议版本 6（TCP/IPv6）"，进入图 3-23 所示的 IPv6 参数配置界面，可以选择"自动获取 IPv6 地址"和"自动获得 DNS 服务器地址"，也可以配置静态 IPv6 地址。接着，单击"确定"按钮即可完成配置。

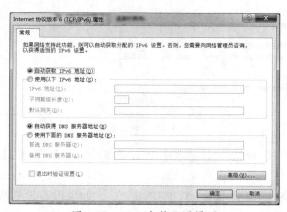

图 3-23 IPv6 参数配置界面

（5）测试连接：完成 IPv6 配置后，使用网络工具（如 ping6 命令）来测试 IPv6 连接。通过发送 ping 请求到 IPv6 地址，验证主机是否可以与 IPv6 网络通信。

2．路由器的 IPv6 配置

路由器的 IPv6 配置比主机的 IPv6 配置复杂，其主要配置步骤如下。

（1）确认支持：首先确认路由器支持 IPv6，大多数现代路由器都支持 IPv6。

（2）登录路由器管理界面：打开网页浏览器，输入路由器的管理 IP 地址，并使用管理员账户登录路由器管理界面。路由器的管理 IP 地址通常为 192.168.0.1 或 192.168.1.1，但具体地址可能因路由器品牌和设置而有所不同。

（3）打开 IPv6 配置选项：在路由器管理界面中，找到 IPv6 配置选项。它通常位于网络设置、高级设置或类似的部分。

（4）选择 IPv6 连接类型：根据网络要求和提供商配置，选择 IPv6 连接类型。

常见的 IPv6 连接类型包括静态、动态和隧道。

① 静态连接：如果网络提供商分配了静态 IPv6 地址，选择静态连接选项，输入所分配的静态 IPv6 地址和相应的子网前缀。

② 动态连接：路由器的 IPv6 动态连接方式有两种，一种是基于无状态地址自动配置（Stateless Address Autoconfiguration，SLAAC）的配置，另一种是基于动态主机配置协议版本 6（DHCPv6）的配置。

基于 SLAAC 的配置具体如下。

启用 SLAAC：在路由器的 IPv6 配置界面，启用 SLAAC 功能。SLAAC 负责为连接路由器的主机提供 IPv6 前缀，使主机可以通过生成全局唯一的 IPv6 地址进行自动配置。

配置 IPv6 前缀：为路由器的局域网接口分配一个 IPv6 前缀，如 2001:db8:0:1::/64。这个前缀将用于分配给连接该局域网接口的主机。

路由广告：启动 SLAAC 后，路由器将通过路由广告（Router Advertisement）将 IPv6 前缀信息发送给连接它的主机。主机接收到路由广告后，使用 SLAAC 的算法生成全局唯一的 IPv6 地址。

DNS 配置：在路由器的 IPv6 配置界面或路由广告中可以提供域名服务器地址，主机可以使用此信息来配置 IPv6 DNS。

基于 DHCPv6 的配置具体如下。

启用 DHCPv6：在路由器的 IPv6 配置界面，启用 DHCPv6 服务。DHCPv6 将负责为连接路由器的主机提供 IPv6 地址及其他网络配置信息。

配置 IPv6 地址分配范围：为连接路由器的局域网接口配置 IPv6 地址池，定义可用的 IPv6 地址范围供 DHCPv6 服务器分配给主机。

指定默认网关：通过 DHCPv6 配置指定默认网关地址，这将告诉主机如何访问 IPv6 互联网。

分配其他网络配置：使用 DHCPv6 服务器配置主机的其他网络参数，如 DNS 地址、网络时间协议（Network Time Protocol，NTP）服务器地址等。

在基于 DHCPv6 的配置中，主机将通过 DHCPv6 请求获取 IPv6 地址和其他网络配置信息，而不是使用 SLAAC 自动生成地址。此配置方式更适用于集中管理和分配 IPv6 地址及其他网络参数的场景。

需要注意的是，在实际配置中，也可以将 SLAAC 和 DHCPv6 结合起来使用，以同时满足 IPv6 地址自动配置和其他网络配置的需求。

③ 隧道连接：如果网络连接 IPv4 网络，并且需要通过 IPv6 隧道访问 IPv6 互联网，可选择隧道连接选项。输入 IPv6 隧道的详细参数，如隧道协议类型、远程 IPv6 地址等。

（5）配置域名服务器：为了让网络能够解析 IPv6 域名，可静态配置适当的 IPv6 域名服务器。典型的 IPv6 域名服务器包括 IPv6 地址 2001:4860:4860::8888 和 2001:4860:4860::8844，这是 Google 的公共 IPv6 域名服务器。

（6）保存配置：保存 IPv6 配置并重新启动路由器，以便使配置生效。

（7）测试连接：完成 IPv6 配置后，使用网络工具（如 ping6 命令）来测试 IPv6 连接。通过发送 ping 请求到 IPv6 地址，验证路由器是否可以与 IPv6 网络通信。

需要注意的是，路由器的 IPv6 配置流程可能因路由器型号和品牌而有所不同。如果有特定的路由器，请参考其官方文档或指南，以接受详细的配置指导。

📖 小阅读

中国 IPv6 发展时间线与重要里程碑

1. 2017 年：开启规模化部署 IPv6 进程

2017 年 11 月，中共中央办公厅、国务院办公厅印发《推进互联网协议第六版（IPv6）规模部署行动计划》，我国在未来将建成全球最大规模的 IPv6 商业应用网络；该计划标志着我国开启了规模化部署 IPv6 的进程；截至 2017 年 12 月，我国拥有 23430 块前缀长度为 32 位（简记为块/32）的 IPv6 地址，年增长 10.6%，域名总数为 3848 万。

2. 2018 年：IPv6 地址数量年增长 75.3%

截至 2018 年 12 月，我国 IPv6 地址数量为 41079（块/32），年增长率为 75.3%

3. 2019 年：IPv6 地址数量跃居全球第一

截至 2019 年 6 月，我国 IPv6 地址数量为 50286（块/32），较 2018 年底增长 14.3%，已跃居全球第一；IPv6 活跃用户数达 1.3 亿。

4. 2020 年：IPv6 活跃用户数占比达 40.01%

截至 2020 年 7 月，我国 IPv6 活跃用户数为 3.62 亿，占比达 40.01%。国内用户量排名前 100 位的商业网站及应用均已支持 IPv6 访问，进步非常显著。

5. 2021 年："流量提升时代"开启

2021 年 7 月，工信部、中央网信办联合印发《IPv6 流量提升三年专项行动计划（2021—2023 年）》；截至 2021 年 9 月底，我国移动通信网络 IPv6 流量占比已经达到 22.87%，提前完成 20% 的阶段性目标，标志着我国 IPv6 发展进入了"流量提升时代"。截至 2021 年 12 月底，我国 IPv6 活跃用户数达 6.08 亿，占网民总数的 60.11%；中国电信、中国移动、中国联通已完成骨干网、城域网和长期演进技术（Long Term Evolution，LTE）网络 IPv6 升级改造，新建 5G 网络全面支持 IPv6，骨干网直连点均实现 IPv6 互联互通；我国移动网络 IPv6 流量占比从 2020 年底的 17.21% 提升至 35.15%，固定网络 IPv6 流量占比从 2020 年底的 4.3% 提升至 9.38%，均实现了同比翻番增长，超额完成预定目标。

6. 2022 年：IPv6 应用百花齐放

2022 年 3 月，中央网信办、国家发展改革委、工信部、教育部、科技部等 12 部门联合印发《IPv6 技术创新和融合应用试点名单》，加快推动 IPv6 关键技术创新、应用创新、服务创新、管理创新持续突破；2022 年 7 月，首届 IPv6 技术应用创新大赛启动，参赛作品既包括智慧城市、智慧政务等公共服务领域，也涵盖电力、矿山、交通、工业制造等领域，以及智能家居、智慧金融、远程医疗、在线教育等民生关切领域；IPv6 应用展现出百花齐放、繁荣发展的景象；2022 年 8 月，我国 IPv6 活跃用户数达 7.137 亿，占网民总数的 67.9%，同比增长 29.5%，超过全球的平均增长水平，整体发展势头良好。

习　题

一、选择题

1. 关于主机 IP 地址，下列说法正确的是（　　）。
   A. IP 地址主机部分可以全 1 也可以全 0
   B. IP 地址网段部分可以全 1 也可以全 0
   C. IP 地址网段部分不可以全 1 也不可以全 0
   D. IP 地址可以全 1 也可以全 0

2. 若两台主机在同一子网中，则两台主机的 IP 地址分别与它们的子网掩码相"与"的结果一定（　　）。
   A. 为全 0　　　　　B. 为全 1　　　　　C. 相同　　　　　D. 不同

3. 用 TCP/IP 的网络传输信息时，如果出了错误需要报告，采用的协议是（　　）。
   A. ICMP　　　　　B. HTTP　　　　　C. TCP　　　　　D. SMTP

4. 关于 ARP 表，以下描述中正确的是（　　）。
   A. 提供常用目的地址的快捷方式来减少网络流量
   B. 用于建立 IP 地址到 MAC 地址的映射
   C. 用于在各个子网之间进行路由选择
   D. 用于进行应用层信息的转换

5. 采用 TCP/IP 数据封装时，以下（　　）端口号范围标识了所有常用应用程序。
   A. 0～255　　　B. 256～1022　　　C. 0～1023　　　D. 1024～2047

6. 以下说法正确的是（　　）。
   A. TCP 不可靠
   B. UDP 面向报文
   C. TCP 只有固定首部
   D. TCP 基于伪首部计算校验和，但 UDP 不是

7. 以下说法错误的是（　　）。
   A. UDP 支持一对一、一对多、多对一、多对多的交互通信
   B. TCP 是无连接的
   C. UDP 不提供拥塞控制
   D. UDP 不提供流量控制

8. TCP 属于 TCP/IP 模型的（　　）。
   A. 传输层　　　　B. 网络接口层　　　C. 网络互联层　　　D. 应用层

9. TCP 报头信息和 UDP 报头信息中都包含下列（　　　）信息。

  A. 定序　　　　　　B. 流量控制　　　　　C. 确认　　　　　　D. 源和目的地址

10. 如果某个光纤网络的链路传输速率为 1000Gbit/s，有一台巨型计算机向一台 PC 以 1Gbit/s 的速率传输文件，需要进行（　　　）。

  A. 差错控制　　　　B. 拥塞控制　　　　　C. 流量控制　　　　D. 死锁控制

11. 下面关于 IPv6 优点的描述中，准确的是（　　　）。

  A. IPv6 允许全局 IP 地址出现重复

  B. IPv6 解决了 IP 地址短缺的问题

  C. IPv6 支持通过卫星链路的互联网连接

  D. IPv6 支持光纤通信

12. 某主机的 IP 地址为 140.252.20.68，子网掩码为 255.255.255.224，计算该主机所在子网的网络地址（采用 CIDR 记法 a.b.c.d/x）是（　　　）。

  A. 140.252.20.64/26　　　　　　　　　B. 140.252.20.64/28

  C. 140.252.20.64/27　　　　　　　　　D. 140.252.20.32/27

13. 某主机的 IP 地址是 180.80.77.55，掩码为 255.255.252.0，若该主机向其所在的网络发送广播分组，则目的地址可能是（　　　）。

  A. 180.80.76.0　　B. 180.80.76.255　　C. 180.80.77.255　　D. 180.80.79.255

14. 某公司申请到一个 C 类 IP 地址，但要连接 6 个子公司，最大的子公司有 26 台计算机，每个子公司在一个网段中，则子网掩码应设为（　　　）。

  A. 255.255.255.0　　　　　　　　　　B. 255.255.255.128

  C. 255.255.255.192　　　　　　　　　D. 255.255.255.224

二、填空题

1. 如果 IP 地址为 202.130.191.33，掩码为 255.255.255.0，那么网络地址是（　　　）。

2. tracert 命令使用网络层的（　　　）协议实现。

3. 滑动窗口协议的确认方式有两种：（　　　）与（　　　）。

4. TCP 报文段中的 ACK 为 1 时表示该报文中的（　　　）字段有效，（　　　）为 1 时表示该报文中的紧急指针字段有效。

5. IPv6 的 IP 地址长度为（　　　）位。

三、简答题

1. 试辨认以下 IP 地址的网络类别。

（1）128.136.19.4　　　（2）20.112.20.117　　（3）183.194.76.253

（4）192.12.69.248　　　（5）89.5.0.21　　　　（6）200.13.116.22

2. 简述 IP 数据报首部中 TTL 的作用。

3. 一个数据报长度为 4000 字节（固定首部长度）。现在经过一个网络传输，但此网络能够传输的最大数据长度为 1500 字节。试问应当划分为几个短些的数据报片？各数据报片的数据字段长度、片偏移字段和 MF 应为何数值？

4. 试说明 IP 地址与硬件地址的区别，为什么要使用这两种不同的地址？

5. 说明 UDP 和 TCP 的主要区别。

6. 信道带宽为 1Gbit/s，端到端时延为 10ms。TCP 的发送窗口为 65535 字节。试问可能达到的最大吞吐量是多少？信道的利用率是多少？

7. 主机 A 向主机 B 连续发送了两个 TCP 报文段，其序号分别为 70 和 100。

（1）第一个报文段携带了多少个字节的数据？

（2）主机 B 收到第一个报文段后发回的确认报文段中的确认号应当是多少？

（3）如果主机 B 收到第二个报文段后发回的确认报文段中的确认号是 180，试问主机 A 发送的第二个报文段中的数据有多少字节？

（4）如果主机 A 发送的第一个报文段丢失了，但第二个报文段到达了主机 B。主机 B 在第二个报文段到达后向主机 A 发送确认。试问这个确认号应为多少？

8. 用 TCP 传输 512 字节的数据。设窗口为 100 字节，而 TCP 报文段每次也传输 100 字节的数据。再设发送方和接收方的起始序号分别为 100 和 200，试画出从连接建立到连接释放的数据传输工作示意图。

第4章 局域网技术

局域网技术将多台计算机和设备连接在一个较小范围内，是实现资源共享和信息交流的关键，涉及不同的控制方法、模型和标准。介质访问控制方法是局域网技术的重要组件，直接关系局域网的数据传输和冲突处理方式，影响着网络的性能和扩展性，并决定网络的实际组网方式。以太网技术是目前最流行的局域网组建技术之一，更是事实上的局域网技术标准。随着局域网技术发展，虚拟局域网与无线局域网出现。其中，虚拟局域网提供了基于物理局域网的逻辑分段技术，促使局域网能被更灵活地管理和安全控制；无线局域网则为局域网的无线构建提供可能，实现随时随地的网络连接与移动设备便捷网络接入，极大扩展了局域网的应用范围，为企业和家庭提供了灵活的组网方案。

4.1 局域网概述

局域网和以太网

局域网技术是计算机网络研究的一个热点领域，也是应用最活跃、发展最快的领域之一。它使得学校、公司、企业、政府部门和住宅小区内的计算机能够相互连接，实现资源共享、信息传递和数据通信。随着信息化进程的加快，对通过局域网进行网络互联的需求也不断增长。因此，有关局域网技术的知识与技能变得越来越实用。

局域网的发展始于 20 世纪 70 年代，当时 PC 逐渐普及，促进了以 PC 资源共享为主要目标的局域网的兴起和发展。一些典型的早期局域网产品，包括美国加州大学欧文分校的 Newhall 环网、英国剑桥大学的剑桥环网以及美国 Xerox 公司推出的实验性以太网。随后，日本京都大学研制成功了以光纤为传输介质的局域网。20 世纪 80 年代以后，随着网络技术、通信技术和微型计算机性能的进一步发展，局域网技术得到了迅速的发展和完善。许多制造商参与局域网的研制和生产，推出了不同类型的局域网技术和产品，比如 3Com 以太网系列产品和 IBM 公司开发的令牌环网。此外，Novell 公司的 NetWare 系列产品提升了局域网的应用性能。国际标准化组织也开始制定局域网相关的标准和协议，随着 IEEE 802.2 局域网标准的颁布，局域网进入了成熟阶段。到了 20 世纪 90 年代，局域网在速率、带宽等方面取得了更大的进展，并在访问、服务、管理、安全和保密等方面得到改善。以太网从 10Mbit/s 发展到 100Mbit/s 快速以太网，甚至发展到千兆以太网和万兆以太网。为了满足互联网上带宽密集应用的需求，IEEE 成立了高速研究组，制定下一代 40Gbit/s 和 100Gbit/s 以太网的标准。目前，业界已经推出了大量的 40Gbit/s 和 100Gbit/s 以太网产品。

4.2 局域网模型与标准

局域网模型是描述局域网体系结构和协议的标准化方法，它规定了不同计算机系统之间进行局域网数据通信和信息交换的基本规则和格式，为局域网的设计、配置和维护提供了依据。局域网 IEEE 802 系列标准是众多局域网协议栈的国际标准之一，它们提供了一套统一的、标准的网络技术规范，使得不同厂商生产的网络设备可以相互兼容、互联互通，是局域网研究和发展的重要支撑，为局域网技术的不断演进和创新提供了平台和基础。

4.2.1 IEEE 802 参考模型

IEEE 802 参考模型与 OSI 参考模型既有一定的对应关系，又存在较大的区别。如图 4-1 所示，局域网涉及 OSI 参考模型的物理层和数据链路层，并将数据链路层分成逻辑链路控制（Logical Link Control，LLC）与 MAC 两个子层。

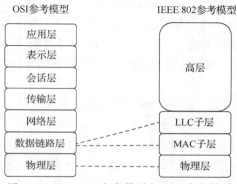

图 4-1　IEEE 802 参考模型与 OSI 参考模型

局域网之所以不提供 OSI 网络层以上的有关层，主要出于两方面的考虑。首先，局域网属于通信网，只涉及与通信有关的功能，所以它至多与 OSI 参考模型中的下 3 层有关。其次，由于局域网基本上采用共享信道技术和第二层交换技术，所以可以不设立单独的网络层。可以这么理解，对不同局域网技术来说，它们的区别主要在于物理层和数据链路层。当这些不同的局域网需要在网络层实现互联时，可以借助现有的网络层协议，如 IP。

从图 4-1 中可以看出，IEEE 802 参考模型的物理层和 OSI 参考模型的物理层功能相当。该层主要涉及局域网物理链路上原始比特流的传输，定义局域网物理层的机械、电气、规程和功能特性，如信号的传输与接收，同步序列的产生和删除，物理连接的建立、维护、撤销等。该层还规定了局域网所使用的信号编码、传输介质、拓扑结构和传输速率。局域网中信号编码基本采用数字编码，如曼彻斯特编码、4B/5B 编码等；局域网中的传输介质可以是双绞线、同轴电缆、光纤或无线传输介质；其拓扑结构可采用总线型、星形、环形，并提供不同的数据传输速率。

那么，局域网为什么要将自己的数据链路层分为 LLC 和 MAC 两个子层呢？前面曾提到，局域网常采用共享媒体环境，共享媒体环境中的多个节点同时发送数据时会产生冲突，如图 4-2 所示。冲突是指由于共享信道上同时有两个或两个以上的节点发送数据而导致信道上的信号波形不同于其中任何一个发送节点原始信号波形的情形。冲突会导致数据传输失效，如图 4-2 所示，因此需要提供解决冲突的 MAC 机制。

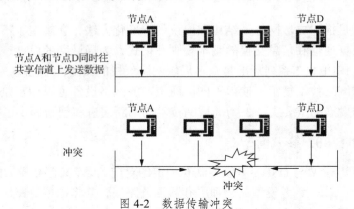

图 4-2　数据传输冲突

　　但是，MAC 机制与物理介质、物理设备和物理拓扑等涉及物理实现的内容直接有关，也就是说，不同的局域网技术在 MAC 上有明显的差异。而这种差异是与计算机网络分层模型所要求的下层为上层提供服务，但必须屏蔽服务实现细节（即服务的透明性）是相违背的。为此，IEEE 802 标准的制定者考虑将局域网的数据链路层一分为二，即分为 MAC 子层和 LLC 子层。

　　MAC 子层负责 MAC 机制的实现，即处理局域网中各节点对共享通信介质的争用问题，不同类型的局域网通常使用不同的 MAC 协议，同时 MAC 子层负责局域网中的物理寻址。LLC 子层负责屏蔽 MAC 子层的不同实现，将其变成统一的 LLC 界面，从而向网络层提供一致的服务。LLC 子层向网络层提供的服务通过其与网络层之间的逻辑接口实现，这些逻辑接口又被称为服务访问点（Service Access Point，SAP）。

　　需要注意的是，局域网的数据链路层被分成 LLC 和 MAC 两个子层后，这两个子层都要参与数据的封装和拆封过程，它们要共同完成类似于 OSI 参考模型中的数据链路层功能，而不是只由其中某一个子层来完成数据链路层帧的封装及拆封。在发送端，网络层发下来的数据分组在 LLC 子层首先加上一些 LLC 子层的控制信息后封装成 LLC 帧，然后交给 MAC 子层并加上 MAC 子层相关的控制信息后再封装成 MAC 帧，最后由 MAC 子层交给局域网的物理层来完成物理传输；在接收端，则首先将物理原始比特流还原成 MAC 帧，在 MAC 子层完成帧检测和拆封后成为 LLC 帧交给 LLC 子层，LLC 子层在完成相应的帧校验和拆封工作后将其还原成网络层的分组上交给网络层实体。

　　采用上述局域网体系结构至少具有两方面的优越性：一是使得 IEEE 802 标准具有更好的可扩展性，能够非常方便地接纳将来新出现的 MAC 方法和局域网技术；二是局域网技术的任何发展与变革都不会影响网络层。

4.2.2　IEEE 802 标准

IEEE 802 标准随着局域网的发展不断地更新与完善，IEEE 802 诞生至今已包含 40 多项标准，具体如下。

　　（1）IEEE 802.1（局域网桥和虚拟局域网）：定义了局域网桥和虚拟局域网（Virtual Local Area Network，VLAN）技术。IEEE 802.1Q 定义了 VLAN 的标记协议，允许将单个物理网络划分为多个逻辑网络。

（2）IEEE 802.2（LLC）：定义了 LLC 协议，用于在数据链路层提供可靠的数据传输，主要应用于 IEEE 802.3 以太网。

（3）IEEE 802.3（以太网）：是最常见的有线局域网标准之一，定义了以太网的物理层和数据链路层协议，规定了以太网的信号传输方式、数据格式、介质访问控制等。

（4）IEEE 802.4（令牌总线）：定义了令牌总线网络的物理层和数据链路层协议，用于在总线拓扑结构中协调节点之间的数据传输。

（5）IEEE 802.5（令牌环网）：定义了令牌环网的物理层和数据链路层协议，其中令牌在环上顺序传递，控制节点之间的数据传输。

（6）IEEE 802.6（分布式多基准时钟网络）：定义了分布式多基准时钟网络的协议，用于同步多个节点上的时钟，以支持精确的时间同步。

（7）IEEE 802.7（宽带局域网）：定义了宽带局域网的物理层和数据链路层协议，用于提供高速宽带数据传输。

（8）IEEE 802.8（光纤分布式数据接口）：定义了光纤分布式数据接口的物理层和数据链路层协议，支持高速光纤通信。

（9）IEEE 802.9（实时媒体控制）：定义了实时媒体控制的物理层和数据链路层协议，用于支持实时多媒体数据传输。

（10）IEEE 802.10（安全性）：定义了局域网的安全性协议，包括数据加密、访问控制和身份验证等安全机制。

（11）IEEE 802.11（无线局域网）：是最常见的无线局域网标准之一，定义了无线局域网的物理层和数据链路层协议，规定了 Wi-Fi 技术的无线信道访问、数据信息帧格式和安全性等。

（12）IEEE 802.15（无线个人区域网）：定义了用于短距离通信的无线个人区域网技术，包括蓝牙和 ZigBee 等。

（13）IEEE 802.16（无线城域网）：也称为威迈（World Interoperability for Microwave Access，WiMAX），定义了用于长距离、高速数据传输的无线城域网技术，可支持大范围的无线接入。

以上是 IEEE 802 标准的全部描述。这些标准覆盖了各种有线和无线局域网技术，为不同类型的网络提供了统一的规范和指导。

4.3 局域网的组成

局域网是一种较小范围的计算机网络，用于办公室、学校、家庭等局部区域内的计算机和设备之间的数据通信，由以下几个部分组成。

（1）主机/终端设备：主机/终端设备是局域网中的核心部分。它们可以是计算机、服务器、打印机、扫描仪、传真机、交换机、路由器、网络摄像机等。这些设备通过局域网进行通信和资源共享，在局域网内部具有唯一的 IP 地址。

（2）网络设备：网络设备起着连接和管理局域网内主机/终端设备的作用。常见的网络设备包括路由器、交换机、集线器、网关等。路由器负责将数据包从局域网转发到其他网络，并在不同网络之间进行数据的路由。交换机用于在局域网内直接连接多个设备，提供高带宽的数据交换。集线器可以将多个设备连接到局域网，但它们通常只能进行广播传输，性能较低。网关连接局域网和外部网络，用于实现不同网络之间的通信。

（3）网络协议：局域网中的数据通信需要依靠一种或多种网络协议进行管理和规范。常见的局域网协议包括以太网协议、Wi-Fi 协议（IEEE 802.11）等。以太网协议是最常用的有线局域网协议之一，定义了数据在局域网上的传输方式和格式。Wi-Fi 协议则是无线局域网的标准，定义了无线设备之间的通信规则。

（4）网络服务：局域网可以提供各种网络服务，以便用户共享和访问资源。常见的网络服务包括文件共享、打印共享、数据库共享和应用程序共享等。文件共享服务允许用户在局域网内共享文件和文件夹，使其方便地在不同设备之间传输和共享数据。打印共享服务可以使多个设备共享一台打印机或其他输出设备，提高办公效率。数据库共享服务可以让多个设备共同访问和编辑同一个数据库，促进企业内部信息的共享和协作。应用程序共享服务允许用户在不同设备上同时访问和使用同一个应用程序。

（5）安全机制：为了保障局域网中的数据和设备安全，需要采取一些安全机制。常见的安全机制包括防火墙、访问控制列表（Access Control List，ACL）、虚拟专用网络（Virtual Private Network，VPN）、数据加密等。防火墙可以监控和过滤进出局域网的数据流量，阻止未经授权的访问和恶意攻击。ACL 可以限制特定主机或用户对网络资源的访问权限。VPN 提供安全的远程访问机制，使得用户可以在外部网络安全地访问局域网资源。数据加密则可以对敏感数据进行加密，保护数据的机密性。

局域网各组成部分相互配合，构成高效、安全和可靠的局域网环境，满足用户在局域网内的数据通信和资源共享需求。

局域网主要的功能是提供资源共享和相互通信，它可提供以下几项主要服务。

（1）资源共享，包括硬件资源共享、软件资源共享及数据库共享。在局域网上各用户可以共享昂贵的硬件资源，如大型外部存储器、绘图仪、激光打印机、图文扫描仪等特殊外部设备。用户可共享网络上的系统软件和应用软件，避免重复投资及重复劳动。网络技术可使大量分散的数据能被迅速集中、分析和处理，分散在网络内的计算机用户可以共享网络内的大型数据库而不必重复设计这些数据库。

（2）数据传输。数据和文件的传输是网络的重要功能，现代局域网不仅能传输文件、数据信息，还可以传输声音、图像。

（3）提高计算机系统的可靠性。局域网中的计算机可以互为后备，避免了单机系统无后备时可能出现的因故障导致系统瘫痪的问题，大大提高了系统的可靠性。

（4）易于分布处理。利用网络技术将多台计算机连成具有高性能的计算机系统，通过一定的算法，将较大型的综合性问题分给不同的计算机去处理。在网络上可建立分布式数据库系统，使整个计算机系统的性能大大提高。

局域网有许多不同的分类方法，如按拓扑结构分类、按传输介质分类、按介质访问控制方法分类等。

（1）按拓扑结构分类。按不同的拓扑结构组建的局域网称作星形网络、总线型网络、网状网络等。

（2）按传输介质分类。局域网使用的主要传输介质有双绞线、细同轴电缆、光纤等。按连接用户终端的介质可分为双绞线网、细缆网等。

（3）按介质访问控制方法分类。介质访问控制方法提供传输介质上网络数据传输控制机制。按不同的介质访问控制方法可分为以太网、令牌环网等。

（4）按网络使用的技术分类。可分为以太网、ATM 网、快速以太网、FDDI 网等。

（5）按网络规模分类。根据局域网连接计算机的数量、覆盖范围等因素，可以分为小型局域网（如网吧、计算机房等）、中型局域网（如行政办公单位的网络）、大型局域网（如大型企业的网络）。

4.4 介质访问控制方法

所谓介质访问控制方法，是指网络中各节点之间的信息通过介质传输时如何控制、如何合理完成对传输信道的分配、如何避免冲突同时使网络有较高的工作效率及可靠性等。

局域网的介质访问控制方法从控制方式来看，可分为集中式控制和分布式控制两大类。集中式控制是指网络中有一个单独的集中控制器或有一个具有控制整个网络功能的节点，由它控制各节点的通信。分布式控制则指网络中没有专门的集中控制器，也没有控制整个网络的节点，网络中所有节点都处于同等地位。

随着网络技术的发展，目前的网络基本都采用分布式控制。分布式控制中常见的有带冲突检测的载波监听多路访问（Carrier Sense Multiple Access with Collision Detection，CSMA/CD）法、令牌传递（Token Passing）访问控制法（简称令牌法）、时隙（Time Slot）控制法和寄存器延迟插入法（Buffer Insertion）等，其中前两种是较常见的介质访问控制方法。

1. CSMA/CD 法

CSMA/CD 起源于夏威夷大学的 ALOHA 广播网。1970 年 Xerox 公司研制的实验性以太网使用了 CSMA/CD 法并申请了专利。第二个以太网由 DFC、Intel、Xerox 这 3 家公司共同研制，迅速成为商用产品并得到大规模应用。CSMA/CD 法主要用于总线型和星形拓扑结构，通常为基带传输系统，信息传输以"数据包"为单位。

CSMA/CD 法与人际间通话方式相似。工作过程分为下面几步。

（1）载波监听：想发送信息包的节点要确保现在没有其他节点在使用共享介质，所以该节点首先要监听信道上的动静（即先听再讲）。

（2）如果信道在一定时间段内寂静无声，即为帧间缝隙（Inter Frame Gap，IFG），该站就开始传输（无声则讲）。

（3）如果信道一直忙，就继续监听信道，直到出现一定值的 IFG 时段时，该节点才开始发送它的数据（一等到有空就讲）。

（4）冲突检测：如果两个站或更多的站都在监听和等待发送，然后在信道空闲时同时决定立即开始发送数据，此时就会发生碰撞。这一事件会导致冲突并使双方信息包都受到损坏。因此在传输过程中不断地监听信道，以检测碰撞冲突（边谈边听）。

（5）如果一个节点检测出碰撞冲突，则立即停止此次传输，并向信道发出一个"拥挤"信号，以确保其他节点也发现该冲突，从而摒弃可能一直在接收的受损信息包（一次只能一人讲）。

（6）多路存取：在等待一段时间（称为后退）后，想发送的站试图进行新的发送。一种特殊的随机后退算法决定不同的站在试图再次发送数据前要等待一段时间（即延迟时间）。

（7）序列回到第（1）步。

CSMA/CD 法原理简单，技术上易实现，网络中各工作站处于同等地位，但其不能提供优先级控制，无法满足远程控制所需的确定时延和绝对可靠性的要求。其效率较高，但当负载大时发送信息等待时间较长。目前出现了不少 CSMA/CD 法的改进版，如带优先权的 CSMA/CD 法，带回答包的 CSMA/CD 法，避免冲突的 CSMA/CD 法等。

CSMA/CD 是目前局域网用得最多的一种方法。

2．令牌法

令牌法又称为许可证法，用于环形结构局域网的令牌法称为令牌环（Token Ring）访问控制法，用于总线型结构局域网的令牌法称为令牌总线（Token Bus）访问控制法。

令牌法的基本思想：一个独特的称为令牌的标志信息（一位或多位二进制数字组成的码）从一个节点发送到另一节点，只有获得令牌的节点才有权发送信息包。例如，令牌是一个字节的二进制数"11111111"（令牌有"忙""空"两个状态，"11111111"为空令牌状态），设该令牌沿环形结构局域网依次向每个节点传递。当一个工作站准备发送报文时，首先要等待令牌到来，当检测到一个经过它的令牌为空令牌"11111111"时，即可以"帧"为单位发送信息，并将令牌置为"忙"（如将00000000标志附在信息尾部）向下一站发送。下一站用按位转发的方式转发经过本站但又不属于由本站接收的信息。由于环形结构局域网中已无空闲令牌，因此其他希望发送的工作站必须等待。每一站随时检测经过本站的信号，当查到信包指定的目的地址与本站地址相同时，则一面复制全部有关信息，一面继续转发该信息包，环形结构局域网上的帧信息绕"环"一周，由原发送点予以收回。按这种方式工作，发送权一直在源站点控制之下，只有发送信息包的源站点放弃发送权，把令牌（Token）置"空"后，其他站点得到令牌才有机会发送自己的信息。

令牌环是美国 IBM 公司 20 世纪 80 年代推出的局域网产品，已发展为 IEEE 802.5 局域网标准。令牌环的网络拓扑为环形基带传输。环形结构局域网的主要特点是只有一条环路，信息单向沿环流动，无路径选择问题，令牌是显式地（但无寻址信息）传输到环上的每一节点。环路是一个由有源部件构成的信道，环中每一个节点都具有放大整形作用。令牌环负载能力强，对信道的访问控制技术比较简单。

令牌总线是 1976 年美国 Data Point 公司研制成功的 ARCNET 网络使用的方法，它综合了令牌传递和总线型结构网络的优点，在物理总线型结构中采用显式令牌（即含有特定节点的地址）实现令牌法，从而在总线布局中产生节点的排序，这种节点的排序称为逻辑环。

由于以太网的迅速普及，目前使用令牌法的网络已经很少了。

4.5 以太网技术

以太网是美国施乐（Xerox）公司的帕洛阿尔托研究中心（Palo Alto Research Center，PARC）于 1975 年研制成功的。那时，以太网是一种基带总线局域网，当时的传输速率为 2.94 Mbit/s。以太网用无源电缆作为总线来传输数据信息帧，并以曾经在历史上表示传播电磁波的以太（Ether）来命名。1976 年 7 月，鲍勃·梅特卡夫（Bab Metcalfe）和大卫·博格斯（Darid Boggs）发表以太网里程碑论文 "Ethernet: distributed packet switching for local computer networks"。1980 年 9 月，DEC 公司、英特尔公司和施乐公司联合提出了 10 Mbit/s

以太网规约的第一个版本，即 DIX V1（DIX 是这 3 个公司名称的首字母缩写）。1982 年又修改为第二版规约（实际上就是最后的版本），即 DIX V2，作为世界上第一个局域网产品的规约。

在此基础上，IEEE 802 委员会的 802.3 工作组于 1983 年制定了第一个 IEEE 的以太网标准 IEEE 802.3，传输速率为 10 Mbit/s。802.3 局域网对以太网标准中的帧格式做了很小的改动，但允许基于这两种标准的硬件实现可以在同一个局域网上互操作。以太网的两个标准 DIX V2 与 IEEE 802.3 标准只有很小的差别，因此很多人常把 802.3 局域网简称为"以太网"。

随着技术的发展，以太网标准系列已扩展成很多个，其中几个主要的标准如表 4-1 所示。

表 4-1 主要的以太网标准

以太网方案	802.3 标准	传输介质
10Base-5（DIX）	802.3	粗同轴电缆
10Base-2	802.3a	细同轴电缆
10Base-T	802.3i	双绞线
10Base-F	802.3j	光纤
100Base-T	802.3u	双绞线
全双工以太网	802.3x	双绞线、光纤
1000Base-X	802.3z	短屏蔽双绞线、光纤
1000Base-T	802.3ab	双绞线
10GBase -SR	802.3ae	多模光纤
10GBase -LR		单模光纤
10GBase-ER		单模光纤
10GBase-CX4	802.3ak	4 对双芯同轴电缆
10GBase-T	802.3an	4 对 6A 类非屏蔽双绞线
40GBase-KR4	802.3ba	铜缆
40GBase-CR4		多模光纤
40GBase-SR4		单模光纤
40GBase-LR4		铜缆
100GBase-CR10		多模光纤
100GBase-SR10		单模光纤
100GBase-LR4		单模光纤
100GBase-ER4	802.3ba-2018	铜缆

（1）早期以太网

以太网的早期传输介质方式为同轴电缆方式。分为细缆方式的 10Base-2 和粗缆方式的 10Base-5，这里的 10 代表 10Mbit/s，Base 代表基带传输方式，2 和 5 代表每段长度最大分别为 200m 和 500m。这两种方式都采用总线型结构，细缆网络最多可以有 30 个站点，最大电缆长度为 200m；粗缆网络最多可以有 100 个站点，最大电缆长度为 500m。

双绞线以太网 10Base-T 中的 T 表示双绞线。物理上这种网络以集线器为网络中心，采用星形结构，逻辑上也是总线型结构，采用 CSMA/CD 法。

由于双绞线网络易于安装、价格低廉、可靠性好、容易进行故障隔离和修复，很快得到了广泛的应用。

（2）快速以太网

快速以太网是在 10Base-T 和 10Base-FL 技术基础上发展起来的具有 100Mbit/s 传输速率的以太网。快速以太网的媒体和媒体布局向下兼容 10Base-T 和 10Base-FL，其差别在于传输速率相差 10 倍，帧结构和媒体访问控制方式完全按照 IEEE 802.3 的基本标准。快速以太网技术与产品推出后，迅速获得广泛应用。

快速以太网共有 4 种不同的连接方式，用以满足不同的布线环境。

100Base-TX 继承了 10Base-T 使用 5 类非屏蔽双绞线的环境，在布线不变的情况下，直接将 10Base-T 的设备换成 100Base-TX 的设备即可构成 100Mbit/s 的以太网系统。100Base-TX 的最大电缆长度为 100m，这种连接方式是最常用的一种。

现在的快速以太网已开始大量使用超 5 类双绞线作为传输介质，6 类线也已普及。

100Base-FX 继承了 10Base-FL 的多模光纤环境，在布线不变的情况下，可直接升级为 100Mbit/s 的以太网系统。

对于原来使用 3 类双绞线的布线环境，要升级为 100Mbit/s 的以太网系统，就需要使用 100Base-T4 和 100Base-T2，其中 100Base-T4 使用的是 4 对双绞线。这两种方式都采用特殊的编码方式进行信息传输，目前已很少见。快速以太网中用得最广泛的是 100Base-TX 和 100Base-FX。

为了与原来 10Base-T 系统共存并使 10Base-T 系统平滑地过渡到快速以太网的环境中，快速以太网不仅继承了原有的以太网技术，还定义了网卡和集线器端口传输速率的自动协商功能，使得网络中 10Mbit/s 与 100Mbit/s 设备共存时系统具有 10/100Mbit/s 自适应功能。

当网络集线器使用具有自适应功能的 100Base-TX 设备时，如果原有的网卡为 10Mbit/s，则双方最后协商的结果是在网卡和集线器的相应端口上均采用 10Base-T 的工作模式。如果网卡为 100Mbit/s，则双方最后协商的结果是在网卡和集线器的相应端口上均采用 100Base-TX 的工作模式。

当网络集线器没有升级，仍然使用 10Base-T 设备时，如果网卡具有 10/100Mbit/s 自适应功能，则双方最后协商的结果是在网卡和集线器的相应端口上均采用 10Base-T 的工作模式。如果网卡为 10Mbit/s，而集线器为不具有自适应功能的 100Mbit/s 设备，或者集线器为 10Mbit/s，网卡为不具有自适应功能的 100Mbit/s 设备，则网络都不能正常工作。在 100Base-TX 快速以太网中使用 3 类双绞线，系统也不能正常工作。

（3）吉比特以太网

吉比特以太网也称为千兆以太网（Gigabit Ethernet）。早在 1996 年，市场上就出现了千兆以太网产品。IEEE 802 委员会于 1997 年通过了千兆以太网的标准 IEEE 802.3z，该标准于 1998 年成为正式标准。近几年来，千兆以太网已迅速占领市场，成为以太网的主流产品。

IEEE 802.3z 千兆以太网的主要特点如下。

- 传输速率为 1000Mbit/s（1Gbit/s）。
- 使用 IEEE 802.3 的帧格式（与 10Mbit/s 和 100Mbit/s 以太网相同）。
- 支持半双工方式（使用 CSMA/CD 协议）和全双工方式（不使用 CAMA/CD 协议）。
- 兼容 10Base-T 和 100Base-T 技术。

当千兆以太网工作在半双工方式下时，需要使用 CSMA/CD 协议，而当千兆以太网工作在全双工方式下时，不使用 CSMA/CD 协议。吉比特以太网典型拓扑结构如图 4-3 所示。

注意

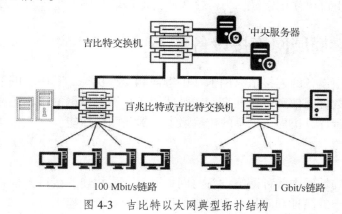

图 4-3　吉比特以太网典型拓扑结构

（4）10 吉比特以太网

在 IEEE 802.3z 千兆以太网标准通过后不久，IEEE 在 1999 年成立了高速研究组（High Speed Study Group，HSSG），其任务是研究传输速率为 10Gbit/s 的以太网。2002 年 6 月，IEEE 802.3ae 委员会通过 10 吉比特以太网（10 Gigabit Ethernet，10GE）的正式标准。10GE 又称为万兆以太网，它并不是将千兆以太网的传输速率简单地提高了 10 倍。10GE 的目标是将以太网从局域网范围（校园网或企业网）扩展到城域网与广域网，成为城域网和广域网主干网的主流技术之一。

IEEE 802.3ae 万兆以太网的主要特点如下。

- 传输速率为 10Gbit/s。
- 使用 IEEE 802.3 的帧格式（与 10Mbit/s、100Mbit/s 和 1Gbit/s 以太网相同）。
- 保留 IEEE 802.3 标准对以太网最小帧长和最大帧长的规定。这是为了使用户升级以太网时，仍能与较低传输速率的以太网方便地通信。
- 只工作在全双工方式下而不存在争用媒体的问题，因此不需要使用 CSMA/CD 协议，这样传输距离就不再受冲突检测的限制。
- 增加了支持城域网和广域网的物理层标准。

万兆以太网交换机常作为千兆以太网的汇聚层交换机，与千兆以太网交换机相连，还可以连接对传输速率要求极高的视频服务器、文件服务器等设备。

（5）40/100 吉比特以太网

2010 年，IEEE 发布了 40/100 吉比特以太网（40/100 Gigabit Ethernet，40/100GE）的 IEEE 802.3ba 标准，40/100GE 也称为四/十万兆以太网。为了使以太网能够更高效、更经济地满足局域网、城域网和广域网的不同应用需求，IEEE 802.3ba 标准定义了两种传输速率类型：40Gbit/s（主要用于计算应用）和 100Gbit/s（主要用于汇聚应用）。

IEEE 802.3ba 标准只工作在全双工方式下（不使用 CSMA/CD 协议），但仍使用 IEEE 802.3 的帧格式并遵守其最小帧长和最大帧长的规定。

IEEE 802.3ba 标准定义的两种传输速率类型可选择的传输介质，如表 4-1 所示，这里就不一一介绍。需要指出的是，100GE 在使用单模光纤作为传输介质时，最大传输距离可为 40km 以上，但这需要通过波分复用技术使 4 个波长复用一根光纤，每个波长的有效传输速率为 25Gbit/s，4 个波长的总传输速率就可达到 100Gbit/s。40/100GE 除使用光纤作为传输介质，也可以使用铜缆作为传输介质，但传输距离很短，不超过 1m 或 7m。

4.6 局域网连接设备

局域网中设备的连接依靠网卡、中继器和交换机等。其中，网卡用于使计算机连接局域网，实现数据通信和资源共享；中继器用于扩展局域网的传输距离和增强信号强度；交换机则为多台计算机提供独享的传输通道，提高网络性能。

4.6.1 网卡

网卡是局域网中各种网络设备与网络通信介质相连的接口，全名是 NIC，也称为网络适配器。网卡的品种和质量会直接影响局域网的运行性能。

网卡作为一种输入输出（Input Output，I/O）接口卡，插在主机板的扩展槽上。网卡的基本结构包括数据缓存及帧的封装与拆封部件、MAC 子层协议控制电路、编码与解码器、收发电路、介质接口装置等几大部分，如图 4-4 所示。

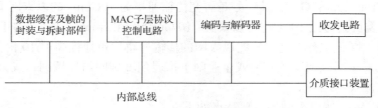

图 4-4　网卡的基本结构

网卡主要实现数据的发送与接收、帧的封装与拆封、编码与解码、数据缓存和 MAC 等功能。因为网卡的功能涵盖 OSI 参考模型的物理层与数据链路层，所以通常将其归为数据链路层的组件。

网卡的分类方法有多种，如按照网络技术、数据传输速率、所支持的传输介质或配置方式等来进行分类。

按照网络技术的不同，网卡可分为以太网卡和无线网卡，分别支持以太网和 IEEE 802.11 无线局域网组网。

由于以太网经历了传统以太网、快速以太网、吉比特以太网到 10 吉比特以太网的发展演变，相应出现过 10 Mbit/s、100 Mbit/s、1000Mbit/s 和 10Gbit/s 等多种传输速率的以太网卡，目前用于桌面环境的以千兆网卡为主流，而服务器会根据需要采用千兆或万兆网卡。同样由于无线局域网也经历了相应的数据传输速率提升过程，因此，支持 IEEE 802.11 系列中不同标准的无线网卡在数据传输速率上也相应有所差异。

按照所支持的传输介质，网卡可分为双绞线网卡、光纤网卡和无线网卡。当网卡所支持的传输介质不同时，其对应的接口也不同。连接双绞线的网卡带有 RJ-45 接口，连接光纤的网卡带有光纤接口，无线网卡则需要有用于无线发送与接收的天线。某些网卡会同时带有多种接口，如同时具备 RJ-45 接口和光纤接口。目前，市场上还有带通用串行总线

（Universal Serial Bus，USB）接口的网卡，这种网卡可以用于具备 USB 标准接口的各类计算机。

按照配置方式，网卡可分为外置网卡与内置网卡两大类，通常在 PC 和笔记本电脑上采用内置网卡，在作为服务器使用的计算机上则倾向于采用外置网卡。

图 4-5 给出了一些外置网卡示例。其中，无线网卡上的天线用于和无线接入设备交换信号。

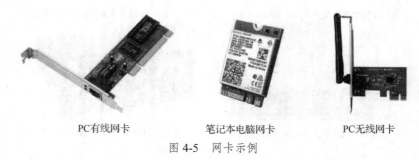

PC有线网卡　　　笔记本电脑网卡　　　PC无线网卡

图 4-5　网卡示例

4.6.2　中继器

中继器（Repeater）是一种用于延长信号传输距离的网络设备。它的主要功能是接收来自发送端的信号，将其经过放大和整形后，再将信号重新传输到接收端，以延长信号传输的有效距离。

中继器工作在物理层，它通过在信号路径上放置一系列的中继器来扩展网络的覆盖范围。中继器接收到的信号会被放大，消除信号在传输过程中的衰减，并通过整形信号的波形，使其保持在正常的电压和时序范围内，以确保正确地传输。它的工作原理很简单，基本上是一个放大器。当信号在传输过程中衰减到一定程度的时候，中继器将其接收并重新放大，然后再次发送，这样信号传输的有效距离就得以延长。中继器可以接收多个输入信号，并将它们放大和整形后合并在一起，然后统一地传输到输出端。图 4-6 所示为一些中继器示例。

图 4-6　中继器示例

需要注意的是，中继器只是简单地放大信号，而不会对信号进行任何处理或分析。它在网络中的作用主要是延长信号传输的距离，使得信号能够覆盖更长的距离。然而，由于信号经过多次中继之后可能会产生噪声或时延，所以在大型和复杂的网络中，通常会使用其他更先进的设备来代替中继器，如交换机和路由器。

4.6.3　交换机

交换机（Switch）也是工作在数据链路层的网络互联设备。交换机的种类很多，如以太网交换机、SDH 交换机、帧中继交换机、ATM 交换机等。图 4-7 给出了交换机示例。

（a）TP-LINK 24 口全千兆交换机 TL-SG1024DT

（b）H3C 24 口千兆交换机 Mini S24G-U

（c）Cisco 万兆交换机 N9K-C9364D-GX2A

（d）华为企业级交换机 CE9860-4C-EI-A

图 4-7　交换机示例

以太网交换机由网桥发展而来，是一种多端口的网桥，它通过在其内部配备大容量的交换背板来实现高速数据交换。一般的网桥端口数很少（2～4 个），而交换机通常具有较高的端口密度。交换机的每个端口都可以连入一个网段，也可以直接连入主机。与网桥类似，交换机内部也保存了一张关于"端口号-MAC 地址映射"关系的地址表，也称交换表（Switching Table）。当交换机收到一个帧时，将首先提取帧首部的目的 MAC 地址。若为单播地址，则由交换机控制部件根据交换表查找目的 MAC 地址对应的输出端口号，若输出端口与输入端口相同，则忽略该帧，也就是不做转发。若输出端口与输入端口不相同，则依托交换背板在输入端口和输出端口之间建立一条物理连接，并通过该连接将帧从输入端口转发至输出端口，然后发送出去，数据传输完毕后撤销连接。当所接收的单播帧中的目的地址不在地址表中或所接收的为广播帧时，交换机会以洪泛方式向除接收端口之外的所有其他端口转发此帧。

交换机同时收到多个数据信息帧，但当它们的输出端口不同时，交换机会在交换背板上建立多条连接，在这些连接上同时转发各自的帧，从而实现数据的并发传输。因此，交换机是并行工作的，可以同时支持多个信源和信宿端口之间的通信，从而大大提高数据转发的传输速率。以太网交换机一般具有多种传输速率的接口，如 10Mbit/s、100Mbit/s、1Gbit/s 甚至 10Gbit/s 的接口，以及多传输速率自适应接口。

此外，当交换机的接口直接与计算机或交换机连接时，可以工作在全双工方式下，并能在自身内部同时连通多对接口，使每一对相互通信的计算机都能像独占传输介质那样，无冲突地传输数据，这样就不需要使用 CSMA/CD 协议了；而当交换机的接口连接共享网络通信介质的集线器时，就只能使用 CSMA/CD 协议并只能工作在半双工方式下。

4.7　VLAN

VLAN 技术可以将不同物理位置的设备在逻辑上划分成同一个局域网，能解除物理局域网的局限性，实现网络资源的灵活管理和安全控制。

4.7.1　VLAN 技术的产生

随着以太网技术的普及，以太网的规模越来越大，从小型的办公网络到大型的园区网络，网络管理变得越来越复杂。首先，在采用共享媒体的以太网中，所有节点位于同一冲突域中，同时也位于同一广播域中，即一个节点对网络中某些节点的广播会被网络中所有的节点接收，造成很大的带宽资源和主机处理能力的浪费。为了解决传统以太网的冲突域问题，我们采用交换机来对网段进行逻辑划分。但是，交换机虽然能解决冲突域问题，却不能解决广播域问题。例如，一个 ARP 广播会被交换机转发到与其相连的所有网段中。当网络上有大量这样的广播时，不仅是对带宽的浪费，还会因过量的广播产生"广播风暴"，当交换网规模增加时，网络"广播风暴"问题还会变得更加严重，并可能因此导致网络瘫痪。其次，在传统的以太网中，同一个物理网段中的节点就是一个逻辑工作组，不同物理网段中的节点是不能直接相互通信的。这样，当用户由于某种原因在网络中移动但同时还要继续保留原来的逻辑工作组时，就必然会进行新的网络连接乃至重新布线。例如，假设某学校的学生宿舍楼 A 和宿舍楼 B 位于两个不同的网段中，当某学生因为宿舍调整从宿舍楼 A 搬至宿舍楼 B，而同时他希望继续与宿舍楼 A 中的同班同学在同一逻辑工作组时，校园网的网络管理员就必须为其重新提供一条到宿舍楼 A 的物理连接。显然，这不仅增加了网络管理的工作量，还给用户带来极大的不便。那么是否存在一种跨越物理位置划分逻辑工作组的方法来解决这个问题呢？

为了解决上述问题，VLAN 应运而生。VLAN 以局域网交换机为基础，可以由一个交换机或者跨交换机实现，通过交换机软件将设备或用户根据功能、部门、应用等因素组成虚拟工作组或逻辑网段，其逻辑网无须考虑用户或设备在网络中的物理位置。

4.7.2　VLAN 的特征

网络管理员可对局域网中的各交换机进行配置来建立多个逻辑上独立的 VLAN。连接在同一交换机上的多个站点可以属于不同的 VLAN，而属于同一 VLAN 的多个站点可以连接在不同的交换机上。注意，VLAN 并不是一种新型网络，它只是局域网能够提供给用户的一种服务。

图 4-8 给出 VLAN 划分的示例。应用 VLAN 技术可将位于不同物理网段、连在不同交换机端口的节点纳入同一 VLAN。经过这样的划分，位于同一物理网段中的节点之间不一定能直接相互通信，如图 4-8 中的"主机 1-主机 2-主机 3"、"主机 4-主机 5-主机 6"、"主机 7-主机 8-主机 9"；而位于不同物理网段中但属于同一 VLAN 中的节点可以直接相互通信，如"主机 1-主机 4-主机 7"、"主机 2-主机 5-主机 8"、"主机 3-主机 6-主机 9"。

采用 VLAN 后，在不增加设备投资的前提下，可在许多方面提高网络的性能，并简化网络的管理。具体表现在以下几方面。

（1）提供了一种控制网络广播的方法。基于交换机组成网络的优势在于可提供低时延、高吞吐量的传输性能，但其会将广播包发送给所有互联的交换机、所有交换机端口、干线连接及用户，从而引起网络中广播流量增加，甚至产生"广播风暴"。通过将交换机划分到不同的 VLAN 中，一个 VLAN 的广播不会影响其他 VLAN 的性能。即使是同一交换机上的两个相邻端口，只要它们不在同一 VLAN 中，它们就不会相互渗透广播流量。这种配置方式大大减少了广播流量，提高了用户的可用带宽，弥补了网络易受"广播风暴"影响的弱点。同时它也是一种比传统采用路由器在共享集线器间进行网络广播阻隔更灵活、有效的方法。

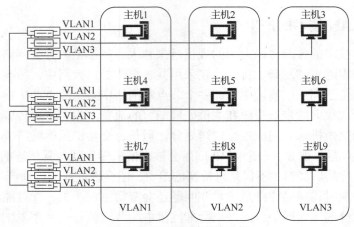

图 4-8　VLAN 划分的示例

（2）提高了网络的安全性。VLAN 的数目及每个 VLAN 中的用户和主机数是由网络管理员决定的。网络管理员通过将可以相互通信的网络节点放在一个 VLAN 内，或将受限制的应用和资源放在一个安全 VLAN 内，并提供基于应用类型、协议类型、访问权限等不同策略的访问控制表，就可以有效限制广播组或共享域的大小。

（3）简化了网络管理。一方面，可以不受网络用户的物理位置限制而根据用户需求进行网络逻辑划分，如同一项目或部门中的协作者、功能上有交叉的工作组、共享相同网络应用或软件的不同用户群。另一方面，由于 VLAN 可以在单独的交换设备或跨多个交换设备实现，也会大大减少在网络中增加、删除或移动用户时的管理开销。增加用户时，只要将其所连接的交换机端口指定到其所属的 VLAN 即可；删除用户时，只要将其 VLAN 配置撤销或删除即可；移动用户时，只要他们能连接到任何交换机的端口上，则无须重新布线。

（4）提供了基于第二层的通信优先级服务。在最新的以太网技术，如吉比特以太网中，基于与 VLAN 相关的 IEEE 802.1p 标准可以在交换机上为不同的应用提供不同的服务，如传输优先级等。

总之，VLAN 是交换网的"灵魂"，它不仅从逻辑上提供了对网络用户和资源进行有效、灵活、简便管理的手段，同时提供了极高的网络扩展和移动性。需注意的是，尽管 VLAN 具有众多的优越性，但是它并不是一种新型的局域网技术，而是一种基于现有交换机设备的网络管理技术或方法，是提供给用户的一种服务。

4.7.3　VLAN 的划分方法

VLAN 在交换机上的实现方法可以大致划分为以下 4 类。

划分 VLAN1

划分 VLAN2

（1）基于端口划分 VLAN

这种划分 VLAN 的方法是根据以太网交换机的端口来划分的，这些属于同一 VLAN 的端口可以不连续，如何配置由管理员决定。如果有多个交换机，同一 VLAN 可以跨越数个以太网交换机。

基于端口划分 VLAN 是目前定义 VLAN 使用得最广泛的方法之一。这种划分方法的优点是定义 VLAN 成员时非常简单，只要将所有的端口都指定就可以了。缺点是如果某一 VLAN 的用户离开了原来的端口，到了一个新的交换机的某个端口，就必须重新定义。

（2）基于 MAC 地址划分 VLAN

这种划分 VLAN 的方法是根据每个主机的 MAC 地址来划分的，即对每个 MAC 地址的主机都配置它属于哪个组。

基于 MAC 地址划分 VLAN 的最大优点就是，当用户物理位置发生变化时，即从一个交换机换到其他的交换机时，VLAN 不用重新配置，可以认为这种根据 MAC 地址的划分方法是基于用户的 VLAN。这种方法的缺点是初始化时所有的用户都必须重新进行配置，如果有几百个甚至上千个用户，配置工作量就会非常大，这种划分方法也可能导致交换机执行效率降低。

（3）基于网络层划分 VLAN

这种方法是根据每个主机的网络层地址或协议类型划分的。

基于网络层划分 VLAN 的优点是用户的物理位置改变了，不需要重新配置所属的 VLAN，而且可以根据协议类型来划分 VLAN，这对网络管理者来说很重要。另外，这种方法不需要附加的帧标签来识别 VLAN，这样可以减少网络的通信量。这种方法的缺点是效率低，因为检查每一个数据包的网络层地址都需要消耗处理时间。

（4）根据 IP 组播划分 VLAN

IP 组播实际上也是一种 VLAN 的定义方法，即认为一个组播组就是一个 VLAN。这种划分方法将 VLAN 扩大到了广域网，因此具有更大的灵活性，而且很容易通过路由器进行扩展。当然这种方法不适合局域网，主要是因为效率不高。

很多厂商的交换机都可实现多种 VLAN 划分的方法，网络管理者可以根据自己的实际需要进行选择。另外，许多厂商在实现 VLAN 的时候，考虑到 VLAN 配置的复杂性，还提供了一定程度的自动配置和方便的网络管理工具。

4.7.4　VLAN 之间的通信

VLAN 之间的通信方式和流程取决于具体的网络配置和交换机的支持。

（1）静态路由

在一些较小规模的网络中，可以使用静态路由配置来实现 VLAN 之间的通信。管理员配置交换机上的静态路由表，通过静态路由表将不同 VLAN 的数据包转发到对应的目的 VLAN 上。

（2）路由器-on-a-Stick

在某些情况下，单个路由器可以通过多个子接口同时连接多个 VLAN，这种方式称为"路由器-on-a-Stick"。每个子接口都被分配一个 VLAN ID，并使用虚拟局域网干线（VLAN Trunking）协议将不同 VLAN 的数据包传输到路由器上进行转发。

（3）三层交换机

如果使用支持三层路由功能（即支持 IP）的交换机，可以在交换机上配置交换机虚拟接口（Switch Virtual Interface，SVI），为每个 VLAN 分配一个 IP 地址。这样，交换机可以直接进行 VLAN 之间的路由，数据包可以在交换机内部进行转发，减少对外部路由器的依赖。

通常，要实现不同 VLAN 之间的通信，需要先将设备划分到不同的 VLAN 中，并在交换机上进行相应的配置。

VLAN 之间的通信流程如下。

（1）设备发送数据包：设备 A 属于 VLAN A，设备 B 属于 VLAN B。

（2）交换机接收数据包：交换机接收到设备 A 发送的数据包。

（3）判断目的地址：交换机检查数据包的目的 MAC 地址，确定数据包的目的设备属于哪个 VLAN。

（4）转发数据包：如果目的设备属于与发送设备相同的 VLAN，则交换机仅将数据包转发到目的设备所连接的物理端口。如果目的设备属于不同的 VLAN，则交换机根据配置将数据包转发到相应的目的 VLAN。

（5）VLAN 间的路由（如果需要）：如果需要从一个 VLAN 转发到另一个 VLAN，交换机会查找其路由表以确定下一跳。

（6）目的设备接收数据包：数据包被交换机发送到目的设备。

> **注意**　VLAN 之间的通信需要交换机支持 VLAN 功能，并正确配置交换机上的 VLAN 划分和路由。确保交换机上的端口和 VLAN 的配置是一致的，以便正确地转发数据包。

4.8 无线局域网

无线局域网（Wireless Local Area Network，WLAN）是指采用无线传输介质的局域网。有线网络在某些环境中存在明显的限制，如在具有空旷场地的建筑物内，在具有复杂周围环境的制造业工厂、货物仓库内，在机场、车站、码头、股票交易场所等一些用户频繁移动的公共场所中，在缺少网络电缆又不能打洞布线的历史建筑物内，在一些受自然条件影响而无法实施布线的环境中，在一些需要临时增设网络节点的场合（如体育比赛场地、展馆等）内。WLAN 则恰恰能在这些场合解决有线局域网所遇到的问题。

目前，支持 WLAN 的技术标准主要有蓝牙技术、ZigBee 技术、HomeRF 技术以及 IEEE 802.11 等。

（1）蓝牙技术

蓝牙技术是一种用于无线通信的短距离无线通信技术，它允许通过无线方式将各种设备连接起来，如手机、计算机、音频设备、键盘等。

蓝牙技术最初由瑞典的 Ericsson 公司于 1994 年推出，用于取代传统的串行和并行电缆连接。蓝牙技术得名于 10 世纪挪威国王哈拉尔德·布美塔特（Harald Blåtand），他统一了挪威和丹麦两个王国，象征着蓝牙技术的目标是统一不同的设备。

蓝牙技术采用低功耗的射频信号传输数据，可在一定范围内实现设备之间的无线连接，延长设备的电池寿命；可以在 2.4GHz 频段内进行通信，避免其他频段的干扰，并且利用频率跳跃技术减少干扰，提供更稳定的无线连接；支持多设备同时连接，可以实现设备之间的数据传输和通信；简单且易用，支持自动配对和无线连接，用户只需打开设备的蓝牙功能，就可以自动搜索和配对其他可用的蓝牙设备。

蓝牙技术是一种灵活、简单且广泛应用的无线通信技术。蓝牙耳机、蓝牙音箱等可以通过蓝牙技术与手机或其他音频设备连接，实现无线音乐播放；手机和智能设备可以利用蓝牙技术相互传输文件、共享数据与网络等；无线键盘和鼠标与计算机的蓝牙连接，避免了传统的有线连接；汽车车载系统和手机之间的蓝牙无线连接，实现免提通话、音乐播放、GPS 导航等功能。

（2）ZigBee 技术

ZigBee 技术是一种低功耗且简单的无线通信技术，它基于 IEEE 802.15.4 标准。ZigBee 技术被广泛应用于物联网设备和应用中的短距离通信，主要用于低功耗、低数据传输速率的应用场景，在家庭自动化、工业自动化、智能农业等领域有着广泛的应用。

ZigBee 设备通常采用电池供电，因此功耗非常低，可以实现长时间的运行。此外，它还具有低待机功耗和快速唤醒的特点，可以进一步延长设备的电池寿命。利用 ZigBee 技术，设备可以根据网络状况动态组建网络拓扑、增加或删除设备，以适应不同的应用场景，无须人工干预。ZigBee 技术具有一套完善的安全机制，包括数据加密、身份验证、访问控制等，使得设备能够安全地传输和存储数据并防止未经授权的设备入侵，可以与其他无线技术（如 Wi-Fi 和蓝牙）进行协同工作，实现不同类型设备之间的无缝通信和互操作。ZigBee 技术的设计目标之一是以低成本的方式实现物联网应用。为此，ZigBee 芯片和设备通常非常小巧，适合集成在小型和嵌入式设备中，且制造成本相对较低，能够实现大规模的应用推广。

在物联网领域，ZigBee 技术被广泛应用于各种应用场景，包括智能家居、智能照明、智能能源管理、智慧城市、智能农业等。它提供了一种灵活、低功耗、安全的无线通信解决方案，为物联网应用的发展提供了强有力的支持。

（3）HomeRF 技术

HomeRF（Home Radio Frequency，家庭射频）是一种在家庭环境中实现无线通信的标准。它的目标是为家庭用户提供方便、稳定和高质量的无线通信解决方案。

HomeRF 技术使用 2.4GHz 频段，可以与其他使用相同频段的无线技术兼容，支持高速数据传输，提供一套完善的安全机制，包括数据加密、身份验证和访问控制等，能应用于家庭网络的视频流媒体、在线游戏等，保护用户通信数据，并防止未经授权的访问。HomeRF 技术同时兼容传统的有线电话系统和公用电话交换网（Public Switched Telephone Networ，PSTN），可以实现无线电话通信。此外，它支持多设备同时连接，可以实现多用户之间的无线通信，并提供一套网络管理机制，能实现设备的自动配置和管理。这对家庭环境中的多设备联网非常有用，用户可以通过简单的设置和管理工具来配置和监控家庭网络中的设备。

HomeRF 技术在家庭网络中广泛应用于多种场景，如家庭办公、家庭娱乐、智能家居等。它为家庭用户提供了方便、快速和高质量的无线通信解决方案，帮助实现家庭网络的智能化和互联互通。需要注意的是，由于 HomeRF 技术没有公开，目前支持的企业不多，而且在抗干扰等方面相对其他无线技术而言尚有欠缺，相对于其他无线技术应用规模较小，在市场上的普及程度不如其他技术。

（4）IEEE 802.11

IEEE 802.11 是一种用于 WLAN 通信的技术标准，它由 IEEE 制定。这个标准定义了无线网络的物理层（Physical Layer，PHY）和 MAC 的规范，是目前应用最广泛的 WLAN 之一。

IEEE 802.11 标准系列包含多个不同的协议，每个协议对应不同的 WLAN 标准，如

802.11a、802.11b、802.11g、802.11n、802.11ac等。

① 802.11a：该协议在5GHz频段使用，支持最高传输速率为54Mbit/s。它使用正交频分复用（Orthogonal Frequency Division Multiplexing，OFDM）调制，可在频谱中使用多个子载波。

② 802.11b：该协议在2.4GHz频段使用，支持最高传输速率为11Mbit/s。它使用DSSS调制。

③ 802.11g：该协议在2.4GHz频段使用，支持最高传输速率为54Mbit/s。它使用OFDM调制，与802.11b兼容。

④ 802.11n：该协议支持在2.4GHz和5GHz频段使用，支持最高传输速率可达300 Mbit/s或更高。它引入了多输入多输出（Multiple-Input Multiple-Output，MIMO）技术，通过使用多个天线和空时编码技术来提高吞吐量和网络范围。

⑤ 802.11ac：该协议在5GHz频段使用，支持更高的传输速率和容量，最高传输速率可达1 Gbit/s或更高。它使用更广的信道带宽和更多的MIMO天线来实现更快的数据传输。

除了上述协议，IEEE 802.11还包括一些其他的扩展标准，如802.11ax和802.11ay，它们在传输速率、容量和覆盖范围方面提供了进一步的改进。IEEE 802.11标准还定义了许多其他的特性和机制，如功率控制、载波检测、帧格式、安全机制等，以确保无线网络的可靠性、安全性和互操作性。

IEEE 802.11系列协议都支持两种基本模式：固定基础设施模式（Infrastructure Mode）和无固定基础设施模式（Ad-hoc Mode）。

在固定基础设施模式（见图4-9）下，设备通过接入点（Access Point，AP）连接网络。接入点充当网络的中心控制节点，负责转发数据包和管理无线连接。设备之间的通信需要经过接入点来进行中转。这种模式通常适用于构建大型、较复杂的无线网络，如企业或公共场所的无线局域网。

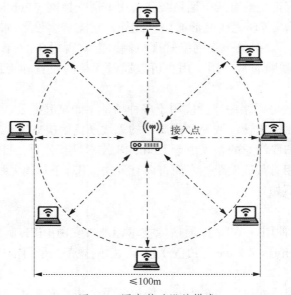

图4-9　固定基础设施模式

在无固定基础设施模式（见图 4-10）下，设备之间直接进行点到点通信，无须接入点的介入。设备可以自主地建立移动自组织网络，设备之间可以互相发现和连接。每个设备在网络中扮演着路由器和客户端的角色，可以在网络中进行数据传输和共享资源。这种模式通常适用于小型无线网络、点到点通信或无线传感器网络等场景。

图 4-10　无固定基础设施模式

总的来说，IEEE 802.11 技术提供了一种方便、灵活和高效的无线局域网通信解决方案，广泛应用于家庭、商业和公共场所。

另外，Wi-Fi 是与 IEEE 802.11 密切相关的概念。Wi-Fi（Wireless Fidelity，无线保真）是 Wi-Fi 联盟（Wi-Fi Alliance）在市场上推广的注册商标，并不是一个标准，它表示一种符合 IEEE 802.11 标准的无线通信技术。Wi-Fi 联盟是由多家科技公司组成的组织，旨在确保不同厂商生产的 Wi-Fi 设备之间具有互操作性和兼容性。

简而言之，Wi-Fi 是指符合 IEEE 802.11 标准的无线局域网技术的商标，而 IEEE 802.11 是该标准的实际规范。Wi-Fi 设备通过遵守 IEEE 802.11 标准确保彼此之间的互操作性，并且通过 Wi-Fi 联盟获得认证，以确保质量和兼容性。

📖 **小阅读**

无线局域网鉴别和保密基础结构

当前全球无线局域网领域仅有的两个标准，分别是美国行业标准组织提出的 IEEE 802.11 系列标准（包括 802.11a/b/g/n/ac 等）以及中国提出的无线局域网鉴别和保密基础结构（Wireless LAN Authentication and Privacy Infrastructure）标准。

WAPI 最早由西安电子科技大学综合业务网理论及关键技术国家重点实验室提出，是我国首个在计算机宽带无线网络通信领域自主创新并拥有知识产权的安全接入技术标准，已由 ISO/国际电工委员会（International Electrotechnical Commission，IEC）授权的 IEEE 注册机构（IEEE Registration Authority，IEEE RA）正式批准发布，分配了用于 WAPI 协议的以太类型字段。这是中国在该领域唯一获得批准的协议，也是中国无线局域网强制性标准中的安全机制。

与 Wi-Fi 的单向加密认证不同，WAPI 双向均认证，从而保证传输的安全性。WAPI 安全系统采用公钥密码技术，鉴权服务器（Authentication Server，AS）负责证书的颁发、验证与吊销等，无线客户端与无线接入点上都安装有 AS 颁发的公钥证书，作为自己的数字身份凭证。当无线客户端登录至无线接入点时，在访问网络之前必须通过 AS 对双方进行身份验证。根据验证的结果，持有合法证书的移动终端才能接入持有合法证书的无线接入点。

WAPI 系统中包含以下部分：

（1）无线局域网鉴别基础结构（WLAN Authentication Infrastructure，WAI）负责

鉴别及密钥管理；

（2）无线局域网保密基础结构（WLAN Privacy Infrastructure，WPI）数据传输保护。

WAI 不仅具有更加安全的鉴别机制、更加灵活的密钥管理技术，而且可实现整个基础网络的集中用户管理，从而满足更多用户和更复杂的安全性要求。

WPI 对 MAC 子层 MAC 协议数据单元（MAC Protocol Data Unit，MPDU）进行加、解密处理，分别用于无线局域网设备的数字证书、密钥协商和传输数据的加、解密，从而实现设备的身份鉴别、链路验证、访问控制和用户信息在无线传输状态下的加密保护。

WAPI 发展记事如下。

2003 年 5 月，国家强制标准 GB 15629.1102—2003 批准，即 WAPI 发布，并宣布将于 2003 年底实施。

2003 年 11 月，国家质检总局和国家标准化管理委员会发布公告，从 2004 年 6 月 1 日起，境内的无线局域网产品必须采用 WAPI 标准。

2004 年 4 月，国家质检总局、国家认监委、国家标准化管理委员会联合发布公告：2004 年 6 月 1 日将延期强制实施 WAPI 标准。

2005 年 11 月，发改委等八部委连续召开 WAPI 部际联席会议。12 月，财政部等三部委联合发布"关于印发无线局域网产品政府采购实施意见的通知"。

2006 年 1 月，国家质检总局颁布了无线局域网修改单 GB 15629.11—2003/XG1—2006 及其扩展子项的国家标准——《无线局域网媒体访问控制和物理层规范：5.8GHz 频段高速物理层扩展规范》（GB 15629.1101—2006）、《无线局域网媒体访问控制和物理层规范：2.4GHz 频段更高数据速率扩展规范》（GB 15629.1104—2006）、《无线局域网媒体访问控制和物理层规范：附加管理域操作规范》（GB/T 15629.1103—2006），形成了全面采用 WAPI 技术的无线局域网国家标准体系。

2006 年 6 月，国家质检总局、国家标准化管理委员会联合发布《关于发布无线局域网国家标准的公告》。

2008 年，WAPI 在中国电信和中国移动无线局域网入网测试规范中被定为 A 类必须满足的测试项。

2008 年 3 月，两会期间全国人大代表、西安电子科技大学副校长郝跃提交《关于加速推进我国自主网络通信安全标准 WAPI 的建议》的议案。

2008 年 4 月，在 ISO/IEC JTC1/SC6 日内瓦会议上，中国第二次启动 WAPI 提案。在这次会议上，ISO 认为 802.11i 仍无法满足无线网络的安全需求，同意了 WAPI 进入研究阶段；经过独立标准、附录、技术报告等多种方式的评估后，会议确定 WAPI 以独立标准和技术报告（属 ISO 标准文献类）作为将 WAPI 推进为国际标准的两个最终考虑方案；7 月，在包括 ISO/IEC 总部官员、中方代表、IEEE 代表等参加的 WAPI 特别会议上，IEEE 代表和美国代表达成了 WAPI 可作为独立标准推进的共识；全球第一款 WAPI+GSM 双模手持终端研制成功；8 月，北京奥运会期间，WAPI 全覆盖奥运会场馆，"零故障、零投诉"；9 月，WAPI 产业联盟面向应用市场推出 WAPI SOM 系列解决方案；10 月，WAPI 产业联盟在中国国际信息通信展览会上宣布，WAPI 已进入运营商建网的全新发展阶段；12 月，WAPI 产业联盟厂商解决并实现 Wi-Fi 网络及终端最低成本向 WAPI 平滑过渡的技术障碍；年底，WAPI 成为中国移动、中国电信、中国联通三大电信运营企业采纳标准。

2009 年 1 月，全球无线芯片知名厂商 Marvell 的核心芯片模组厂商海华科技推出了全系列配合 WAPI 应用的无线模块集成电路（Integrated Circuit，IC）。2 月，WAPI 已成为中国移动和中国电信采购无线局域网设备测试的必测项。4 月，中国电信集团宣布，将大力推动 WAPI 的发展，并建立无线局域网全国漫游认证中心，以实现无线局域网用户的漫游需求。拟通过 WAPI 在大规模公众网络的部署和开展运营，尤其是在手机端与 CDMA 网络结合与互补，构建广覆盖、高速率的宽带无线网络；中国工信部召集手机厂商开会，宣布今后国内所有 2G 和 3G 手机都可以使用 WAPI 技术；第一款由海尔和中国电信共同打造的 WAPI/Wi-Fi 手机对外发布，大唐电信、京信通信、广州杰赛、烽火虹信、傲天动联等 8 家 WAPI 产业联盟成员企业共同对外宣布，他们的 WAPI 会聚型产品（瘦 AP）已实现互联互通。5 月，中国移动、中国电信先后展开 2009 年无线局域网网络设备招标，要求新建无线局域网网络设备全部具有 WAPI 功能。6 月，在东京召开的 ISO/IEC JTC1/SC6 会议上，包括美、英、法等 10 余个与会成员一致同意，将 WAPI 作为无线局域网接入安全机制独立标准形式推进为国际标准。6 月 18 日，摩托罗拉宣布中国第一款支持 WAPI 高速无线网络接入的智能手机摩托罗拉 A3100 正式上市。

2010 年 6 月，WAPI 基础框架方法（虎符 TePA）获 ISO 正式批准发布。

2013 年 12 月，商务部公布的《第 24 届中美商贸联委会中方成果清单》显示 WAPI 的核心专利已在美国通过。至此，中、德、英、法、日、韩、美等多个国家已经承认相关专利。

2014 年上半年，飞天联合公司、西南交通大学等单位和铁路部门设计了一款基于 WAPI 标准的车内无线网络系统，火车上网有望实现。

2018 年 11 月，支持 WAPI 的无线局域网芯片已超过 400 款型号，全球累计出货量超过 110 亿颗，移动终端和网络侧设备等已超过 13000 款。

2019 年 12 月，全球无线局域网芯片均已支持 WAPI，芯片有 500 多个型号，全球出货量超过 140 亿颗，具备 WAPI 安全能力的无线局域网产品超过 14000 款。在我国销售和使用的智能手机（包括 iPhone），均已支持 WAPI 标准（同时支持 Wi-Fi 标准）。

2020 年 2 月 26 日，ISO 官网正式发布中国、英国、新加坡专家共同主导制定的技术规范《金融服务中基于网络服务的应用程序接口》，标准号 ISO/TS 23029:2020。

2023 年 8 月，WAPI 产业联盟发消息称我国自主研发的两项无线局域网接入控制技术——组网架构和调度平台技术由 ISO/IEC 联合发布为国际标准。这是我国在无线通信网络云管理技术领域围绕基础架构和组网模式提出并获得发布的首批国际标准。

习　　题

一、选择题

1. IEEE 802.11 标准是关于（　　　）的网络技术。

    A. 无线局域网　　　B. 蜂窝网络　　　C. 广域网　　　D. 有线局域网

2. 以太网是根据（　　　）来区分不同的设备的。

    A. LLC 地址　　　B. MAC 地址　　　C. IP 地址　　　D. IPX 地址

3. （　　　）LAN 是应用 CSMA/CD 协议的。

    A. 令牌环　　　B. FDDI　　　C. Ethernet　　　D. Novell

4. 以太网媒体访问控制技术 CSMA/CD 的机制是（　　　）。
    A. 争用带宽　　　　　　　　　　　B. 预约带宽
    C. 循环使用带宽　　　　　　　　　D. 按优先级分配带宽

5. （　　　）不是 IEEE 802.3ae 万兆以太网的主要特点。
    A. 传输速率为 1Gbit/s
    B. 使用 IEEE 802.3 的帧格式（与 10Mbit/s、100Mbit/s 和 1Gbit/s 以太网相同）
    C. 保留 IEEE 802.3 标准对以太网最小帧长和最大帧长的规定
    D. 不需要使用 CSMA/CD 协议

6. 一个 VLAN 可以看作一个（　　　）。
    A. 冲突域　　　　B. 广播域　　　　C. 管理域　　　　D. 阻塞域

7. 下面关于 VLAN 的描述中，正确的是（　　　）。
    A. VLAN 是一种新型局域网
    B. 不同 VLAN 之间的计算机可以直接通过二层交换完成通信
    C. 同一 VLAN 的计算机之间可以直接通过二层交换完成通信
    D. 连接在同一个交换机上的计算机才能构成 VLAN

8. VLAN 的划分不包括（　　　）方法。
    A. 基于端口　　　B. 基于 MAC 地址　　C. 基于协议　　　D. 基于物理位置

9. 下面说法正确的是（　　　）。
    A. Wi-Fi 是 IEEE 802.11
    B. ZigBee 是一种低功耗且简单的无线通信技术，基于 IEEE 802.15.4 标准
    C. 蓝牙技术是一种用于无线通信的长距离无线通信技术
    D. IEEE 802.11ac 协议运行在 5GHz 频段

10. （　　　）不是保障局域网安全的措施。
    A. 配置防火墙　　　　　　　　　　B. 定期更新杀毒软件
    C. 安装 DDoS 攻击防御设备　　　　D. 将网线从路由器中拔出并藏起来

二、填空题

1. 局域网的数据链路层被分成（　　　）和（　　　）两个子层。

2. （　　　）和（　　　）能够划分广播域。

3. 按不同的拓扑结构，局域网可分为（　　　）、（　　　）和（　　　）等。

4. IEEE 802.11 系列协议都支持两种基本模式：（　　　）和（　　　）。

5. 局域网介质访问基本上都采用分布式控制方法，常见的分布式控制方法有（　　　）、
（　　　）、（　　　）和寄存器延迟插入法等。

三、综合题

1. 在 IEEE 802 参考模型中，数据链路层分为哪两个子层？简述它们的主要功能。

2. 什么是中继器？什么是以太网交换机？简述它们的工作原理和主要功能以及以太网
交换机与中继器的区别。

3. 请解释 CSMA/CD 中的载波监听（Carrier Sense）与冲突检测（Collision Detection）。

4. 什么是网卡？它的主要功能是什么？请从硬件和软件两个方面来详细描述网卡的工
作原理以及它在网络通信中的作用。

5. 假设一个交换机有 8 个接口 1～8，并且交换表中已经存在以下 5 个条目。

MAC 地址：AA:BB:CC:DD:EE:FF，接口：1

MAC 地址：FF:EE:DD:CC:BB:AA，接口：2

MAC 地址：A1:B2:C3:D4:E5:F6，接口：3

MAC 地址：F6:E5:D4:C3:B2:A1，接口：4

MAC 地址：11:22:33:44:55:66，接口：5

现在有一个新的帧数据到达交换机，源 MAC 地址为 F6:E5:D4:C3:B2:A1，目的 MAC 地址为 FF:EE:DD:CC:BB:AA。请问该数据从哪个接口进入交换机？将从哪个接口被发送出去？

第5章 路由技术基础

路由技术是网络工程中的核心概念，它决定了数据包在网络中的传输路径和方式。使用路由器，我们可以将多个网络互联，实现数据的跨网络传输。路由技术的基础包括路由表、静态路由、默认路由、路由选择协议和路由器等。了解它们的基本原理将有助于我们更好地理解路由器如何进行数据包的转发和路径选择，以提升网络通信的性能和稳定性。在后续的学习中，我们将逐一深入探讨这些主题，并学习如何利用路由技术优化网络通信。

5.1 路由

路由是指将数据包从一个网络或主机传输到另一个网络或主机的过程。如何高效路由是网络工程中的核心内容，可帮助网络管理员进行网络管理和优化。路由表是路由中的关键要素，其中记录网络设备的连接信息和路径信息，为路由器进行数据包传输提供重要指引。

5.1.1 路由概述

在计算机网络中，当一个设备（如计算机、手机等）发送数据时，数据包会通过网络传输到接收设备。路由是网络层最重要的功能之一。路由的目的是将数据包从源设备有效地传输到目的设备，并确保数据包按照最佳路径进行传输。路由可以考虑多个因素，如网络拥塞、带宽、延迟等，以选择最佳路径。路由器基于这些因素进行决策，以确保数据包能够高效、可靠地传输。

在网络层完成路由功能的专有网络互联设备被称为路由器。路由器负责根据网络拓扑和路由策略选择数据包传输的路径。路由器通过维护路由表做出决策。路由表中记录了网络中各个目的地址及其对应的下一跳地址。当一个数据包到达路由器时，路由器会检查目的地址，并根据路由表确定下一跳地址。路由器将数据包发送到下一跳地址，下一跳路由器再重复这个过程，直到数据包到达目的设备。

路由有两种方式：直接路由（Direct Routing）与间接路由（Indirect Routing）。

直接路由是指数据包从源地址直接转发到目的地址的路由方式。在直接路由中，路由器或交换机查询其路由表，找到最佳匹配的目的地址，将数据包发送到下一跳的目的站。它适用于同一网络的设备之间的通信，其中源地址和目的地址在同一子网内。因为源地址和目的地址位于同一网络，不需要进行多次转发。路由器只需查找路由表中的下一跳接口，并将数据包转发到该接口。

间接路由是指数据包从源地址经过多个中间节点转发到目的地址的路由方式。对于不同网络设备之间的通信，需要使用间接路由。在间接路由中，路由器或交换机根据目的地址查询路由表，并将数据包发送到下一跳的目的站。在间接路由中，数据包经过多个中间节点（路由器）进行转发，每个节点都负责将数据包转发到下一个节点，直到到达目的地址所在的网络。每个节点都使用其路由表进行决策和转发，以保证数据包能够在网络中正确到达。间接路由的优点是可以连接不同的网络，并进行广域网间的通信。通过路由器之间的中转，数据包可以跨越网络边界进行传输，并且可以通过路由表中的多个路由路径来实现负载均衡和容错。

需要注意的是，在实际网络环境中，通常同时使用直接路由和间接路由。网络中的路由器会根据需要选择合适的路由方式进行转发，以实现高效且可靠的数据传输。

直接路由与间接路由如图 5-1 所示。

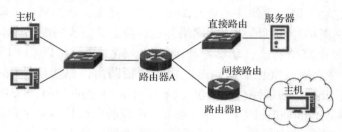

图 5-1　直接路由与间接路由

除了路由器外，某些交换机里也集成了带网络层功能的路由模块，带路由模块的交换机又被称为三层交换机。另外，网络操作系统中可以实现一些简单的最佳路径选择功能，在操作系统中实现的路由功能又被称为软件路由。软件路由的前提是提供此项功能的主机必须是多宿主主机，即通过多块网卡连接至少两个以上的不同网络。不管是软件路由、路由模块还是路由器，虽然在性能上有些差异，但它们在实现路由功能的作用和原理上都是类似的。

5.1.2　路由表

路由表（Routing Table）是一个存储在路由器或者联网计算机中的电子表格（文件）或类数据库。路由表存储着指向特定网络地址的路径（在有些情况下，还记录路径的路由度量值）。路由表含有网络周边的拓扑信息，其建立的主要目标是实现路由协议和静态路由选择。

路由表包含目的地址、下一跳地址、接口、开销和其他相关信息。

目的地址：路由表中的每一条目都包含一个目的地址（Destination Address），用于匹配到达路由器的数据包的目的地址。

下一跳地址：当一个数据包匹配到了特定的目的地址，路由器会查找下一跳地址（Next Hop Address）来指示数据包应该发送到哪个接口。这个下一跳地址是数据包到达目的地址所需经过的下一个网络设备的地址。

接口：路由表中的每一条目还包含一个与目的地址相关联的接口（Interface）信息。接口是数据包从路由器发送出去的物理或逻辑端口。

路由技术基础　第 5 章

开销：开销（Cost）也称为度量（Metric），是一个用来表示路由的成本或优先级的值。它用于路由器在选择最佳路径时进行比较和决策。

通过查询路由表，路由器可以确定数据包要经过哪个接口发出，或者传递给哪个下一跳地址。

在进行路由决策时，路由器按照预先定义的转发规则和权重进行匹配，并选择最佳的路径。这些规则可以是静态配置的，也可以是动态生成的，取决于网络管理员的配置和路由协议的使用。

路由表有静态路由表和动态路由表两种，它们之间的主要区别在于路由信息的来源和更新方式。

静态路由表是由网络管理员手动配置的。管理员在设备上添加静态路由条目，每个条目指定目的地址和下一跳地址（或出口接口），用于转发到目的网络。静态路由表的优点是简单、稳定和安全。管理员完全控制路由信息，可以精确控制数据包的转发路径，并且静态路由通常能比动态路由更快速地进行路由选择。然而，静态路由表需要手动配置和管理，对于复杂的网络拓扑和频繁变化的网络环境，静态路由表的维护成本较高。

动态路由表是由路由协议自动学习和维护的。路由协议可以基于网络拓扑和连通性状态来动态更新路由表。常见的动态路由协议包括路由信息协议（Routing Information Protocol，RIP）、开放最短通路优先协议（Open Shortest Path First，OSPF）和边界网关协议（Border Gateway Protocol，BGP）等。动态路由表的优点是自动化和适应性强。它可以根据网络变化自动调整路由信息，减少管理员的手动配置和维护工作。动态路由表还可以提供负载均衡和故障转移等功能。缺点是动态路由协议通常需要占用网络带宽，对网络资源有一定的开销，并且在网络收敛（即所有路由器达到一致路由状态）时可能会花费一定的时间。

静态路由表适用于简单的网络环境、小规模网络或不经常变化的网络，它具有简洁、稳定和安全的优点。动态路由表适用于复杂的网络环境、大规模网络或经常变化的网络，它具有自动化、适应性强和支持动态调整的优点，但需要注意对网络资源的开销和网络收敛的时间。

5.2 路由类型

一般的实践中，网络中常会同时使用静态路由、动态路由和默认路由，以根据具体的场景和需求进行优化配置。

（1）静态路由

静态路由（Static Routing）是指网络管理员根据其所掌握的网络连通信息以手动配置方式创建的路由表表项，它需要管理员指定目的地址以及目的网络应该由哪个出口接口转发，也被称为非自适应路由。静态路由简单、直观、易于理解和配置，不需要消耗额外的计算资源来学习和

静态路由

更新路由信息，也不会产生额外的控制流量。在某些情况下，静态路由还可以提供更好的安全性，因为它不会自动适应拓扑变化，攻击者无法通过发送伪造的路由信息来影响网络流量。但是采用静态路由时，网络拓扑发生变化需管理员手动更新静态路由表，否则会导致路由不准确或造成数据包转发问题。此外，静态路由无法自动优化路由路径，无法根据

网络拓扑和开销值选择最佳路径，可能导致数据包传输延迟和拥堵问题。对静态路由进行配置要求网络管理员对网络的拓扑结构和网络状态有非常清晰的了解，而且网络连通状态发生变化时静态路由的更新也要通过手动方式完成。当网络互联规模增大或网络中的变化因素增加时，依靠手动方式生成和维护路由表的工作会变得非常复杂，静态路由很难及时适应网络状态的变化。因此，静态路由不适用于大型网络或动态变化的环境。此时希望有一种能自动适应网络状态变化且对路由表信息进行动态更新和维护的路由生成方式，这就是动态路由。通常，静态路由用于与外界网络只有唯一通道的所谓末节（Stub）网络，或用于网络测试、网络安全或带宽管理的一些特定场合。

（2）动态路由

动态路由

动态路由使用动态路由协议来自动学习、更新和维护路由信息，又被称为自适应路由。在动态路由中，路由器使用动态路由协议与其他路由器交换路由信息。常见的动态路由协议包括 RIP、OSPF 和 BGP 等。这些路由协议通过交换路由信息，使各个路由器了解网络中的拓扑结构和连通性状态，可以根据实时的网络变化，自动计算最佳路径和转发决策，并及时更新路由表。动态路由协议也支持故障检测和故障转移，当网络出现故障时，可以自动调整路由路径，实现网络的容错性和高可用性。

动态路由的优点是自动化、适应性强和支持动态调整。它能够根据网络变化来优化路由选择，方便网络管理和维护，减少管理员的手动配置和维护工作。同时，动态路由还可以提供负载均衡和故障转移等功能，提高网络的性能和可靠性。大型网络或网络状态变化频繁的网络通常会采用动态路由。

然而，动态路由协议也有一些缺点，包括占用网络带宽、开销较大和网络收敛时间较长等。在大规模网络中，动态路由的计算和交换可能会占用大量的网络资源，降低处理能力，对网络产生一定的负担。此外，动态路由协议还需要一定的时间来达到网络收敛，即使在网络拓扑变化较小的情况下，也需要一定的时间才能更新路由表，使所有路由器达到一致路由状态。

（3）默认路由

默认路由是一种特殊的路由配置，用于指示当路由表中没有明确匹配的目标路由时，数据包应该被转发到哪个下一跳地址。

当路由器收到一个数据包时，它会查找路由表以确定下一跳的路由。如果路由表中没有与目的地址匹配的路由项，那么默认路由将被使用。默认路由通常被设为 0.0.0.0/0（IPv4）或者::/0（IPv6），意味着所有的未知目的地址都会通过默认路由转发。

设置默认路由的原因主要有以下两点。

① 解决未知目的地址：当路由表中没有匹配的路由项时，没有默认路由的情况下，路由器将无法正确转发数据包，导致无法访问未知目的地址。设置默认路由可以确保所有未知目的地址都能通过默认路由进行转发，避免数据包丢失和无法访问的问题。

② 输出方便和简化配置：对大型网络来说，在每个路由器上手动配置完整的路由表是一个繁重的任务。设置默认路由可以简化路由器的配置，并且只需在每个路由器上配置一个默认路由即可。这样可以减少配置出错的可能性，并提高网络的可管理性。

需要注意的是，设置默认路由时需要确保路由表中不存在与默认路由冲突的目标路由项。否则，将可能导致数据包转发出错或者黑洞问题。因此，在设置默认路由时，务必仔细检查现有的路由配置，确保与默认路由不冲突。

5.3 路由选择协议

路由选择是网络通信中的关键环节，它决定了数据包在网络中的传输路径。了解路由选择的原理和常用协议，将有助于我们更好地管理和优化网络性能。本节将介绍路由算法、分层次的路由选择协议、RIP 和 OSPF 等路由选择技术。

5.3.1 路由算法

路由算法是计算机网络中用于确定数据包在网络中传输路径的算法，用来获得路由表中的各路由条目。其目标是选择一条最优路径，使数据包以最快、最稳定、最低成本的方式到达目的站，这是路由选择协议的核心。

理想的路由算法应是正确的和完整的，分组能沿着各路由表所指引的路由最终到达目的网络和目的主机；应计算简单，不会给网络带来太多的控制、计算与通信开销；应能适应通信量和网络拓扑的变化，在网络中的通信量发生变化时能自适应地改变路由以均衡各链路的负载，当某个或某些节点、链路发生故障而不能工作，或者修理好了再投入运行时能及时地改变路由；应具有稳定性，能在网络通信量和网络拓扑相对稳定的情况下收敛于一个可以接受的解，而不会频繁变动路由；应对所有用户是公平的或者对同优先级用户是平等的；应能够找出在某一衡量标准下或满足某一种特定要求的最佳路由。

路由选择是一个非常复杂的问题。其一，现代网络由大量的节点和链路组成，形成复杂的拓扑结构。选择最佳的路径需要考虑到节点之间的位置、链路质量、带宽等因素，以及网络中可能存在的故障、拥塞、新节点的加入以及旧节点的离开等情况。路由算法需要能够及时适应这些动态变化，并根据实时的网络状态做出合适的决策。其二，不同的应用和服务对路由选择的要求可能各不相同。有些应用对延迟非常敏感，需要选择最短路径；而有些应用对稳定性和可靠性更为关注，需要选择更可靠的路径。因此，路由算法需要能够根据不同的需求制定合适的策略。其三，路由算法不仅要满足基本的功能需求，还要考虑负载均衡和性能优化。例如，合理分配流量，避免某些路径过载，并尽可能选择能够提供更好服务的路径。其四，路由算法还要考虑到网络安全因素，如防止欺骗、入侵和信息泄露等。同时，还需要根据实际需求制定策略，如优先选择特定的网络服务提供商、国内路径，或者通过特定的代理路由等。

综上所述，路由选择是一个需要综合考虑网络拓扑、动态性、多样性需求和策略性等因素的复杂问题。为了应对这些挑战，需要设计和实现应尽可能接近于理想算法的高效、灵活且具有良好适应性的路由算法。

路由算法有多种类型，其中常见的算法包括距离向量（Distance Vector）算法，链路状态（Link State）算法、路径向量（Path Vector）算法。这些算法使用不同的度量标准和路由信息来选择最佳路径。

1. 距离向量算法

距离向量算法是一种用于路由选择的分布式算法，通过在每个节点之间交换距离向量表来计算网络中的最佳路径。

在距离向量算法中，每个节点都会维护一个距离向量表，用于记录与该节点相邻节点的距离信息。距离信息可以是初始设置的固定值（如无穷大），也可以通过测量网络中数据包的传输延迟等方式动态更新。节点会定期向其相邻的节点发送距离向量信息，以通知它们自己到达其他节点的距离。这些信息在相邻节点之间传递，直到全局的最优距离信息在整个网络中传播开来。当节点收到距离向量更新信息后，它会根据收到的信息和自己的距离向量表来更新自己到达其他节点的最短距离。如果新的距离比当前的最短距离更优，则对距离向量表进行更新，否则保持距离向量表不变。节点之间的距离向量信息不断交换和更新，直到网络中所有节点的距离向量表收敛到全局最优解。这样，每个节点就可以根据自己的距离向量表选择最佳路径来转发数据包。

距离向量算法的优点是简单、易于实现，并且具有良好的适应性。然而，它也存在一些问题，如慢收敛、浪费计算资源以及无法处理环路等。因此，在现代网络中，更常见使用的是链路状态算法或其他更高级的路由算法。

2．链路状态算法

链路状态算法用于计算网络中的最短路径。它通过收集和交换网络中每个路由器的链路状态信息，即每个路由器到其他路由器的距离和连接状态，然后根据这些信息计算出每个路由器到其他所有路由器的最短路径。

链路状态算法的主要步骤为初始化、链路状态广播、链路状态数据库构建、最短路径计算、路由表更新、网络变化监控。

（1）初始化

路由器初始化自己的路由表，将自己设为源路由器，并将自己到自己的距离设为 0，其他目的站的距离设为无穷大；初始化链路状态数据库为空；创建最短路径树（Shortest Path Tree，SPT）的数据结构，根节点设为源路由器，与其他节点的距离初始为无穷大。

（2）链路状态广播

每个路由器向与其相邻的路由器发送的链路状态信息，包含当前路由器的标识、相邻路由器的标识、连接状态和距离；路由器之间使用双向链路状态信息交换，即双方都向对方发送链路状态信息。

（3）链路状态数据库构建

每个路由器收到链路状态信息后，将其存储在自己的链路状态数据库中；链路状态数据库保存整个网络中所有路由器的链路状态信息，包括路由器的标识、相邻路由器的标识、连接状态和距离。

（4）最短路径计算

每个路由器使用 Dijkstra 算法（或其他类似的算法）来计算到其他路由器的最短路径；算法从源路由器开始，逐步计算出到其他路由器的最短路径；在计算的过程中，路由器使用链路状态数据库中的信息，并根据距离选择最短路径，并将结果存储在路由表中。

（5）路由表更新

根据计算最短路径的结果，每个路由器更新自己的路由表；路由表包含到达目的站的下一跳路由器和最短路径的信息；路由器根据新的路由表来决定数据包的转发路径。

（6）网络变化监控

每个路由器定期检测网络中的链路状态变化，如果有链路断开或新增，路由器会根据变化更新链路状态数据库中的信息；接着，路由器重新执行最短路径计算，并基于新的计算结果更新路由表，以及时适应网络拓扑的变化，提供稳定的转发路径。

使用 Dijkstra 算法等准确的链路状态算法来计算最短路径，保证了路径的准确性和优化性；具有较好的网络收敛性能，当网络拓扑发生变化时，每个路由器仅计算自己的最短路径，而不需要进行全局计算，从而减少计算的复杂性和延迟；容错性较强，可以适应网络中链路的变化，当一条链路发生故障时，路由器会更新链路状态信息，并重新计算最短路径，以确保数据能够正确地传输到目的站。但是，链路状态算法要求每个路由器维护完整的链路状态数据库，并进行复杂的计算来确定最短路径，这会产生较大的计算和存储开销；需要路由器之间进行链路状态信息的交换以建立和更新链路状态数据库，这些控制消息会占用网络带宽并增加网络负载；对网络拓扑变化非常敏感，当链路状态信息发生变化时，需要重新计算最短路径，如果网络中频繁发生链路状态变化，算法可能会导致频繁的重新计算和路由表更新，影响性能。

综上所述，链路状态算法具备准确的最短路径计算和良好的网络收敛性能等优点，但也存在计算复杂度高和对网络拓扑变化敏感等缺点。在实际应用中，需要根据网络规模、性能要求和拓扑变化频率等因素来选择合适的路由算法。

3. 路径向量算法

路径向量算法获得最佳路径的步骤与距离向量算法的类似，可以看作距离向量算法的改进版。理论上，路径向量算法使得各个路由器交换路径向量。路径向量包含目的网络以及到达该目的网络的最佳路径信息。每个路由器将自己的路径向量发送给邻居路由器，并从邻居路由器收到的路径向量中更新自己的路由表。通过交换路径向量，每个路由器可以获得网络中各个目的网络的最佳路径信息，从而进行路由选择。最终，每个路由器通过交换路由信息来计算到达目的站的最佳路径，并将此信息传播给邻居路由器。

实际中，路径向量算法通过领域边界路由器之间的交换信息来更新路由表，并使路由表保持一致。路由器通过比较收到的路由表信息中的路径开销和自身路由表中的信息，选择较优的路径并更新自己的路由表。这个过程会不断迭代，直到路由表收敛到最佳路径。

路径向量算法使用路径向量（即一条路径上的节点集合）来作为路由信息，可以通过比较路径向量的长度来避免产生环路；允许路由器根据需要进行路由策略的控制，通过在路由表中加入策略信息（如 AS 路径）来指导数据包的传输。路径向量算法主要应用于自治系统（Autonomous System，AS）之间的路由选择，边界路由器（BGP 路由器）之间通过交换路由信息来确定最佳路径。

然而路径向量算法收敛速率较慢，特别是在存在较大的网络拓扑变化时。因为每个路由器只知道到达目的站的最佳路径，而不了解整个网络的拓扑信息；容易受到网络中的攻击，如路由欺骗和路径伪装等，攻击者可以篡改路由器的路径信息，导致数据传输到错误的路径上或被截获。

5.3.2 分层次的路由选择协议

计算机网络采用的路由选择协议主要是自适应的（即动态的）分布式路由选择协议。综合考虑三大因素，大规模网络（如 Internet）采用分层次的路由选择协议。

（1）随着网络规模的扩大，网络中的主机和网络数量也将呈指数级增长。如果每个路由器都需要了解整个网络的拓扑信息，那么路由表的大小将呈指数级增长。这会导致路由器需要具备更多的存储和处理能力来维护这样庞大的路由表，同时所有这些路由器之间交换路由信息所需的带宽会使互联网的通信链路饱和。通过采用分层次的路由选择协议，可以将整个网络划分为多个更小的区域，减小每个路由器需要维护的路由表规模，提高路由的可扩展性。

（2）在分层次的路由选择协议中，较高层次的路由器只需要了解与其相连的较低层次路由器的路由信息，而不需要详细了解每个主机和网络的具体路由。这样可以减少路由器之间的交换信息量，提高路由的效率。此外，使用分层次的路由选择协议可以使网络管理员更好地管理网络，可以将网络划分为具有不同管理权限和安全策略的区域，方便实施网络管理策略和安全措施。

（3）许多公司、机关、团体等不愿意外界了解自己网络的布局细节和部门所采用的路由选择协议（这属于部门内部的事情），但同时希望与其他网络互联。

采用分层次的路由选择协议可以减轻每个路由器的负担，提高路由的可扩展性、效率、可管理性、私密性等，适用于大型复杂的网络环境。

为此，可以把整个互联网划分为许多较小的自治系统。自治系统是在单一技术管理下的许多网络、IP 地址以及路由器，而这些路由器使用一种自治系统内部的路由选择协议和共同的度量。每一个自治系统对其他自治系统表现出的是单一的和一致的路由选择策略[RFC 4271]。这样，互联网就把路由选择协议划分为两大类，具体如下。

（1）内部网关协议

内部网关协议（Interior Gateway Protocol，IGP）是在一个自治系统内部使用的路由选择协议，与在互联网中的其他自治系统选用什么路由选择协议无关。目前这类路由选择协议使用得最多的是 RIP 和 OSPF。

（2）外部网关协议

若源主机和目的主机处在不同的自治系统中（这两个自治系统可能使用不同的内部网关协议），那么在不同自治系统之间的路由选择，就需要使用外部网关协议（Exterior Gateway Protocol，EGP）。目前使用得最多的外部网关协议是 BGP 的版本 4（BGP-4）。

自治系统之间的路由选择也叫作域间路由选择（Interdomain Routing），而在自治系统内部的路由选择叫作域内路由选择（Intradomain Routing）。

图 5-2 所示是分层次的路由选择协议。每个自治系统自己决定在本自治系统内部中运行哪一个内部路由选择协议（例如，可以是 RIP，也可以是 OSPF）。但每个自治系统都有一个或多个路由器，除采用本系统的内部路由选择协议外，还要采用自治系统间的路由选择协议（BGP-4）。

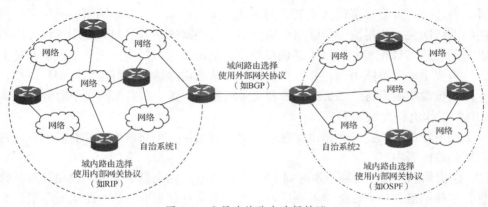

图 5-2　分层次的路由选择协议

路由技术基础 ▸ 第 5 章

互联网被划分为自治系统来进行路由管理，对于比较大的自治系统，还可将所有的网络再进行一次划分。例如，可以构筑一个链路传输速率较高的主干网和许多传输速率较低的区域网。每个区域网通过路由器连接主干网，当在一个区域网内找不到目的站时，就通过路由器经过主干网到达另一个区域网，或者通过边界路由器到别的自治系统中查找。

5.3.3　RIP

RIP 是一种基于距离向量的内部网关协议，用于在小型到中等规模的网络中动态学习和传递路由信息。

RIP 要求自治系统内的每一个路由器，都要维护从它自己到自治系统内其他每一个网络的距离记录。这一组距离就是距离向量。

注意　　RIP 使用跳数（Hop Count）作为度量来衡量到达目的网络的距离。

- RIP 将路由器到直连网络的距离定义为 1（或者 0，不影响 RIP 正常运行）。
- RIP 将路由器到非直连网络的距离定义为所经过的路由器数加 1。
- RIP 允许一条路径最多只能包含 15 个路由器，距离等于 16 时相当于不可达（因此 RIP 只适用于小型互联网）。RIP 距离示例如图 5-3 所示。

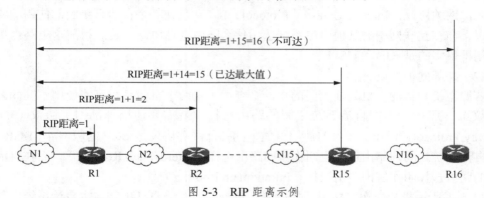

图 5-3　RIP 距离示例

RIP 认为好的路由就是"距离短"的路由，也就是通过路由器数量最少的路由。RIP 本身并不直接支持负载均衡，它只考虑路径的跳数，而没有考虑网络的负载情况。当到达同一目的网络有多条"RIP 距离相等"的路由时，RIP 选取其中一条路由，但在某些情况下，我们可以通过一些策略来实现基于 RIP 的负载均衡。例如，可以在网络中使用多个具有相同距离的默认网关，使得流量能够均衡地分布到这些默认网关之间，使用这种方法不需要对 RIP 进行任何特殊配置；可以手动调整路由器的距离值，使得流量在不同的路径上均衡分布，这需要手动配置路由器，并且需要根据网络的实际情况进行定期监测和调整；可以使用专门的负载均衡设备，如负载均衡器或多路径路由器，来实现网络中的负载均衡。

RIP 的工作流程大致如下。

（1）路由器的启动：每个路由器在启动时会初始化一个路由表，并将其他直接连接的网络添加到路由表中。

（2）路由信息广播：每隔一段时间（默认为 30s），路由器会向邻居路由器发送路由更新消息，这些消息包含自己所学习到的所有网络的信息和距离。这个路由更新消息会在整个网络中传播，直到到达所有的路由器。

（3）路由信息更新：当一个路由器收到路由更新消息时，它会将接收到的路由信息与自己的路由表比较，如果有更好的路由（即距离更短），则更新自己的路由表。同时，路由器会将路由更新消息传播给邻居路由器。

（4）路由表的更新：路由器根据收到的路由更新消息来更新自己的路由表。路由表中的每个条目都包含网络的地址、下一跳路由器和距离。

（5）无效路由处理：如果路由器在一段时间内没有收到关于某个网络的路由更新消息，它会将该路由从自己的路由表中删除。这样可以防止失效的路径继续存在。

RIP 还使用了一些特殊的指令来控制路由信息的传播，如触发更新（当有路由变化时立即发送更新消息）和抑制更新（限制路由更新的频率）。此外，RIP 支持最大跳数限制，防止出现路由循环和无限计数（Counting to Infinity）问题。

RIP 简单、易用，适用于小型或中等规模的网络环境，但其收敛速率较慢，不适用于大型、复杂的网络。

5.3.4　OSPF

OSPF 协议

OSPF 是一种基于链路状态的路由选择协议，它是为了改正 RIP 的缺点在 1989 年开发出来的。"开放"表明 OSPF 不是受某一家厂商控制，而是公开的。"最短通路优先"（即最短路径优先）是因为使用了迪杰斯特拉（Dijkstra）提出的最短通路优先（Shortest Path First，SPF）算法。现在使用的是 OSPF 的第二个版本 OSPFv2 [RFC 2328，STD54]。OSPF 的原理很简单，但实现起来较复杂。

OSPF 包含以下 5 种分组类型。

（1）问候分组。问候（Hello）分组用来发现和维护邻居路由器的可达性以及选举指定路由器（Designated Router，DR）和备份指定路由器（Backup Designated Router，BDR）。

（2）数据库描述分组。数据库描述（Database Description）分组用来在路由器之间传递链路状态信息，实现链路状态数据库（Link State Database，LSDB）的同步和更新；提供MTU 发现、验证和身份验证等功能，以确保安全、可靠的路由器之间的通信。

（3）链路状态请求分组。链路状态请求（Link State Request）分组主要用于请求其他路由器发送特定的链路状态更新信息，涉及缺失的链路状态信息请求、链路状态变化确定以及 LSDB 的同步支持。注意，链路状态请求分组只能发送给邻居路由器，并且仅请求特定的链路状态信息，而不是完整的 LSDB，其目的是减少 LSDB 同步的开销并提高 OSPF 的效率。

（4）链路状态更新分组。链路状态更新（Link State Update）分组主要用于更新路由器的 LSDB。路由器使用链路状态更新分组对其链路状态进行洪泛发送，即用洪泛法对整个系统更新链路状态，触发最短路径计算。

链路状态更新分组最复杂，是 OSPF 最核心的部分，涉及以下 5 种链路状态。

- 路由器链路状态。路由器链路状态（Router Link State）描述了路由器本身的状态信息，包括路由器的邻居列表、接口和连接状态等。
- 网络链路状态。网络链路状态（Network Link State）用于描述网络中的广播网络或非广播。

- 摘要链路状态。摘要链路状态（Summary Link State）用于描述网络的汇总信息，主要用来表示其他区域（区域间）的路由信息。
- 自治系统外链路状态。自治系统外链路状态（AS External Link State）用于描述其他自治系统的路由信息，主要用来跨越不同自治系统之间的路由。
- Opaque 链路状态。Opaque 链路状态（Opaque Link State）用于扩展 OSPF，允许传输除了标准链路状态之外的附加信息，这些附加信息可以由网络管理员根据需要自定义。

（5）链路状态确认分组。链路状态确认（Link State Acknowledgement）分组用于确认收到的链路状态更新分组，确保 LSDB 的一致性和可靠性。

OSPF 的主要工作如下。

（1）拓扑发现：OSPF 使用 Hello 消息来建立和维护邻居关系，并发现网络中的拓扑结构。路由器会互相交换 Hello 消息，建立邻居关系，并通过链路状态广播（Link State Advertisement，LSA）来交换路由信息。

（2）路由计算：每个 OSPF 路由器都会维护一个 LSDB，其中存储了整个网络的拓扑信息。通过将链路状态信息分发给邻居，每个路由器都可以获得整个网络的最新拓扑信息。基于这些信息，路由器会计算出到达目的网络的最短路径，并构建路由表。OSPF 使用 Dijkstra 算法来计算最短路径。

（3）区域划分：为了减轻网络中链路状态信息的传播量和计算负担，OSPF 将网络划分成多个区域（Area）。每个区域都有一个区域边界路由器（Area Border Router，ABR）连接其他区域，并用来汇总和传播区域内的路由信息。区域之间的连接点称为自治系统边界路由器（Autonomous System Boundary Router，ASBR），用于与其他自治系统交流。

（4）路由优先级：OSPF 使用一个称为开销的度量值来确定路径的优先级。开销通常是基于链路带宽来计算的，较高的带宽意味着更低的开销、更短的路径。路由器选择开销最低的路径作为最佳路径。

（5）安全性：OSPF 支持身份验证，可以确保只有经过验证的知名路由器才能参与协议交互，防止恶意攻击和路由伪装。

简而言之，OSPF 通过建立拓扑关系、交换链路状态信息、计算最短路径以及区域划分等机制，实现了高效的路由选择和动态适应网络拓扑变化的能力，使得数据包能够以最短路径按需传输到目的网络。OSPF 广泛应用于大规模、复杂的企业网络和互联网服务提供商网络中。

5.4 路由器

路由器是执行路由行为的设备，能够将多个网络互联起来，实现数据在不同网络之间的传输和通信。路由器配置命令对路由器的使用至关重要，它可以帮助我们建立网络连接、优化网络性能、确保网络安全以及解决网络故障。通过合理配置路由器，我们可以实现数据的高速传输、可靠通信以及网络资源的有效利用。

5.4.1 路由器概述

作为网络层的网络互联设备，路由器在网络互联中起到了不可或缺的作用。与物理层或数据链路层的网络互联设备相比，路由器具有物理层或数据链路层的网络互联设备所没有的一些重要功能。

从网络互联设备的基本功能来看，路由器具备非常强的在物理上扩展网络的能力。一个路由器在物理上可以提供与多种网络互联的接口，如以太网、令牌环网、FDDI、帧中继、ATM、广域网串行链路、SDH、ISDN 和 WLAN 等多种不同的接口，通过这些接口，路由器可以以多种方式支持各种异构网络的互联，包括 LAN-LAN、LAN-MAN、LAN-WAN、MAN-MAN 和 WAN-WAN 等多种互联方式。事实上，正是路由器强大的支持异构网络互联的能力才使其成为 Internet 上的核心设备。图 5-4 给出了一个基于路由器的异构网络互联示例。该示例通过 3 个路由器实现了 5 个不同网络的互联。

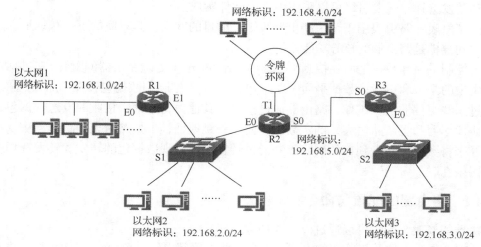

图 5-4　基于路由器的异构网络互联示例

路由器之所以能支持异构网络互联，关键在于其在网络层能够实现基于 IP 的分组转发。只要所有互联的主机与路由器能够支持 IP，那么位于不同局域网、城域网和广域网中的主机就都能以统一的 IP 分组形式实现相互通信。

实际上，路由器是一种具有多个输入端口和输出端口的专用计算机。图 5-5 所示为路由器工作原理示意。

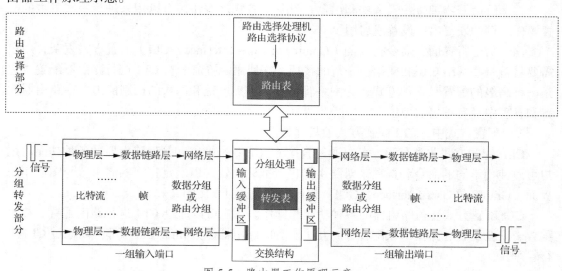

图 5-5　路由器工作原理示意

路由技术基础　第5章

路由器结构是为了实现其功能而设计的，通常包括以下几部分。

（1）路由处理器：路由处理器（Routing Processor）负责处理和调度路由器的各种功能，管理整个路由器的操作，并与其他组件通信。

（2）存储器：存储器（Memory）用于存储和维护路由器所需的软件、配置和路由表等数据。

（3）接口：接口用于连接路由器与其他网络设备，实现数据的输入和输出。接口通常支持不同的网络协议和物理连接类型。

（4）转发引擎：转发引擎（Forwarding Engine）根据路由表和转发策略，实现数据包的转发和转发选择。转发引擎可以采用硬件或软件实现。

（5）路由表：路由表用于记录路由器所知道的目的网络及其对应的下一跳地址。路由表的构建和维护是路由器的核心功能之一。

（6）控制平面和数据平面：控制平面（Control Plane）处理路由器的配置和控制功能，控制路由表的学习和更新；数据平面（Data Plane）负责实际的数据包转发和路由选择。

通过这些组件的协调工作，路由器通过接口与其他设备通信，接收和发送数据包；通过路由协议学习和更新路由表，确定数据包的下一跳地址；根据路由表和路由算法，选择最佳路径来将数据包转发到目的网络，并通过转发引擎实现数据包的转发和转发选择；最终完成网络互联。

5.4.2　路由器的配置与命令

路由器的修改与配置可以通过以下 4 种方式来完成。

（1）Web 界面：这是最常用的方式，大多数路由器都提供一个 Web 界面供用户进行配置和修改。通过连接路由器的管理 IP 地址，在浏览器中输入该 IP 地址，可以进入路由器的管理界面。在管理界面中，用户可以找到各种设置选项来更改路由器的参数。

（2）路由器 App：一些厂商提供专门的移动应用程序，用户可以通过手机或平板电脑进行路由器的修改和配置。用户只需下载并安装相应的 App，然后连接路由器，就可以直接在 App 中进行设置。

（3）路由器物理按钮：一些路由器在设备上有物理按钮，可以用来进行一些基本的配置操作，例如恢复出厂设置或启用 WPS 等。

（4）命令行界面：命令行界面（Command-Line Interface，CLI）配置方式复杂，用户需要具备一些网络知识和使用命令行的技巧，并使用配置命令在 CLI 进行路由器配置。它是一种高级的配置和管理方式，为网络管理员提供更广泛和深入的控制能力，在路由器配置和管理中具有重要的地位。

4 种配置方式中，CLI 配置方式独具优势。

CLI 配置方式非常灵活，可以通过直接输入命令来配置和管理路由器的各种功能。用户可以使用不同的命令和选项来对路由器进行准确配置，以满足特定的需求。与图形用户界面（Graphical User Interface，GUI）相比，CLI 更加直接和高效。

CLI 配置方式涵盖路由器的各种功能和操作。用户可以通过 CLI 进行路由配置、接口配置、安全配置、路由协议配置等。几乎所有的路由器参数和配置选项都可以通过 CLI 进行管理。

CLI 配置方式在综合性能方面也具有优势，由于其直接与路由器交互，采用它比采用 GUI 方式更少消耗路由器的系统资源。此外，CLI 具备更快的响应速率和更低的延迟，提供更高效的配置和排错方式。

CLI 配置方式支持脚本编写和批处理功能，可以实现自动化配置和批量操作。通过编写脚本，用户可以批量执行一系列命令，从而快速、准确地对多个路由器进行相同的配置操作。

CLI 配置方式是网络工程师和管理员常用的，被广泛应用于各种网络环境。无论是小型办公室网络还是大型企业网络，CLI 配置方式都是网络管理人员进行配置和管理的首选方法。

CLI 配置方式要求用户掌握路由器配置命令，配置命令主要有以下几个类别。

（1）全局配置命令

全局配置命令用于配置设备范围的全局参数。全局配置命令通常在配置模式下使用，通过输入特定的命令，进入全局配置模式，之后可以对整个路由器进行全局配置。在全局配置模式下，可以配置设备的主机名、域名、登录提示信息、时间、密码、路由协议等一系列的全局参数。

通过使用全局配置命令，管理员可以在路由器上进行全局配置，而不需要对每个接口或功能单独进行配置。全局配置命令的作用范围通常较大，会影响到整个路由器的运行。因此，在进行全局配置命令设置时，需要谨慎操作，确保对网络环境和路由器的影响有正确的评估和预期。

（2）接口配置命令

接口配置命令用于对不同接口（如以太网口、串口、无线接口等）进行配置和管理。接口配置命令通常是在接口配置模式（Interface Configuration Mode）下使用的，通过进入接口配置模式，可以对特定接口进行各种设置和调整。

使用接口配置命令可以对接口进行以下配置方面的设置。

- IP 地址和子网掩码：配置接口的 IP 地址和子网掩码，以确定接口所属的网络范围和子网划分。
- 网络协议和协议参数：启用/禁用接口上的特定网络协议（如 IP、IPv6、OSPF 等），并进行相关的协议参数设置。
- 接口状态管理：启用/禁用接口，确保接口的正常运行或停止。
- VLAN 配置：对接口进行 VLAN 的划分和配置。
- 安全和访问控制：配置接口的安全特性，如 ACL、端口安全等。

通过接口配置命令，管理员可以对不同接口进行个别配置和管理，以满足特定的网络需求和适应环境。接口配置命令和全局配置命令一起使用，可以全面地调整和管理路由器的各个接口。

（3）路由配置类命令

路由配置类命令用于配置和管理路由器的路由功能，以及控制数据包的转发和路径选择。

- 配置路由表：告知路由器如何转发数据包。可以配置静态路由，手动指定目的网络和下一跳地址；也可以配置动态路由协议，使路由器能够与相邻路由器交换路由信息，并自动更新路由表。

- 控制路径选择：设置路由协议的参数，如跃点数、带宽等，以影响路由算法。根据这些参数，路由器会决定选择最优的路径来转发数据包。
- 维护网络拓扑：配置和调整网络拓扑结构，包括区域划分、网段划分等。通过配置OSPF、RIP等协议的相关命令，可以构建和维护一个动态的网络拓扑结构。
- 实现策略路由：根据特定条件和策略设置路由，用于控制数据包的转发。例如，可以根据目的 IP 地址、源 IP 地址、端口号等条件，配置特定的路由策略。
- 故障排除和路由监控：帮助排查网络故障和监控路由器的运行状态。通过查看路由表、路由更新信息等命令，可以定位问题和了解网络的路由情况。

（4）安全配置命令

安全配置命令为路由器提供安全保护和防御机制，以保护路由器和网络免受未经授权的访问、恶意攻击和安全威胁，具体如下。

- 访问控制：配置和管理 ACL，用于限制对路由器和网络的访问。ACL 可以指定允许或禁止通过路由器的数据流，基于源 IP 地址、目的 IP 地址、端口号等条件进行过滤和控制。
- 身份验证和授权：配置认证和授权策略，以确保只有经过认证的用户可以访问路由器和相关的功能。可以使用相关命令设置用户名和密码，启用身份认证、授权和记账协议（Authentication Authorization and Accounting，AAA）功能并配置相关参数。
- 密码保护：配置各种密码保护机制，以防未经授权的访问。例如，可以通过密码设置控制台、虚拟终端和 Telnet 访问的认证密码，还可以设置特权密码和启用 Enable 密码。
- 防火墙配置：配置防火墙规则，以过滤和阻止不安全的流量进入或离开网络。可以配置 ACL 和其他规则来限制特定的流量类型和端口，从而提高网络的安全性。
- 传输层安全：配置传输层安全协议/安全套接字层（Transport Layer Security/Secure Scoket Layer，TLS/SSL），以加密和保护传输层上的数据。可以设置 TLS/SSL 证书和相关参数，确保传输过程中的数据机密性和完整性。

请读者注意：具体的命令和配置方式可能会根据设备和操作系统版本的不同而有所不同。在配置路由器时，建议参考设备的操作手册和厂商文档以了解特定设备支持的命令和配置选项。

📖**小阅读**

华为作为全球领先的信息与通信技术（Information and Communication Technology，ICT）解决方案供应商，在路由交换技术领域也有着卓越的表现。华为的路由交换技术经历了多次迭代和升级，每一代技术都有其特定的升级和改进重点。

1. 第一代路由交换技术：集中式路由架构

在华为公司的初创阶段，第一代路由交换技术以集中式路由架构为核心，主要提供基本的路由和交换功能。

主要特点如下。

集中式路由架构：采用传统的路由器和交换机作为核心设备，所有的路由和交换功能都集中在这些核心设备上。

支持基本的路由和交换功能：第一代路由交换技术主要提供基本的路由和交换功能，满足基本的网络需求。

扩展性有限：随着网络规模的扩大，集中式路由架构的扩展性逐渐成为瓶颈，难以满足大规模网络的需求。

2. 第二代路由交换技术：分布式路由架构

随着网络技术的发展，华为公司的第二代路由交换技术采用了分布式路由架构。主要特点如下。

分布式路由架构：将路由和交换功能分布在多个设备上，实现负载均衡和性能提升。

支持多种路由协议：引入了 BGP、OSPF 等新的协议和技术，增强网络的可扩展性和可靠性。

引入新技术提升性能：采用了一些新的技术，如高速缓存、专用集成电路（Application Specific Integrated Circult，ASIC）加速等，以提高路由器的性能和效率。

3. 第三代路由交换技术：高性能路由技术

第三代路由交换技术主要关注高性能路由技术的提升。主要特点如下。

高性能转发技术：通过提高转发性能、优化路由算法等方式，提高路由器的处理能力和效率。

引入新接口类型和技术：引入了 10Gbit/s 以太网接口和 MPLS VPN 等新的接口类型和技术，满足不断增长的网络需求。

高可靠性设计：采用了冗余设计和故障恢复技术，提高网络的可靠性和可用性。

4. 第四代路由交换技术：云化网络架构

第四代路由交换技术是华为公司进入"云化网络时代"的标志。主要特点如下。

云化网络架构：将网络的控制平面和数据平面分离，实现网络资源的集中管理和调度。

SDN 和 NFV 支持：引入了 SDN 和 NFV 等技术，提高了网络的灵活性和可扩展性。

支持多种云服务：支持云计算、云存储等云服务，为各类应用场景提供全面的解决方案。

高安全性：采用了先进的安全技术和加密算法，提高网络的安全性和可靠性。

5. 第五代路由交换技术：极简极致性能

主要特点如下。

基于硬件的分布式网络架构：将路由和交换功能集成在单一芯片中，实现更高效的数据处理和转发。

高速转发技术：采用高速转发技术，将数据流以最快的速率从一个端口转发到另一个端口，减少数据延迟。

iMaster NCE-Fabric 操作系统：该操作系统实现了网络设备的集中管理和自动化运维，提高了网络的可靠性和可用性。

支持多种新兴应用场景：支持 5G、物联网、人工智能等新兴应用场景，满足不断变化的市场需求。

强化安全性能：采用先进的加密技术和安全协议，强化了网络的安全性和可靠性。

未来，华为公司的路由交换技术将更加注重智能化、自动化和高效性，以更好地满足不断变化的市场需求。同时，华为公司还将继续加强与生态合作伙伴的合作，共同推动网络技术的进步和发展。

习 题

一、选择题

1. TCP/IP 网络中常用的距离矢量路由协议是（　　）。

    A. ARP   B. ICMP   C. OSPF   D. RIP

2. 在 Internet 中，IP 数据报从源节点到目的节点可能需要经过多个网络和路由器。在整个传输过程中，IP 数据报报头中的（　　）。

    A. 源地址和目的地址都不会发生变化

    B. 源地址有可能发生变化而目的地址不会发生变化

    C. 源地址不会发生变化而目的地址有可能发生变化

    D. 源地址和目的地址都有可能发生变化

3. 关于路由器，下列说法中正确的是（　　）。

    A. 路由器处理的信息量比交换机少，因此转发速率比交换机快

    B. 对于同一目标，路由器只提供延迟最小的最佳路由

    C. 通常的路由器可以支持多种网络层协议，并提供不同协议之间的分组交换

    D. 路由器不但能够根据逻辑地址进行转发，而且可以根据物理地址进行转发

4. 关于静态路由，以下说法正确的是（　　）。

    A. 简单但开销大   B. 能适应网络状态的变化

    C. 简单且开销小   D. 复杂但开销小

5. （　　）不是动态路由协议的优点。

    A. 自动学习网络拓扑结构   B. 提供负载均衡和容错能力

    C. 需要手动配置路由表   D. 能够根据网络状况自动调整路由路径

6. 下面关于路由器的描述中，正确的是（　　）。

    A. 路由器中串口与以太口必须是成对的

    B. 路由器中串口与以太口的 IP 地址必须在同一网段

    C. 路由器的串口之间通常是点到点连接

    D. 路由器的以太口之间必须是点到点连接

7. OSPF 属于下列（　　）类型的协议。

    A. 内部路由   B. 外部路由   C. 混合路由   D. 边界路由

8. 一台功能完整的路由器能支持多种协议数据的转发，除此之外，还支持（　　）。

    A. 数据过滤   B. 计费   C. 网络管理   D. 以上都是

9. 以下各项中，不是数据报操作特点的是（　　）。

    A. 每个分组自身携带足够的信息，它的传输是被单独处理的

    B. 在整个传输过程中，不需要建立虚电路

    C. 使所有分组按顺序到达目的端系统

D. 网络节点要为每个分组做出路由选择

10. 在分层次的路由选择协议中，（　　　）描述了 EGP 的特点。

A. EGP 适用于自治系统内的路由选择

B. EGP 使用链路状态路由选择算法进行路由计算

C. EGP 不能用于大规模复杂的网络环境

D. EGP 主要用于自治系统之间的路由选择

二、填空题

1. （　　　）适用于简单的网络环境、小规模网络或不经常变化的网络，（　　　）适用于复杂的网络环境、大规模网络或经常变化的网络。

2. 如果路由表发生错误，数据报可能进入循环路径，无休止地在网络中流动，利用 IP 报头中的（　　　）可以防止这一情况发生。

3. 为了实现网络的互联，路由器必须能具有地址映射、数据转发、（　　　）和（　　　）功能。

4. OSPF 需要建立一个（　　　）数据库，它完成路由选择任务依靠 5 种类型的分组：（　　　）分组、（　　　）分组、（　　　）分组、（　　　）分组和（　　　）分组。

5. 路由器能支持（　　　）网络的互联，其网络层能够实现基于（　　　）的分组转发。

三、综合题

1. 假定网络中路由器 B 的路由表有如下项目（这 3 列分别表示"目的网络""距离"和"下一跳路由器"）。

```
N1      7      A
N2      2      C
N6      8      F
N8      4      E
N9      4      F
```

现在 B 收到 C 发来的路由信息（这两列分别表示"目的网络"和"距离"）。

```
N2      4
N3      8
N6      4
N8      3
N9      5
```

试求出路由器 B 更新后的路由表，并详细说明每一个步骤。

2. 设某路由器建立了如下路由表。

目的网络	子网掩码	下一跳
128.96.39.0	255.255.255.128	接口 0
128.96.39.128	255.255.255.128	接口 1
128.96.40.0	255.255.255.128	R2
192.4.153.0	255.255.255.192	R3
*（默认）		R4

现总共收到 5 个分组，其目的 IP 地址分别如下。

（1）128.96.39.10。

（2）128.96.40.12。

（3）128.96.40.151。

（4）192.4.153.17。

（5）192.4.153.90。

试分别计算其下一跳地址。

3. 如图 5-6 所示，某单位有两个 LAN（各有 120 台计算机），通过路由器 R2 连接 Internet，现获得地址块 108.112.1.0/24，为这两个 LAN 分配 CIDR 地址块，并为路由器 R2 的接口 1、接口 2 分配地址（分配最小地址）。配置 R2 的路由表（目的地址，子网掩码，下一跳），在 R1 的路由表中增加一条项目使该单位的网络获得正确路由。

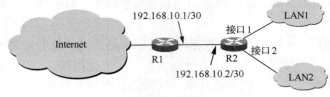

图 5-6 题图

4. 试简述 RIP、OSPF 和 BGP 路由选择协议的主要特点。

5. 路由器的基本结构主要由哪些部分组成？请详细描述它们的功能和作用。

6. IP 路由器具有哪些基本工作步骤？

第6章 广域网技术

6.1 广域网概述

广域网是一种跨越较大地理范围的数据通信网络，它通常使用公共电信基础设施作为其信息传输平台。广域网可以连接不同的城市、省份、国家，甚至跨越海洋，覆盖范围非常广泛。

6.1.1 广域网的概念

广域网又称为外网、公网，是连接不同地区局域网或城域网计算机进行通信的远程网。其通常跨接很大的物理范围，所覆盖的范围从几十千米到几千千米，它能连接多个地区、城市和国家，或横跨几个洲并提供远距离通信，构成国际性远程网络。Internet 是目前最大的广域网。

广域网通常由多个局域网或城域网通过路由器、交换机等设备相互连接而成，通常使用公共的传输介质，如电话线、光纤、卫星等，以实现不同地域间的通信和资源共享。广域网常用于大型企业、政府机构、教育机构等组织内部的网络通信，也广泛应用于互联网的基础设施建设。

6.1.2 广域网的组成

从网络的系统组成角度来看，广域网的组成可以分为以下几个部分。

（1）网络接入部分：包括各种网络接入设备，如调制解调器、交换机、路由器等，用于将局域网接入广域网。

（2）传输介质部分：包括各种传输介质，如电话线、光纤、卫星等，用于在广域网中传输数据。

（3）核心部分：包括核心路由器、交换机等设备，用于在广域网中路由数据包，实现数据的传输和转发。

（4）应用服务部分：包括各种应用服务设备和软件，如邮件服务器、Web 服务器、数据库服务器等，用于提供各种网络服务和应用。

广域网可以根据具体的应用场景和需求进行灵活的配置和组合。

6.1.3 广域网的层次结构及相关协议

广域网通常采用层次结构，使其更容易管理和维护。广域网可以分为以下 3 个层次。

接入层：广域网的接入层为用户提供接入服务，包括用户接口设备、路由器、交换机以及连接广域网的各种设备。接入层的任务是将用户的数据流从用户设备传输到广域网，同时将广域网中的数据流传输到用户设备。常用的接入协议有点到点协议（Point-to-Point Protocol，PPP）、高级数据链路控制（High Level Data Link Control，HDLC）和 ATM 等。

汇聚层：广域网的汇聚层是连接多个接入层的中间层，其任务是连接不同的接入层，并在不同接入层之间传输数据。汇聚层通常包括路由器、交换机和其他设备，可以实现不同接入层之间的互通。常用的汇聚协议有帧中继（Frame Relay）、ATM 和 MPLS 等。

核心层：广域网的核心层是连接汇聚层的顶层，其任务是传输高带宽和低延迟的数据流。核心层通常采用高速路由器、交换机等设备，以提供高性能的数据传输和路由服务。在核心层中，数据包通常会经过多个节点，因此必须保证其高可靠性和高可用性。常用的核心协议有 IP、OSPF 和 BGP 等。

6.2 广域网的传输技术

广域网的传输技术主要包括使用电信运营商提供的设备作为信息传输平台，利用不同的通信协议和技术实现数据的封装、传输和处理。其中，常见的协议包括帧中继、数字数据网和 ATM 等，不同的协议具有不同的特点和适用范围，可以根据实际需求进行选择。

6.2.1 帧中继

帧中继是一种基于分组交换技术的广域网传输协议，它可以在多个站点之间传输数据，应用在 OSI 参考模型中第二层（数据链路层），它是 X.25 技术的简化版，具有更好的通信性能。帧中继在中小型企业的广域网中比较常用，相比直接开通一条专线来说，帧中继线路的通信费用更低。

帧中继将数据分割成帧，每个帧由帧头和数据两部分组成。帧头包含源地址、目的地址、帧类型等信息，数据部分则是要传输的实际数据。帧中继将每个帧封装成一个分组，并通过物理链路传输。

帧中继省略了 X.25 的一些通信管理功能，不提供窗口技术和数据重发技术，而是依靠高层协议提供纠错功能。帧中继仅实现数据传输过程中物理层和数据链路层的功能，通过将流量控制、纠错等数据分组处理过程留给智能端设备完成，简化了节点设备之间的传输进程。

帧中继在每对设备之间都预先定义好一条帧中继通信链路，且该链路配置有一条专门的链路识别码作为专线传输。帧中继服务通过帧中继虚电路实现，每条帧中继虚电路都以数据链路连接标识符（Data Link Connection Identifier，DLCI）标识自己，DLCI 的值一般由帧中继服务提供商指定。

6.2.2 数字数据网

数字数据网（Digital Data Network，DDN）是一种广域网传输技术，它采用分组交换技术，通过 TCP/IP 传输数据。DDN 最初是为美国国防部提供高速、可靠的数据通信服务而建立的，是当时世界上最大、最快、最复杂的分组交换网之一。

DDN 的核心网是由超过 20 个主要节点和数百个辅助节点组成的分布式网络，每个节点都是一个高速路由器。DDN 采用网关路由协议（Gateway Routing Protocol，GRP）来为不同的用户提供网络服务，并支持域名系统实现主机名与 IP 地址之间的转换。

DDN 的传输方式基于分组交换技术，将数据分割成若干个数据包（Packet），并通过 TCP/IP 进行传输。数据包在传输过程中会经过多个路由器，每个路由器会根据数据包的目的地址选择最优的路径进行转发。数据包到达目的站后，再将数据包组装成原始数据。此外，DDN 还提供多种附加服务，如电子邮件、文件传输、远程登录等。

DDN 传输具有短传输时延、高吞吐量、低丢包率等优点，适用于广域网中传输的信息量大、对实时性要求高的业务，在大规模数据传输、高性能计算、云存储等领域有着广泛的应用前景。

6.2.3　ATM

ATM 是一种基于分组交换的高速通信技术，它将数据划分为固定长度的小数据包（称为 ATM 单元），并通过网络传输。

ATM 把需要传输的数据划分为大小固定的数据单元，称作 ATM 单元，由 48 字节的数据加上 5 字节的首部信息，构成长度为 53 字节的 ATM 单元。ATM 单元的大小是固定的，这也是 ATM 技术与其他分组交换技术的主要区别之一。ATM 单元的固定长度可以使 ATM 网络在传输数据时更加高效，同时可保证服务质量和时间敏感性。

ATM 采用虚电路方式传输数据，既可以使用永久虚电路（Permanent Virtual Circuit，PVC），也可以使用交换虚电路（Switched Virtual Circuit，SVC）。PVC 是一种预先配置好的虚电路，在物理网络中一直存在，不需要每次使用时都重新建立连接。PVC 通常用于长期、稳定的数据传输，如企业内部网络、数据中心等。SVC 是一种在需要时才建立的虚电路，在物理网络中并不存在，只有在需要传输数据时才建立连接。SVC 通常用于短期、临时的数据传输，如视频会议、文件传输等。

PVC 和 SVC 各有优缺点，选择哪种方式取决于具体的应用场景和需求。PVC 可以提高数据传输的效率和稳定性，但配置和管理较为复杂；SVC 可以快速建立连接，适用于临时数据传输，但可能会影响传输效率和稳定性。

ATM 交换机是 ATM 网络中非常重要的传输设备。ATM 交换机主要用于 ATM 单元的交换和转发，它能够实现 ATM 虚电路的建立、维护和释放，还能够保证传输的质量。

在广域网中针对时间延迟要求严格的数据传输，如视频会议、实时交互等应用场景，采用 ATM 技术能够满足需求，提供高效、稳定、低延迟的数据传输服务。

6.3　广域网接入技术

广域网接入技术（也称为接入网技术）是将用户终端连接广域网的技术的集合，常见的广域网接入技术包括 ISDN、电缆调制解调器、DDN、xDSL、以太网、光纤和无线接入技术等。每种技术都有其特点和适用范围，需要根据实际应用需求来选择广域网接入技术。

6.3.1　ISDN 接入

ISDN 是一种数字通信网络，它将数据、语音和图像等多种信息服务集成在一起，通过数字信号进行传输。ISDN 最早是由欧洲电信标准化组织（European Telecommunications Standards Institute，ETSI）制定的，目的是在单个传输线路上提供多种通信服务。ISDN 可分为基本速率接口（Basic Rate Interface，BRI）和主群速率接口（Primary Rate Interface，PRI）两种类型。

BRI 是一种低速 ISDN 接口，包括两个 B 信道和一个 D 信道。每个 B 信道的传输速率为 64kbit/s，D 信道的传输速率为 16kbit/s，总带宽为 144kbit/s，适用于家庭用户和小型企业。

PRI 是一种高速 ISDN 接口，包括 23 个 B 信道和 1 个 D 信道。每个 B 信道的传输速率为 64kbit/s，D 信道的传输速率为 64kbit/s，总带宽为 1.544Mbit/s，适用于大型企业和机构。

ISDN 对数字管道定义了 3 种类型的信道，它们是载体信道（Bearer Channel，B 信道）、数据信道（Data Channel，D 信道）和混合信道（Hybrid Channel，H 信道）。不同信道的作用和传输速率如表 6-1 所示。

表 6-1　不同信道的作用和传输速率

信道	作用	传输速率/（kbit·s⁻¹）
B 信道	传输数据、语音和视频等多种业务	64
D 信道	传输控制信令、用户数据的控制信息和信道控制信息等	16，64
H 信道	用于 BRI，传输两个 B 信道和一个 D 信道的数据	384，1536，1920

ISDN 的优点包括数字化传输、多种业务集成、高速率和具有良好的语音质量等；缺点包括成本较高、安装和维护难度大等。随着宽带技术的发展，ISDN 已逐渐被淘汰，但在一些欧洲国家和地区仍然被广泛应用。

6.3.2　电缆调制解调器接入

电缆调制解调器（Cable Modem）接入技术是基于有线电视（Cable Television，CATV）网的网络接入技术。它是近几年随着网络应用的扩大而发展起来的，主要用于有线电视网进行数据传输。目前，电缆调制解调器接入技术在全球尤其是北美的发展势头迅猛，在中国，国家广播电视总局在有线电视网上开发的宽带接入技术已经成熟并进入市场。有线电视网的覆盖范围广，入网用户多；网络频谱范围宽，起点高，大多数新建的有线电视网都采用混合光纤同轴电缆网络（Hybrid-Fiber-Coaxial network，HFC network），用 550MHz 以上频宽的邻频传输系统，极适合提供宽带业务。

电缆调制解调器与以往的调制解调器在原理上都是将数据进行调制后在电缆（Cable）的一个频率范围内传输，接收时进行解调，传输机制与普通调制解调器的相同，不同之处在于它是通过有线电视的某个传输频带进行调制解调的。而普通调制解调器的传输介质在用户与交换机之间是独立的，即用户独享通信介质。电缆调制解调器属于共享介质系统，其他空闲频段仍然可用于有线电视信号的传输。

电缆调制解调器本身并不单纯是调制解调器，它集调制解调器、调谐器、加/解密设备、桥接器、网络接口卡、SNMP 代理和以太网集线器等的功能于一身。它无须拨号上网，不占用电话线，可永久连接。服务商的设备同用户的调制解调器之间建立了一个 VLAN 连接，大多数的调制解调器提供一个标准的 10Base-T 以太网接口同用户的 PC 设备或局域网集线器相连。

使用电缆调制解调器接入网络，传输速率可以达到 10Mbit/s～36Mbit/s，通过 HFC

network 传输数据，可以覆盖整个大、中型城市。如果将来有线电视宽频网络通过改造后，达到光纤到楼的水平，实现全数据网络，传输速率更可达 1000Mbit/s 以上。除了可以实现高速上网外，还可以实现可视电话、电视会议、多媒体远程教学、远程医疗、网上游戏、IP 电话、高速数字传播、VPN、视频点播等高速数据传输服务。

6.3.3　DDN 接入

DDN 是随着数据通信业务的发展而迅速发展起来的一种新型网络。DDN 的主干网传输介质有光纤、数字微波、卫星信道等，到用户端多使用普通电缆和双绞线。DDN 利用数字信道传输数据信号，这与传统的模拟信道相比有本质的区别，DDN 传输的数据具有质量高、速率快、网络时延小等一系列优点，特别适用于计算机主机之间、局域网之间、计算机主机与远程终端之间的大容量、多媒体、中高速通信的传输，DDN 可以说是我国的中高速信息国道。

由于 DDN 是采用数字信道传输数据信号的通信网，因此可提供点到点、点对多点透明传输的数据专线出租电路，为用户传输数据、图像、声音等信息。使用 DDN 具有如下特点。

（1）DDN 是透明传输网。由于 DDN 将数字通信的规则和协议寄放在智能化程度高的用户终端中完成，本身不受任何规程的约束，所以是全透明网，是一种面向各类数据用户的公用通信网，它可以看成大型的中继开放系统。

（2）传输速率高，网络时延小。由于 DDN 用户数据信息根据事先的协议，在固定通道带宽和预先约定传输速率的情况下顺序连接网络，这样只需按时隙通道就可以准确地将数据信息送到目的站，从而免去了目的终端对信息的重组，减少了时延。

（3）DDN 可提供灵活的连接方式。DDN 可以支持数据、语音、图像传输等多种业务，它不仅可以和客户终端设备进行连接，还可以和用户网络进行连接，为用户网络互联提供灵活的组网环境。DDN 的通信速率可根据用户需要在 $N\times64$kbit/s（$N=1\sim32$）之间进行选择，当然速率越快，租赁费用就越高。

（4）灵活的网络管理系统。DDN 采用的图形化网络管理系统可以实时地收集网络内发生的故障并进行故障分析和定位。通过网络图形颜色的变化，显示故障点的信息，其中包括网络设备的地点、网络设备的电路板编号及端口位置，从而提醒维护人员及时、准确地排除故障。

（5）保密性高。由于 DDN 专线提供点到点的通信，信道固定分配以保证通信的可靠性，不会受其他客户使用情况的影响，因此通信保密性强，能满足金融、保险客户的需要。

DDN 将数字通信技术、计算机技术、光纤通信技术以及数字交叉连接技术有机地结合在一起，提供了高速率、高质量的通信环境，为用户规划、建立自己的安全、高效的专用数据网络提供了条件，因此在多种接入方式中深受广大客户的青睐。

6.3.4　xDSL 接入

xDSL（x Digital Subscriber Line，x 数字用户线）又叫作数字用户环路。数字用户线是从用户到本地电话交换中心的一对铜双绞线，本地电话交换中心又叫作中心局。xDSL 接入

广域网技术 / 第 6 章

技术按上行（用户到中心局）和下行（中心局到用户）的传输速率是否相同分为传输速率对称型和传输速率非对称型两种。根据信号传输速率与距离，以及上行传输速率与下行传输速率的不同。xDSL 中的 x 表示 A/H/S/C/I/V/RA 等。表 6-2 给出了一些常用的 xDSL 技术。

表 6-2　一些常用的 xDSL 接入技术

xDSL	5.5km 下/上行传输速率	3.6km 下/上行传输速率	线对数/对
ADSL	1.5Mbit $\cdot$ s^{-1}/64 kbit $\cdot$ s^{-1}	6 Mbit/s/640 kbit/s	1
HDSL	1.544 Mbit $\cdot$ s^{-1}（对称）	1.544 Mbit/s（对称）	2
VDSL	51 Mbit $\cdot$ s^{-1}/2.3 Mbit $\cdot$ s^{-1}	51 Mbit/s/2.3 Mbit/s	2
RADSL	1.5 Mbit $\cdot$ s^{-1}/64 kbit $\cdot$ s^{-1}	6 Mbit/s/640 kbit/s	1

下面简单介绍表 6-2 中列出的几种常用的 xDSL 接入技术。

（1）ADSL

ADSL（Asymmetric Digital Subscriber Line，非对称数字用户线）技术是用数字技术对现成的模拟电话用户进行改造，使它能够承载宽带数字业务。之所以叫作"非对称"，是因为 ADSL 的下行（从 ISP 到用户）宽带远远大于上行（从用户到 ISP）宽带。

ADSL 技术把 0～4kHz 低端频谱留给传统电话使用，而把原来没有利用的高端频谱留给用户上网使用。ADSL 在用户线（铜线）的两端各安装一个 ADSL 调制解调器，我国采用的调制解调器实现方案是 DMT（Discrete Multi-Tone modulation，离散多音频调制）技术。ADSL 采用自适应调制技术使用户线能够具有尽可能高的传输速率。

ADSL 的接入网组成部分：DSLAM（Digital Subscriber Line Access Multiplexer，数字用户线接入复用器），用户线和用户家中的一些设施。

其优点是可以利用电话网中的用户线（铜线），而不需要重新布线。缺点是 ADSL 不能保证固定的传输速率，对于质量很差的用户线，甚至无法开通 ADSL。因此，信息通信管理局需要定期检查用户线的质量，以保证能够提供向用户承诺的最高 ADSL 传输速率。

（2）HDSL

HDSL（High-bit-rate Digital Subscriber Line，高比特率数字用户线）在无中继的用户环路上使用无负载电话线提供高速数字接入的传输服务。可在现有任意双绞线上实现全双工、传输速率高达 2Mbit/s 的数字信号传输；可无中继传输 3～5km、不需要选择线对、误码率低；可为用户提供 30B+D、2Mbit/s 租用线服务，可传输 30 路话音进行普通电话扩容。主要应用于 2Mbit/s 业务，如会议电视、局域网与局域网互联、移动通信基站、ISDN 一次群传输速率和专用自动交换机连接。

（3）VDSL

VDAL（Veryhigh-bit-rate Digital Subscriber Line，甚高比特率数字用户线）在 ADSL 基础上发展起来，最大下行传输速率为 51Mbit/s～55Mbit/s，传输距离不超过 300m，当传输速率在 13Mbit/s 以下时，传输距离可达到 1.5km，上行传输速率为 1.6Mbit/s 以上。采用前项纠错（Forward Error Correction，FEC）编码技术进行传输差错控制；成本低，和光纤到路边相结合实现宽带综合接入。

（4）RADSL

RADSL（Rateadaptive Digital Subscriber Line，速率自适应数字用户线）提供的速率范围与 ADSL 提供的基本相同，也是一种提供高速下行、低速上行并保留原语音服务的数字用户线。它与 ADSL 的区别是 RADSL 速率可以根据传输距离动态自适应，当距离增大时，速率降低，供用户灵活选择传输服务。

xDSL 同样基于 PSTN 或有线电视网，且比 PSTN 上的传统调制解调器更加高速，xDSL 仅利用 PSTN 或有线电视网的用户环路，而非整个网络。其数据信号在原有话音或视频线路上叠加传输，在信息通信管理局和用户端进行合成和分解，因此需要配置相应的局端设备；由于传输距离越长，信号衰减越大，越不适合高速传输，因此 xDSL 只能工作在用户环路，距离有限，可提升传输速率；xDSL 采用了不同于普通调制解调器的 V.32、V.34 和 V.90 等标准，应用先进的 2B1Q、QAM、CAP 和 DMT 等调制解调技术，通信速率大幅度提高。

6.3.5 以太网接入

以太网接入是一种局域网技术，通过双绞线或光缆将计算机、服务器、打印机等设备连接起来，并利用以太网交换机进行组网，实现数据传输和共享。以太网接入技术具有高速、高可靠性、高灵活性等特点，被广泛应用于各种网络环境。

以太网接入技术可以分为有源以太网和无源以太网两种类型。有源以太网指的是在传输过程中需要电源支持的以太网，可以实现更高速和更远距离的传输，但需要铺设更多的线缆和增加设备的投资。无源以太网则不需要电源支持，主要利用光缆和光分路器等无源器件进行传输，适用于局域网和企业内部网络的建设。

在以太网接入技术的发展过程中，出现了 EPON（Ethernet Passive Optical Network，以太网无源光网络）系统等更为先进的接入技术。EPON 系统采用点到多点结构、无源光纤传输方式，在以太网的基础上提供多种类型的业务。将以太网和 PON 技术结合，在物理层采用 PON 技术，在数据链路层使用以太网协议，利用 PON 的拓扑结构实现以太网接入。EPON 系统综合了 PON 技术和以太网技术的优点：低成本、高带宽、扩展性强、与现有以太网兼容、方便管理等。可以提供大容量、高速率的接入系统，对于高速宽带业务接入非常具有吸引力。

6.3.6 光纤接入

FTTx（Fiber To The X，光纤接入）是新一代的光纤用户接入网，用于连接电信运营商和终端用户。

FTTx 的网络可以是有源光网络，也可以是无源光网络。由于有源光网络的成本相对较高，实际上在用户接入网中应用很少，所以目前通常所指的 FFTx 网络应用的都是无源光网络。

根据光纤到用户的距离来分类，可分成 FTTC（Fiber To The Curb，光纤到路边）、FTTB（Fiber To The Building，光纤到大楼）、FTTH（Fiber To The Home，光纤到户）3 种服务。

（1）FTTC

FTTC 为目前最主要的服务形式，主要为住宅区的用户提供服务，将光网络单元（Optical Network Unit，ONU）设备放置于路边机箱，利用从 ONU 出来的同轴电缆传输 CATV 信号或双绞线提供电话及上网服务。FTTC 的传输速率为 155Mbit/s。FTTC 与中心局之间的接口采用 ITU-T 制定的接口标准 V5。

（2）FTTB

FTTB 根据服务对象区分为两种服务，一种是公寓大厦的用户服务，另一种是商业大楼的公司行号服务，两种皆将 ONU 设置在大楼的地下室配线箱处。区别在于公寓大厦的

ONU 是 FTTC 的延伸，而商业大楼服务于中大型企业单位，必须提高传输速率，以提供高速的数据、电子商务、视频会议等宽带服务。

（3）FTTH

ITU 认为从光纤端头的光电转换器（或称为媒体转换器）到用户桌面不超过 100m 的情况才是 FTTH。FTTH 将光纤的距离延伸到终端用户家里，使得其在家庭内能提供各种不同的宽带服务，如视频点播、在家购物、在家上课等，提供更多的商机。若搭配无线局域网技术，将使得宽带与移动结合，可以实现未来宽带数字家庭的远景。

6.3.7 无线接入

无线接入技术可以使笔记本电脑或者其他移动设备（如智能手机、平板电脑等）在无线广域网的覆盖范围内（数百甚至上千千米）连接互联网。当前常用的无线接入技术有 3 种，分别是通过无线局域网、蜂窝移动通信系统、宽带卫星的广域网的无线接入技术。

1．Wi-Fi（无线局域网）

Wi-Fi 是一种基于无线电波的局域网技术，它可以通过无线接入点将用户设备连接广域网，使用户可以在覆盖范围内无线上网。Wi-Fi 在无线局域网范畴是指"无线相容性认证"，这实质上是一种商业认证，同时也是一种无线联网的技术，以前通过网线连接计算机，而现在通过无线电波来联网。Wi-Fi 使用的频段有 2.4GHz 和 5GHz 两种，其传输速率可以达到几百兆比特每秒或几吉比特每秒。常通过无线路由器联网，在这个无线路由器的信号覆盖的有效范围内都可以采用 Wi-Fi 连接方式进行联网，Wi-Fi 技术的优点是便捷、灵活，在家庭、办公室、公共场所等地点广泛应用。但其缺点是传输距离较短，信号容易受到干扰，需要注意网络安全问题。

2．蜂窝移动通信系统

蜂窝移动网络是一种广域网无线接入技术，如 4G 和 5G 网络。它基于蜂窝基站和移动设备之间的通信，通过无线电信号实现用户设备与网络的连接。蜂窝移动网络具有广阔的覆盖范围，具有移动性并可以实现高速数据传输，适用于移动通信和移动互联网应用。

蜂窝移动通信系统是当前移动通信的"主力军"，它采用蜂窝结构，频率可重复利用，实现了大区域覆盖；并支持漫游和越区切换，实现了高速移动环境下的不间断通信。从 20 世纪 70 年代起，它已经历了多次的更新换代，4G LTE 是目前广泛使用的蜂窝移动网络技术。它提供高速数据传输，支持宽带无线访问，适用于各种互联网应用。4G LTE 网络使用全 IP 体系结构，具有较低的延迟和较高的带宽。5G NR 是新一代蜂窝移动网络技术。它提供更高的数据传输速率、更低的延迟和更大的网络容量。5G NR 支持更多的设备连接、更低的功耗，并为各种应用场景提供更好的网络性能。

截至 2022 年底，全球独立移动用户数为 54 亿，其中移动互联网用户数为 44 亿。5G 将在持续部署的基础上支撑未来的移动创新和服务。随着技术的进步，5G NR 等新技术将进一步提升移动网络的速率、容量和可靠性。

3．宽带卫星

与地面通信系统相比，宽带卫星接入系统虽然有时延较长等缺点，但具有一些地面网络无法比拟的优点，譬如覆盖面广，具有极佳的广播性能；传输不受地理条件的限制，组网灵活；网络建设速率快，成本低；能够灵活、高效地利用和扩展带宽；链路性能好，利于推广多元化的多媒体应用；技术成熟，标准稳定等。作为地面网络的补充，宽带卫星接入系统对地面网络不能到达的不发达地区来说是一种有效的通信方式。

6.4　VPN 和 NAT 技术

VPN 和 NAT（Network Address Translation，网络地址转换）技术都是用于网络通信的技术，但它们的应用场景和目的略有不同。VPN 技术的主要作用是实现安全、可靠的数据传输，可以在公共网络上建立加密通道，保障数据的安全性和保密性。NAT 技术则主要用于解决 IP 地址不足的问题，同时可以保护内部网络的安全，实现本地网络与外部网络的通信。

6.4.1　VPN 技术

1．VPN 技术出现背景

虚拟专用网（VPN）

为什么会出现 VPN 技术呢？VPN 技术解决了什么问题呢？如图 6-1 所示，在没有 VPN 之前，企业的总部和分部之间都是采用运营商的 Internet 进行通信，而因特网往往是不安全的，通信的内容可能被窃取、修改等，从而造成安全事件。

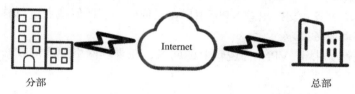

图 6-1　企业的总部和分部通过 Internet 通信

那么有没有一种技术既能实现总部和分部互通，也能保证数据传输的安全性呢？

一开始大家想到的是专线，如图 6-2 所示，在总部和分部之间用专线连接，只传输自己的业务，但是专线的费用不是一般公司能够承受的，而且维护很困难。

图 6-2　企业的总部和分部通过专线通信

那么有没有成本比较低的方案呢？

有，那就是使用 VPN。VPN 通过在现有的 Internet 中构建专用的虚拟网络，实现企业总部和分部的通信，解决了互通、安全、成本的问题。

2．VPN 技术介绍

VPN 指通过 VPN 技术在公有网络（简称公网）中构建专用的虚拟网络。如图 6-3 所示，用户在此虚拟网络中传输流量，从而在 Internet 中实现安全、可靠的连接。其中，VPN 是专门给 VPN 用户使用的网络，对用户而言，使用 VPN 还是使用 Internet 几乎是无法感知的。VPN 提供安全保证，是逻辑意义上的专网。

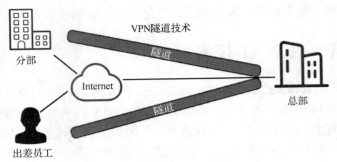

图 6-3　企业的总部和分部通过 VPN 通信

3．VPN 技术优势

VPN 和传统的公网相比具有如下优势。

（1）安全：在远端用户、驻外机构、合作伙伴、供应商与公司总部之间建立可靠的连接，保证数据传输的安全性。这对实现电子商务或金融网络与通信网络的融合特别重要。

（2）成本低：利用公共网络进行通信，企业可以用更低的成本连接远程办事机构、出差员工和业务伙伴。

（3）支持移动业务：支持出差 VPN 用户在任何时间、任何地点进行移动接入，能够满足不断增长的移动业务需求。

（4）可扩展性：由于 VPN 为逻辑上的网络，在物理网络中增加或修改节点，不影响VPN 的部署。

4．VPN 分类

（1）根据 VPN 建设单位不同进行划分

① 租用运营商 VPN 专线搭建企业网络。

运营商的专线网络大多数使用的是 MPLS VPN，企业通过购买运营商提供的 VPN 专线服务实现总部和分部间的通信需求。VPN 网关为运营商所有。

② 企业自建 VPN 网络。

企业自己购买 VPN 网络设备，搭建自己的 VPN 网络，实现总部和分部通信，或者出差员工和总部通信。常见的如 IPsec VPN、GRE VPN、L2TP VPN。

（2）根据组网方式进行划分

① 远程访问 VPN。

这种方式适用于出差员工拨号接入 VPN，员工在有 Internet 的地方都可以通过 VPN 访问内网资源。常见的如 SSL VPN、L2TP VPN。

② 站点到站点的 VPN。

这种方式适用于企业两个局域网互通的情况，如企业的分部访问总部。常见的如 MPLS VPN、IPSec VPN。

（3）根据工作网络层次进行划分

① 应用层：SSL VPN。

② 网络层：IPSec VPN 、GRE VPN。

③ 数据链路层：L2TP VPN、PPTP VPN。

5．VPN 关键技术

（1）隧道技术

VPN 技术的基本原理其实是隧道技术，类似于火车的轨道、地铁的轨道，从 A 站点到 B 站点都是直通的，不会堵车。对乘客而言，就是专车。

隧道技术其实就是对传输的报文进行封装，利用公网建立专用的数据传输通道，从而使数据安全、可靠地传输。原始报文在隧道的一端进行封装，封装后的数据在公网上传输，在隧道另一端进行解封装，从而实现数据的安全传输。

隧道通过隧道协议实现，如 GRE（Generic Routing Encapsulation，通用路由封装）、L2TP（Layer 2 Tunneling Protocol，第二层隧道协议）等。隧道协议通过在隧道的一端给数据加上隧道协议头，即进行封装，使这些被封装的数据都能在某网络中传输，并且在隧道的另一端去掉该数据携带的隧道协议头，即进行解封装。报文在隧道中传输前后都要经过封装和解封装两个过程。

（2）VPN 的安全性

通过身份认证、数据加密、数据验证技术可以有效保证 VPN 网络和数据的安全性。

① 身份认证：VPN 网关对接入 VPN 的用户进行身份认证，保证接入的用户都是合法用户。

② 数据加密：将明文通过加密技术加密成密文，哪怕信息被截取了，也无法识别。

③ 数据验证：通过数据验证技术验证报文的完整性和真伪性，防止数据被篡改。

身份认证、数据加密和验证对各种类型 VPN 的支持程度如表 6-3 所示。

表 6-3　身份认证、数据加密和验证对各种类型 VPN 的支持程度

VPN	身份认证	数据加密和验证	备注
GRE	不支持	支持简单的关键字校验和验证	可以结合 IPSec 使用，利用 IPSec 的数据加密和验证特性
L2TP	支持基于 PPP 的 CHAP、PAPEAP 认证	不支持	
IPSec	支持	支持	支持预共享密钥验证或证书认证；支持 IKEv2 的 EAP 认证
SSL	支持	支持	支持用户名/密码或证书认证
MPLS	不支持	不支持	一般运行在专用的 VPN 骨干网

6.4.2　NAT 技术

1．NAT 技术出现背景

网络地址转换（NAT）

当今，无数的用户尽情享受互联网带来的乐趣。他们浏览新闻、搜索资料、下载软件、广交新朋、分享信息，甚至足不出户获取一切日常所需。企业利用互联网发布信息，传递资料和订单，提供技术支持，完成日常办公。然而，互联网在给亿万用户带来便利的同时，自身面临一个致命的问题：构建互联网的基础 IPv4 已经不能提供新的网络地址了。

2011 年 2 月 3 日，IANA 对外宣布：IPv4 地址空间最后 5 个地址块已经被分配给下属的 5 个地区委员会。2011 年 4 月 15 日，APNIC 对外宣布，除了个别保留地址外，本区域所有的 IPv4 地址基本耗尽。一时之间，IPv4 地址作为一种濒危资源身价陡增，各大网络公司出巨资收购剩余的空闲地址。其实，IPv4 地址不足的问题不是新闻，早在 20 年以前，IPv4 地址即将耗尽的问题就已经摆在互联网先驱面前。

IPv4定义一个跨越异种网络互联的超级网,它为每个网际网的节点分配全球唯一的IP地址。如果我们把互联网比作邮政系统,那么IP地址的作用就等同于包含城市、街区、门牌编号在内的完整地址。IPv4使用32位整数表达一个地址,地址最大范围就是232(约为43亿)。以IP地址诞生时期可被联网的设备来看,这样的空间已经很大,很难在短时间内用完。然而,事实远远超出人们的设想,计算机网络在此后的几十年里迅速发展,网络终端数量呈爆炸性增长。

更为糟糕的是,为了路由和管理方便,43亿的地址空间被按照不同前缀长度被划分为A、B、C、D类网络地址和保留地址。其中,A类网络地址127段,每段包括主机地址约1678万个。B类网络地址16384段,每段包括65536个主机地址。

同时,IANA还以一次一段的方式向大型企业分发地址,这样的分配策略使得IP地址浪费严重,很多IP地址被分配出去后并没有真实得到利用,地址消耗迅速。网络专家意识到,这样下去IPv4地址就不够用了。人们开始考虑IPv4的替代方案,在这样的背景下,NAT技术诞生了。

2.全球地址和专用地址

全球地址是指在互联网上全球唯一的IP地址。2019年11月26日,全球43亿个IPv4地址正式耗尽。专用地址是指内部网络或主机的IP地址,IANA规定将下列的IP地址保留用作私有网络(简称私网)地址,不在互联网上分配,可在一个单位或公司内部使用。RFC 1918中规定专用地址如下。

A类专用地址:10.0.0.0～10.255.255.255。
B类专用地址:172.16.0.0～172.31.255.255。
C类专用地址:192.168.0.0～192.168.255.255。

这些地址超出了组织的管理范围就不再有意义,无论是作为源地址,还是作为目的地址。对于一个封闭的组织,如果其网络不连接互联网,就可以使用这些地址而不用向IANA提出申请,且在内部的路由管理和报文传递方式与其他网络没有差异。

3.NAT技术介绍

NAT于1994年提出,当在专用网内部的一些主机本来已经分配了本地IP地址(即仅在本专用网内使用的专用地址),但在并不需要加密的情况下又想和互联网上的主机通信时,可使用NAT技术。采用这种技术需要在专用网的专用IP地址连接互联网的全球IP地址的路由器上安装NAT软件。装有NAT软件的路由器叫作NAT路由器,它至少有一个有效的外部全球IP地址(公网IP地址)。这样,所有使用专用IP(私网IP)地址的主机在和外界通信时,都要在NAT路由器上将其本地地址转换成全球IP地址,才能和互联网连接。另外,这种通过使用少量的全球IP地址(公网IP地址)代表较多的私有IP地址的方式,有助于减缓可用的IP地址空间的枯竭。

4.NAT原理

(1)静态NAT

静态NAT的核心任务就是建立并维护一张静态地址映射表,静态地址映射表反映公网IP地址与私网IP地址之间的一一对应关系。在使用NAT时,内部主机的IP地址与公网的IP地址是一对一静态绑定的,静态NAT中的公网地址只会对应一个私网地址,如图6-4所示,一个私网地址对应一个公网地址。

静态NAT的工作原理非常简单,但是可以看到,静态NAT并不能节约公网IP地址资源。因此,在实际部署NAT时,一般不会采用静态NAT。

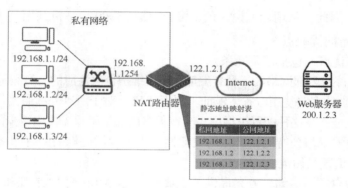

图 6-4　静态 NAT

（2）动态 NAT

静态 NAT 严格地一对一进行地址映射，这就导致即便内网主机长时间离线或者不发送数据，与之对应的公网地址也处于使用状态。为了避免地址浪费，动态 NAT 将所有公网地址放入一个 IP 地址池中。不像使用静态 NAT 那样，无须静态地配置路由器，使其将每个私网 IP 地址都对应一个公网 IP 地址，但必须有足够的公网 IP 地址，让连接 Internet 的主机都能够同时发送和接收分组。

（3）端口地址转换

这是最常用的 NAT 类型之一。端口地址转换（Port Address Translation，PAT）也是动态 NAT，它利用源端口号将多个私网 IP 地址映射到一个公网 IP 地址（多对一）。通过使用 PAT，只需使用一个公网 IP 地址，就可将数千名用户连接 Internet。其核心之处在于利用端口号实现公网和私网的转换，如图 6-5 所示。

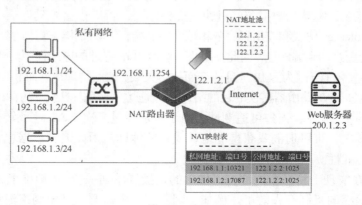

图 6-5　PAT

面对私网内部数量庞大的主机，如果 NAT 只进行 IP 地址的简单转换，就会产生一个问题：当有多个内部主机访问同一个服务器时，返回的信息不足以区分响应应该转发到哪个内部主机。此时，需要 NAT 设备根据传输层信息或其他上层协议来区分不同的会话，并且可能要对上层协议的标识进行转换，比如 TCP 或 UDP 端口号。这样，NAT 网关就可以将不同的内部连接访问映射到同一公网 IP 地址的不同传输层端口，通过这种方式实现公网 IP 地址的复用和解复用。这种方式也被称为 PAT、网络地址和端口翻译（Network Address and Port Translation，NAPT），但更多时候被直接称为 NAT，因为它是最典型的一种应用模式。PAT 能够使用传输层端口号来标识主机，利用端口号的唯一性实现公网 IP 地址转换为私网 IP 地址。因此，从理论上说，最多可让大约 65000 台主机共用一个公网 IP 地址。

5．NAT 技术的优缺点

NAT 有许多优点，包括以下几条。

（1）NAT 允许对内部网络实行私有编址，从而维护合法注册的公有编址方案。NAT 通过应用程序端口级别的多路复用节省了地址。利用 PAT，对于所有外部通信，内部主机可以共享一个公网 IP 地址。在这种配置类型中，支持很多内部主机只需使用极少的外部地址。

（2）NAT 增强了与公有网络连接的灵活性。为了确保可靠的公有网络连接，可以实施多池、备用池和负载均衡池。

（3）NAT 为内部网络编址方案提供了一致性。在没有私网 IP 地址和 NAT 的网络上，更改公网 IP 地址需要给现有网络上的所有主机重新编号，主机重新编号的成本可能非常高。NAT 允许保留现有方案，同时支持新的公有编址方案。这意味着，组织可以更换 ISP 而不需要更改任何内部客户端。

（4）NAT 提供了网络安全性。由于私有网络在实施 NAT 时不会通告其地址或内部拓扑，因此在实现受控外部访问的同时能确保安全。不过，NAT 不能取代防火墙。

但是，NAT 确实有一些缺点。Internet 上的主机看起来是直接与 NAT 设备通信，而不是与私有网络内部的实际主机通信，这一事实会造成几个问题。理论上，全球唯一的 IP 地址可以代表许多台私有寻址的主机。从私密性和安全性角度看，这是优点，但实际上这也会带来一些弊端，如下。

（1）影响性能。转换数据包报头内的每个 IP 地址需要时间，因此 NAT 会增加交换延迟。第一个数据包采用过程交换，意味着它始终经过较慢的路径。路由器必须查看每个数据包，以决定是否需要转换。路由器需要更改 IP 报头，甚至可能更改 TCP 或 UDP 报头。如果缓存条目存在，则其余数据包经过快速交换路径，否则也会被延迟。

（2）许多 Internet 协议和应用程序依赖端到端功能，需要将未经修改的数据包从源转发到目的站。NAT 会更改端到端地址，因此会阻止一些使用 IP 寻址的应用程序。例如，一些安全应用程序（如数字签名）会因为源 IP 地址改变而执行失败。使用物理地址而非限定域名的应用程序，无法到达经过 NAT 路由器转换的目的站，有时通过实施静态 NAT 映射可避免此问题。

（3）端到端 IP 地址会丧失可追溯性。由于可能经过多次 NAT 地址转换，数据包地址可能已改变很多次，难以追溯或获得源地址或目的地址。因此追溯数据包将更加困难，排除故障也更具挑战性。

（4）NAT 在实现上将多个内部主机发出的连接复用到一个 IP 地址上，这就使依赖 IP 地址进行主机跟踪的机制都失效了。例如，网络管理中需要的基于网络流量分析的应用无法跟踪终端用户与流量的具体行为关系，导致很多应用层协议无法识别（比如 FTP）。

习　题

一、选择题

1. （　　　）广域网技术需要使用光纤作为传输介质。
    A．ADSL　　　　　　B．ISDN　　　　　　C．FTTX　　　　　　D．WiMAX
2. 在广域网中，（　　　）设备用于将网络流量从一个网络传输到另一个网络。
    A．路由器　　　　　B．交换机　　　　　C．防火墙　　　　　D．调制解调器

3. FTTx+局域网接入网采用的传输介质为（　　）。
   A. 同轴电缆
   B. 光纤
   C. 5 类双绞线
   D. 光纤和 5 类双绞线

4. 接入因特网的方式有多种，下面关于各种接入方式的描述，不正确的是（　　）。
   A. 以终端方式入网，不需要 IP 地址
   B. 通过 PPP 拨号方式接入，需要有固定的 IP 地址
   C. 通过代理服务器接入，多个主机可以共享一个 IP 地址
   D. 通过局域网接入，可以有固定的 IP 地址，也可以用动态分配的 IP 地址

5. 在 HFC network 中，电缆调制解调器的作用是（　　）。
   A. 调制解调和拨号上网
   B. 调制解调和作为以太网接口
   C. 连接电话线和用户终端计算机
   D. 连接 ISDN 接口和用户终端计算机

6. VPN 主要使用了（　　）技术来保证通信的安全性。
   A. 隧道技术、身份认证、日志记录和访问控制
   B. 隧道技术、加密、身份认证和防火墙
   C. 隧道技术、加密、身份认证和 VPN
   D. 隧道技术、加密、日志记录和 VPN

7. （　　）用于广域网中的数据链路层。
   A. TCP
   B. UDP
   C. PPP
   D. RIP

8. 光纤接入技术的主要优点是（　　）。
   A. 传输速率快，传输距离长
   B. 安全性高，抗干扰能力强
   C. 安装方便，维护成本低
   D. 以上都是

9. ADSL 是一种宽带接入技术，这种技术使用的传输介质是（　　）。
   A. 电话线
   B. CATV 电缆
   C. 基带同轴电缆
   D. 无线通信网

10. NAT 技术通常用于解决（　　）类型的问题。
    A. 局域网内部 IP 地址冲突
    B. 不同局域网之间无法通信
    C. 内部网络地址无法访问外部网络
    D. 以上所有选项

二、填空题

1. 广域网由（　　）及（　　）组成。

2. ATM 有时称为（　　）中继，是汇集 25 年来从（　　）交换到（　　）交换的所有通信技术而发展起来的新技术。

3. 广域网被认为覆盖大片的地理区域，一次传输要经由网络中一系列内部互联的交换（　　）。

4. 广域网所提供的服务可分为（　　）网络服务和（　　）网络服务两大类。

5. 对于术语 10Base-T，其中 10 表示（　　）；Base 表示（　　）；T 表示（　　）。

三、简答题

1. 什么是广域网？
2. 广域网与局域网的主要区别是什么？
3. VPN 是什么？它有什么作用？
4. 请简要介绍两种常见的广域网技术。
5. 广域网接入的主要技术有哪些？

第7章 Internet 基础与应用

7.1 Internet 基础

Internet 是一个全球性的信息网络，将世界范围内不同类型、不同地区的计算机网络互联在一起，提供了一个方便的信息交流和共享平台。在这个网络中，人们可以通过各种设备（如计算机、手机、平板电脑等）进行连接和信息交互，获取各种所需的信息，进行各种在线活动，如电子邮件传输、文件传输、网络购物、远程工作、社交娱乐等。它的应用非常广泛，除了基本的应用（如电子邮件传输、远程登录、文件传输）外，还有 Web 浏览、电子商务、电子政务、网上聊天、在线游戏、网络电话、网络电视等。Internet 已经成为现代社会不可或缺的一部分。

7.1.1 Internet 概述

Internet 是世界范围内计算机网络的集合，这些网络共同协作，使用通用标准来交换信息。Internet 是网络的网络，是将全球异构的网络互联起来形成的网络。Internet 采用分组交换技术。

万维网（WWW 服务）

在计算机网络中有一个英文单词的描述和 Internet 的类似，即 internet，泛指由多个计算机网络互联而成的网络（即"网络的网络"），这些网络之间的通信协议可以是任意的。而 Internet 指的是因特网，当前全球最大的、开放的、由众多网络相互连接而成的特定计算机网络，它采用 TCP/IP 协议族作为通信的规则。其基础结构大体经历了 3 个阶段。

第一阶段——从单个网络 ARPANET 向互联网发展，1969 年第一个分组交换网 ARPANET 诞生，1983 年 TCP/IP 成为 ARPANET 上的标准协议，标志着互联网诞生。

第二阶段——建成了三级结构的 Internet。1985 年三级计算机网络 NSFNET 诞生，分为主干网、地区网和校园网（或企业网），并逐渐扩大使用范围。

第三阶段——逐渐形成了多层次 ISP 结构的 Internet。1993 年 NSFNET 逐渐被若干个商用的 Internet 主干网替代。ISP 可以从 Internet 管理机构申请到成块的 IP 地址，同时拥有通信线路以及路由器等联网设备。任何机构和个人只要向 ISP 交纳规定的费用，就可以从 ISP 得到所需的 IP 地址，并通过 ISP 接入 Internet。

根据提供服务的覆盖面积大小及所拥有的 IP 地址数目的不同，ISP 分为不同的层次。第一层 ISP 被称为 Internet 主干网，并直接与其他第一层 ISP 相连，第二层 ISP 和一些大公司都是第一层 ISP 的用户。第二层 ISP 具有区域性或国家性覆盖规模，与少数第一层 ISP 相连。第三层 ISP 又称为本地 ISP，只拥有本地范围的网络，一般情况下，校园网或企业网，以及住宅用户和无线移动用户都是第三层 ISP 的用户。

由于现代 Internet 规模较大，我们难以对其结构给出细致的描述。下面这种情况会经常遇到：相隔较远的两台主机间的通信需要经过多个 ISP。另外，一旦某个用户能够接入到 Internet，并购买一些如调制解调器或路由器这样的设备，让其它用户可以和它相连，那么他就能够成为 ISP。一个 ISP 可以很方便地在因特网拓扑上增添新的层次和分支。

7.1.2　Internet 的组成

Internet 拓扑结构十分复杂，但从功能上看，分为边缘和核心两部分。

边缘部分由所有连接在 Internet 上的主机组成，这部分是用户直接使用的，运行各种用户直接使用的网络应用（电子邮件、Web、网络游戏、文件传输等），又称为端系统。

核心部分由大量网络和连接这些网络的路由器组成，向网络边缘中的大量主机提供连通服务和数据交换。

在网络核心部分起特殊作用的是路由器。路由器是实现分组交换的关键构件，其任务是转发收到的分组，这是网络核心部分最重要的功能之一。

7.1.3　Internet 的管理机构

Internet 的管理机构主要由多个组织和机构组成。其中十分重要的是 IANA 和 IETF。

IANA：负责全球 IP 地址和域名的分配与管理，由因特网协会（Internet Society）运营。

IETF：负责制定和推动 Internet 标准的发展，包括 Internet 协议（如 TCP/IP、HTTP 等）的制定。

ICANN：负责全球顶级域名（如.com、.org 等）和 IP 地址的管理与分配，以及 DNS 的运行与维护。

ITU：联合国下属的国际电信标准化组织，负责制定和推动全球电信领域的标准和规范。

因特网协会：国际性非营利组织，致力于促进 Internet 的开放发展和使用，并参与 Internet 的治理和政策制定。

这些机构共同参与 Internet 的管理和治理，确保 Internet 的稳定运行、安全性和可持续发展。同时，各国政府和其他利益相关方也在国际层面和国内层面参与 Internet 的管理与监管。

7.1.4　Internet 的产生过程

20 世纪 60 年代末期，ARPA 向军队投资进行多种技术联网的研究，到了 20 世纪 70 年代末，ARPA 已经有好几个计算机网络投入使用，包括一个称为 ARPANET 的广域网。ARPA 的研究考察了怎样将一个大的企业或组织内的所有计算机都互联在一起，其中一个关键思想是用一种新的方法将局域网和广域网连接起来，很快 ARPANET 变得越来越普遍，许多使用它的人意识到它的潜力，开始将各自的网络互联起来，即成为网际网（Internetwork）。Internetwork 术语通常缩写为 Internet。这一术语既指 ARPA 项目本身，又指 ARPA 所建立的原型网络。为了区分，一般提及通常的网际网时，用小写的 internet；而在提及其实验原型时，用 Internet。

ARPA 的 Internet 项目中催生了使网络更通用和更有效的许多革新技术，其中最重要的是 TCP/IP。1982 年，Internet 的原型已经就绪，TCP/IP 技术也经过测试。学术界和工业界的一些研究机构已经经常使用 TCP/IP，于是美国军方开始在其网络上使用 TCP/IP。1983 年初，ARPA 扩充了 Internet，将所有与 ARPANET 相连的军事基地都囊括到 Internet 中，标志着 Internet 开始从一个实验性网络向一个实用型网络转变。

20 世纪 70 年代末期，NSF 决定资助建立计算机科学网（Computer Science Network）的项目。该项目同时得到 ARPA 的资助，成为后来的 CSNET。CSNET 鼓励科研机构采用 TCP/IP 协议族并且连到 Internet 上，几年之后，CSNET 开始向大学的计算机科学系提供 Internet 连接。

20 世纪 80 年代中期，许多计算机科学家可以访问 Internet。NST 认识到 Internet 对科学的重要性，决定利用其资金建立一个新的 Internet。NSF 选择了来自 3 个组织的联合方案：计算机制造商 IBM，长途电话公司 MCI 和密歇根州一个建立和管理了一所网络互联学校的组织 MERIT。这 3 个组织建立的新广域网在 1988 年夏季成为 Internet 主干网（NSFNET）。到 1991 年底，由于 Internet 发展太快，NSFNET 在不久后达到极限。为了解决相关问题，IBM、MERIT、MCI 组建了高级网络和服务（Advanced Networks and Services，ANS）公司。1992 年，ANS 建立了一个新的广域网，即目前的 Internet 主干网 ANSNET。

当 NSF 将所有的科学家和工程人员集合在一起时，Internet 以惊人的速率增长。1983 年，Internet 连接了 562 台计算机。10 年以后，Internet 连接的计算机超过 1200000 台，并且仍在快速增长，到 1994 年，达到 2217000 台以上。

目前，Internet 连接了世界上大部分的国家和地区。Internet 上的服务也由最初的文件传输、电子邮件传输等发展成信息浏览、文件查找、图形化信息服务等。其涉及政治、军事、经济、新闻、广告、艺术等各个领域，已经发展成一种传输信息的新载体。

7.1.5　Internet 在我国的发展

我国的 Internet 发展起步较晚，1987 年 9 月，中国 Internet 之父钱天白教授于 20 日向德国成功发出了著名的“越过长城，走向世界”的电子邮件。这预示着中国正式接入国际 Internet，揭开了中国使用 Internet 的序幕。回顾我国 Internet 的发展，大致可划分为 4 个阶段。

1．第一阶段：Internet 研究试验阶段（1987—1994 年）

1987—1994 年，也是我国初识 Internet 阶段。在此阶段，国内的科技工作者开始接触 Internet 资源，网站建设应用还仅限于提供小范围内的电子邮件服务。

1994 年 4 月初，中美科技合作联委会会议在美国华盛顿举行。中国科学院副院长胡启恒代表中方向 NSF 重申接入 Internet 的要求，得到认可。4 月 20 日，NCFC 工程通过美国 Sprint 公司接入 Internet 的 64K 国际专线开通，我国实现了与国际 Internet 的全功能连接。

我国成功实现全功能接入国际 Internet，预示着我国 Internet 时代的到来。在这个时期，Internet 的研究几乎都是通过各国科研机构的学术交流来推动发展的，对于普通人，Internet

还是一个全新的事物。那么，Internet 概念的普及以及商业模式的探索，成为新时代的使命。

2．第二阶段：PC Internet 阶段（1994—2010 年）

在我国实现与国际 Internet 的全功能接入以后，科研单位开始着手中国 Internet 基础设施和主干网的搭建，同时也有民营企业参与，具有代表性的两件事："cn"服务器和主干网的搭建；瀛海威时空主干网的搭建。

（1）"cn"服务器和主干网的搭建

1994 年 5 月 21 日，在钱天白教授和德国卡尔斯鲁厄大学的协助下，中国科学院计算机网络信息中心完成了中国国家顶级域名（cn）服务器的设置，改变了中国的 cn 顶级域名服务器一直放在国外的历史。1995 年 1 月，中华人民共和国邮电部电信总局分别在北京、上海设立的通过美国 Sprint 公司接入美国的 64K 专线开通。通过电话网、DDN 专线以及 X.25 网等开始向社会提供 Internet 接入服务。

（2）瀛海威时空主干网的搭建

1995 年 5 月，张树新创办"北京瀛海威科技有限责任公司"，主营 ISP 业务；1996 年 12 月，瀛海威的 8 个主要节点建成开通，初步形成了全国性的主干网。Internet 环境及基础设施的搭建完成，为中国 Internet 的商业化做好了铺垫。

1995 年 4 月 12 日，成立一年多的雅虎公司上市，激发了我国企业的 Internet 创业潮：1996 年 6 月，新浪网的前身"四通利方网站"开通；1996 年 8 月，搜狐的前身"爱特信信息技术有限公司"成立；1997 年 5 月，网易公司成立；1998 年 11 月，腾讯公司成立；1999 年 3 月，阿里巴巴成立；1999 年 5 月，中华网成立；2000 年 1 月，百度公司成立。1996 年底至 2000 年初，未来形成中国 Internet 商业格局的大公司基本在这一时期成立，其中多以"网站建设"为主，也就是我们说的"门户时代"。

2000 年 11 月 10 日，中国移动推出"移动梦网"计划，打造开放、合作、共赢的产业链。2002 年 5 月 17 日，中国电信在广州启动"互联星空"计划，标志着 ISP 和 ICP（Internet Content Provider，因特网内容提供者）开始联合打造宽带 Internet 产业。2002 年 5 月 17 日，中国移动率先在全国范围内正式推出 GPRS（General Packet Radio Service，通用分组无线服务）业务。

截至 2005 年，中国网民迅速增长到 1 亿多。这代表着 Internet 的概念已经进入广大群众中，盈利模式可以开始实施，Internet 的商业价值得以实现。

2005 年，博客的盛行标志 Internet 由"门户和搜索时代"步入"社交时代"，大批的社交产品诞生：博客中国、天涯社区、人人网、开心网和 QQ 空间。网民的地位开始由被动转向主动，它们不光是信息的接收者，也成为信息的创造者和传播者，并且都在通过 Internet 拓展自己的社会关系。

2007 年 11 月，阿里巴巴在港交所上市。当年实现营业收入 21.628 亿元，较 2006 年增长 67.2%。根据阿里巴巴发布的数据，2005—2010 年，淘宝的网络零售交易额年年翻番式增长。Internet 已经成为商务交易活动的重要信息、资金渠道。

3．第三阶段："移动互联网时代"（2010—2016 年）

在 Internet 的商业价值和社会价值都得以实现后，我国 Internet 的商业格局基本确定。搜索有百度，社交有腾讯，电商有阿里，门户有新浪、网易，还有后起的腾讯网。互联网生态已经形成，后期的发展都是以既定的商业格局为基础继续拓展。

Internet 基础与应用 | 第7章

2010 年，团购网站兴起，数量超过 1700 家，团购成为城市一族最"潮"的消费和生活方式之一。

2011 年，微博迅猛发展，对社会生活的渗透日益深入，政务和企业微博等井喷式发展，根据 CNNIC 的统计，截至 2013 年年中，中国的微博用户超过 3.3 亿，在网民中的渗透率达到 56.0%。

网民规模仍在高速扩大，Internet 的载体还是以 PC 为主，手机为辅。直到 2012 年，手机网民数量首次超越 PC 网民数量，手机成为中国网民的第一上网终端，也预示着移动 Internet 的爆发，手机 Internet 逐渐渗透到人们的生活、工作等各个领域，如短信、铃图下载、移动音乐、手机游戏、视频应用、手机支付、位置服务等方面。丰富多彩的移动 Internet 应用迅猛发展，正在深刻改变"信息时代"的社会生活。

2013 年，余额宝上线，作为国内首只 Internet 货币基金，短短几天时间便突破 100 万用户，之后更是名声大噪，上线一个月投资金额就突破了 100 亿人民币。

2014 年，阿里和腾讯两个 Internet "巨头"之间的打车软件——快的打车与滴滴打车发动"请全国人民免费打车"的烧钱补贴大战。

2015 年，CNNIC 第 35 次调查报告显示，截至 2014 年 12 月，我国网民达 6.49 亿人，其中手机网民达 5.57 亿人，较 2013 年底增加 5672 万人。这一年，中国成为全球网民数量最多的国家之一，同时也是全球移动网民人数最多的国家之一。

2016 年是 Internet 的直播元年，各类直播网站和平台涌现，随之催生的是依靠直播为生的大批主播。Internet 直播、网红经济被激活，娱乐、秀场、游戏、财经直播等平台相继出现，在兴起的 Internet 直播、网红经济中扮演"中坚"力量，变成"风口"的导向。

在"移动 Internet 时代"，移动 App 与消息流型社交网络并存，这个阶段内容与服务并重，而且内容提供方式主要是信息流。信息流以消息流为主，以内容流为辅。这个阶段的内容发现机制是借助于各种 App，用户直面服务。换句话说，App 成为内容和服务中心，用户则不仅仅使用搜索引擎或内容流型社交网络。

4．第四阶段："万物互联时代"（2016 年至今）

2005 年，在突尼斯举行的信息社会世界峰会（the World Summit on Information Society，WSIS）上，ITU 发布了《ITU 互联网报告 2005：物联网》，正式提出了"物联网"的概念。报告指出，无所不在的"物联网通信时代"即将来临，世界上所有的物体，从轮胎到牙刷、从房屋到纸巾都可以通过 Internet 主动进行交换。射频识别技术、传感器技术、纳米技术、智能嵌入技术将得到更加广泛的应用和关注。

2016 年，由华为技术有限公司、中国科学院沈阳自动化研究所、中国信息通信研究院、英特尔公司、ARM 和软通动力信息技术（集团）有限公司联合倡议发起的边缘计算产业联盟（Edge Computing Consortium，ECC）在北京正式成立。该联盟旨在搭建边缘计算产业合作平台，推动 OT 和 ICT 产业开放协作，孵化行业应用最佳实践，促进边缘计算产业健康与可持续发展。2017 年，工信部发出《关于全网推进移动物联网（NB-IoT）建设发展的通知》，要求到 2020 年 NB-IoT 基站规模达到 150 万。

2018 年，中国发布了《物联网产业发展行动计划（2018—2020 年）》，提出了进一步加强物联网产业创新能力的目标和举措。

2019 年，LoRa（低功耗广域网）在中国正式获批。LoRa 是一种基于无线射频技术的低功耗、长距离的通信协议，专为物联网应用而设计。它提供了广域网覆盖、低功耗、高可靠性和低成本等特性，适用于大规模的物联网连接和数据传输。在中国，LoRa 技术的引入为物联网的发展提供了一种新的通信选择。它可以广泛应用于智慧城市、智能家居、智能农业、智能物流等领域，支持各类传感器设备与云平台之间的连接和数据传输。

2021 年，中国互联网协会发布了《中国互联网发展报告（2021）》，物联网市场规模达 1.7 万亿元，人工智能市场规模达 3031 亿元。工信部等八部门印发《物联网新型基础设施建设三年行动计划（2021—2023 年）》，明确到 2023 年底，国内主要城市初步建成物联网新型基础设施，社会现代化治理、产业数字化转型和民生消费升级的基础更加稳固。

2017 年以来，我国移动通信基站总数逐年增长，4G/5G 网络建设稳步推进，网络覆盖能力持续增强，在多个城市已实现 5G 网络的重点市区室外的连续覆盖，并协助各地方政府在展览场所、重要场所、重点商圈、机场等区域实现室内覆盖。根据工信部统计数据显示，截至 2022 年底，全国移动通信基站总数达 1083 万个，全年净增 87 万个。其中 5G 基站为 231.2 万个，全年新建 5G 基站 88.7 万个，占移动基站总数的 21.3%。

CNNIC 在北京发布第 51 次《中国互联网络发展状况统计报告》，报告显示截至 2022 年 12 月，我国网民规模达 10.67 亿人，互联网普及率达 75.6%。我国光缆线路总长度达到 5958 万千米，已建成全球规模最大的光纤和移动宽带网络，网络运力不断增强。全国有 110 个城市达到千兆城市建设标准。移动网络的终端连接总数已达 35.28 亿户，移动物联网连接数达 18.45 亿户，万物互联基础不断夯实。"5G+工业互联网"的发展步入快车道，加快了传统工业技术升级换代的步伐，加速了人、机、物全面连接的新型生产方式落地普及，成为推动制造业高端化、智能化、绿色化发展的重要支撑。

随着新型基础设施建设持续推进，我国网络基础能力不断增强，万物互联基础不断夯实，工业互联网体系构建逐步完善，互联网应用用户规模保持稳定，普及率显著提升，助推生产生活数字化变革。

7.2 网络应用程序工作架构

网络应用程序工作架构可以分为 C/S 架构、B/S 架构、P2P 架构 3 种。

1．C/S 架构

C/S（Client/Server，客户端/服务器）架构是一种典型的两层架构，其客户端包含一个或多个在用户的计算机上运行的程序，而服务器有两种，一种是数据库服务器，客户端通过数据库连接访问服务器上的数据；另一种是 Socket（套接字）服务器，服务器上的程序通过 Socket 与客户端的程序通信。

比如微信、客户端 QQ 等是基于 C/S 架构的。

2．B/S 架构

B/S（Browser/Server，浏览器/服务器）架构中的 Browser 指的是 Web 浏览器，极少数事务逻辑在前端实现，但主要的事务逻辑在服务器实现，Browser 客户端、Web App 服务器和 DB 端构成所谓的 3 层架构。B/S 架构的系统无须特别安装，只要有 Web 浏览器即可。

比如 IE 浏览器、Web 端 QQ 等是基于 B/S 架构的。客户端 QQ 是基于 C/S 架构的，下载好的 QQ 客户端，可以在本地处理一些自主问题而无须经过服务器的处理。与其他人聊天时，聊天记录经过服务器的指定传输给对方，然后才能开始聊天。C/S 架构需要用指定的工具（如客户端），而 B/S 架构用浏览器进行网页操作就可以了，不需要下载指定登录工具。

3．P2P 架构

P2P（Point to Point，点到点）架构中用户在自己下载的同时，计算机还要继续进行主机上传，这种下载方式，人越多速率越快。但缺点是在写的同时还要进行读操作，所以对硬盘损伤比较大，对内存占用较多，影响整机处理速率。P2P 架构的核心思想是每个节点既可以充当客户端，也可以充当服务器。

7.3 域名系统

域名系统（DNS）是一种在互联网上使用的分布式数据库，它将域名和相应的 IP 地址进行映射，使得用户在访问互联网时可以通过更容易记忆的域名来查找和访问网站，而无须记住复杂的 IP 地址。

7.3.1 DNS 介绍

1．域名

IP 地址为 Internet 提供了统一的主机定位方式。直接使用 IP 地址就可以访问网上的其他主机。但是 IP 地址非常难记忆，因此 Internet 使用了一套和 IP 地址对应的 DNS，DNS 使用与主机位置、作用、行业有关的一组字符组成，既容易理解，又方便记忆。

例如，搜狐网的域名为 www.sohu.com，对应的 IP 地址为 61.135.150.74；百度网的域名为 www.baidu.com，对应的 IP 地址为 39.156.66.18。

2．Internet 的域名结构

Internet 的域名系统和 IP 地址一样，采用典型的层次结构，每一层由域或标号组成，各域之间用"."隔开，从左向右看，"."号右边的域总是左边域的上一层域，只要上层域的所有下层域名字不重复，那么网上所有主机的域名就不会重复。域名不区分大小写字母。

域名系统最右边的域称为顶级域，每个顶级域都规定了通用的顶级域名。顶级域名以所属的组织定义，除国家代码外，常用的顶级域名有 7 个，如表 7-1 所示。

表 7-1　顶级域名

顶级域名代码	域名类型	顶级域名代码	域名类型
com	商业组织	mil	军事部门
edu	教育机构	net	网络支持中心
gov	政府部门	org	各种非营利组织
int	国际组织	国家代码	各个国家

由于域名资源越来越紧张，甚至出现了许多恶意抢注域名的事件，国际网络信息中心（Network Information Center，NIC）还定义了一些新的顶级域名，如 firm（企业）、nom（个人主页）、rec（娱乐机构）、shop、web、info、art 等，目前这些域名的用户很少。

其他国家的顶级域名一般为国家代码，组织代码则为二级域名。有些国家把组织类别的域名简化为两个字母，如"co"、"in"、"mi"。表 7-2 所示为部分国家或地区的顶级域名代码。

表 7-2　部分国家或地区的顶级域名代码

国家或地区	顶级域名代码	国家或地区	顶级域名代码	国家或地区	顶级域名代码
中国	cn	加拿大	ca	美国	us
日本	jp	俄罗斯	ru	德国	de
韩国	kr	英国	uk	澳大利亚	au
丹麦	de	法国	fr	意大利	it

3．域名的分配

域名的层次结构给域名的管理带来了方便，每一部分授权给某个机构管理，授权机构可以将其管辖的名字空间进一步划分，授权给若干子机构管理，最后形成树型的层次结构。

需要使用域名的主机通过本地的域名管理机构进行申请，获得网站的域名，如洛阳理工学院的域名是 lit.edu.cn。一个网站一般需要使用多个主机以提供不同的服务，每个主机需要由域名所有者指定一个主机名，作为完整域名的最低层域，即最左边的名字。主机名字一般使用所提供的服务命名，如 www、ftp、mail、test 等。例如，www.lit.edu.cn（学校主页），mail.lit.edu.cn（邮件系统服务器），lib.lit.edu.cn（图书馆网站）。

4．中国的域名系统

CNNIC 负责中国的顶级域名 cn 的管理。二级域名采用组织方式和地理模式。

组织方式采用与美国的顶级域名类似的划分方法，有 ac（科研机构）、com（商业组织）、edu（教育机构）、gov（政府部门）、int（国际组织）、net（网络支持中心）、org（非营利组织）等几种。例如，新浪中国网站的域名为 www.sina.com.cn，工业和信息化部的域名为 www.miit.gov.cn，北京大学的域名为 www.pku.edu.cn，163 电子邮箱的域名为 www.163.net。

在地理模式中，为每个省（直辖市、自治区）按地区分配一个二级域名，如表 7-3 所示。各个地区又给本地区的各个地市分配了三级域名。这些域名主要用于原中国电信系统在各地建设的地区网站中。

表 7-3　中国的地理模式二级域名

二级域名代码	地区	二级域名代码	地区	二级域名代码	地区	二级域名代码	地区	二级域名代码	地区
AN	安徽	HA	河南	JL	吉林	QH	青海	TW	台湾
BJ	北京	HB	湖北	JS	江苏	SC	四川	XJ	新疆
CQ	重庆	HE	河北	JX	江西	SD	山东	XZ	西藏
FJ	福建	HI	海南	LN	辽宁	SH	上海	YN	云南
GD	广东	HK	香港	MO	澳门	SN	陕西	ZJ	浙江
GS	广西	HL	黑龙江	NM	内蒙古	SX	山西		
GZ	贵州	HN	湖南	NX	宁夏	TJ	天津		

随着 Internet 上中文网站数量的快速增长，中文域名也开始应用，第一批确定的中文顶级域名有"中国""公司""网络"3 个。在新域名体系中，各级域名可由字母、数字、

连接符或汉字组成，各级域名之间用英文句点连接，中文域名的各级域名之间用英文句点或中文句号连接。

7.3.2 域名服务器

用户使用域名访问 Internet 上的主机时，需要通过提供域名服务（Domain Name Service，DNS）的域名服务器将域名解析成对应的 IP 地址。

连接 Internet 的计算机必须在 IP 地址设置中设置域名服务器的 IP 地址，才能使用域名服务，使用域名上网。一台计算机可以设置一个首选的域名服务器，需要时还可以设置一个备用域名服务器，当首选的域名服务器出现故障时上网不受影响。域名服务器的 IP 地址需要咨询网络管理人员或当地的 ISP。

域名服务器可以划分为以下 4 种不同的类型。

（1）根域名服务器。根域名服务器是最高层次的域名服务器。每个根域名服务器都知道所有的顶级域名服务器的域名及其 IP 地址。Internet 上共有 13 个不同 IP 地址的根域名服务器。当本地域名服务器向根域名服务器发出查询请求时，路由器就把查询请求报文转发到离这个 DNS 客户最近的一个根域名服务器。这加快了 DNS 的查询过程，同时更合理地利用了 Internet 的资源。

（2）顶级域名服务器。顶级域名服务器负责管理在该顶级域名服务器注册的所有二级域名，当收到 DNS 查询请求时就给出相应的回答（可能是最后的结果，也可能是下一级权限域名服务器的 IP 地址）。

（3）权限域名服务器。权限域名服务器负责管理某个区的域名。每一个主机的域名都必须在某个权限域名服务器处注册登记，因此权限域名服务器知道其管辖的域名与 IP 地址的映射关系。另外，权限域名服务器还知道其下级域名服务器的地址。

（4）本地域名服务器。本地域名服务器不属于上述域名服务器的等级结构。当一个主机发出 DNS 请求报文时，这个报文首先被送往该主机的本地域名服务器。本地域名服务器起着代理的作用，会将该报文转发到上述域名服务器的等级结构中。本地域名服务器离用户较近，一般不超过几个路由器的距离，也有可能就在同一个局域网中。本地域名服务器的 IP 地址应直接配置在需要域名解析的主机中。

7.3.3 DNS 域名解析过程

Internet 上有许多的域名服务器，负责各自层次的域名解析任务。当在计算机设置的主域名服务器的名字数据库中查询不到请求的域名时，会把请求转发到另外一个域名服务器中，直到查询到目的主机。如果所有的域名服务器都查不到请求的域名，则返回错误信息。

域名解析包含两种查询方式，分别是递归查询和迭代查询。

递归查询：如果主机所询问的本地域名服务器不知道被查询域名的 IP 地址，那么本地域名服务器就以 DNS 客户端的身份，向其他根域名服务器继续发出查询请求报文。即替主机继续查询，而不是让主机自己进行下一步查询。

迭代查询：当根域名服务器收到本地域名服务器发出的迭代查询请求报文时，要么给出所要查询的 IP 地址，要么告诉本地域名服务器下一步应该找哪个域名服务器进行查询，然后让本地域名服务器进行后续的查询。

由于递归查询对被查询的域名服务器负担太大，通常采用的方式是，从请求主机到本地域名服务器的查询采用递归查询，而其余的查询采用迭代查询。

让我们举一个例子来详细说明解析域名的过程。假设客户端想要访问站点 www.myweb.com，此客户端本地的域名服务器是 dns.abc.com，域名解析的过程如下。

（1）客户端通过浏览器访问域名为 www.myweb.com 的网站，发起查询该域名的 IP 地址的 DNS 请求。该请求发送到本地域名服务器上。本地域名服务器会首先查询它的缓存记录，如果缓存中有此条记录，就可以直接返回结果。如果没有，本地域名服务器要向域名根服务器进行查询。

（2）本地域名服务器收到请求后，查询本地缓存记录，假设没有该记录，则本地域名服务器向根域名服务器发出请求解析域名 www.myweb.com。

（3）根域名服务器收到请求后查询本地缓存记录，发现没有记录该域名及 IP 地址的对应关系，但是会告诉本地域名服务器，可以到.com 域名服务器上继续查询，并给出.com 域名服务器的地址（com 服务器）。

（4）本地域名服务器向.com 域名服务器发送 DNS 请求，请求查询域名 www.myweb.com 的 IP 地址。

（5）.com 域名服务器收到请求后，不会直接返回域名和 IP 地址的对应关系，而是告诉本地域名服务器，该域名可以在 myweb.com 域名服务器上进行解析以获取 IP 地址，并告诉它 myweb.com 域名服务器的地址。

（6）本地域名服务器向 myweb.com 域名服务器发送 DNS 请求，请求域名 www.myweb.com 的 IP 地址。

（7）myweb.com 域名服务器收到请求后，在自己的缓存表中发现了该域名和 IP 地址的对应关系，并将 IP 地址返回给本地域名服务器。

（8）本地域名服务器将获取的域名对应的 IP 地址返回客户端，并且将域名和 IP 地址的对应关系保存在缓存中，以备下次别的用户查询时使用。

图 7-1 所示为本地计算机访问网站 www.myweb.com 的过程。

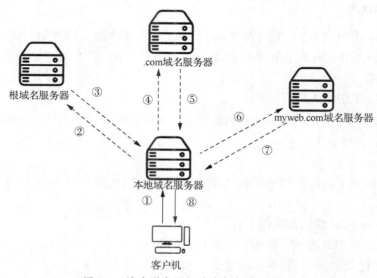

图 7-1　域名服务器把域名解析为 IP 地址

　　　　　　Internet 基础与应用　第 7 章

7.4 WWW 服务

WWW 服务是一种建立在超文本基础上的浏览和查询互联网信息的服务。它以交互方式查询并访问存储于远程计算机的信息，为多种因特网浏览与检索访问提供单独、一致的访问机制。WWW 服务将文本、超媒体、图形和声音结合在一起，使用 HTML（Hypertext Markup Language，超文本标记语言）进行信息组织，通过浏览器进行操作。

7.4.1 WWW 服务介绍

WWW 也称为 Web，是一种采用 HTML 在因特网发布信息的方式，用户在客户端使用专门的浏览器软件来查看这些信息，也就是平时所说的浏览网页。WWW 服务是目前因特网最基本的，也是应用最广、最受欢迎的服务。

目前使用最广泛的浏览器之一是 Microsoft 公司出品的 Microsoft Edge，操作十分简单。在窗口的地址栏中输入网络地址，就可以打开相应的网页，如图 7-2 所示。

图 7-2 使用浏览器浏览 CNNIC 的网页

7.4.2 URL

使用 WWW 进行浏览，首先需要 Web 网页的地址，即网址。网址定义为 URL（Uniform Resource Locator，统一资源定位符）。URL 由 3 部分组成：资源类型、存放资源的主机域名、资源文件名。

URL 的一般语法格式如下。

```
protocol :// hostname[:port] / path / [;parameters][?query]#fragment
```

其中参数的详解如下。

（1）protocol

protocol（协议）指定使用的传输协议，常用的 HTTP 是目前 WWW 中应用最广的协议之一。

下面列出 protocol 参数常见的名称。

① http 通过 HTTP 访问该资源，格式为 HTTP://。

② https 通过安全的 HTTPS 访问资源，格式为 HTTPS://。

③ ftp 通过 FTP 访问资源，格式为 FTP://。

一般来说，https 开头的 URL 要比 http 开头的更安全，因为这样的 URL 传输信息采用了加密技术。

（2）hostname

hostname（主机名）是指存放资源的服务器的 DNS 主机名或 IP 地址。有时在主机名前可以包含连接服务器所需的用户名和密码（格式为 username:password@hostname）。

（3）port

port 表示端口号，HTTP 默认工作在 TCP80 端口号，用户访问以 http://开头的网站都提供标准 HTTP 服务。HTTPS 默认工作在 TCP443 端口号。

（4）path

path 表示路径，由 0 或多个"/"符号隔开的字符串，一般用来表示主机上的一个目录或文件地址。

（5）parameters

parameters（参数）用于指定特殊参数的可选项。

（6）query

query（查询）可选，用于给动态网页（如使用 CGI、ISAPI、PHP/JSP/ASP/ASP、NET 等技术制作的网页）传递参数，可有多个参数，用"&"符号隔开，每个参数的名和值用"="符号隔开。

（7）fragment

fragment（信息片断）为字符串，用于指定网络资源中的片断。例如，一个网页中有多个名词的解释，可使用 fragment 直接定位到某一名词的解释。

下面是几个 URL 的例子。

```
http://www.microsoft.com
```

用 http 访问 Microsoft 公司网址 www.microsoft.com。这里没有指定文件名，所以访问的结果是把一个默认主页传输给浏览器。

```
ftp://ftp.pku.edu.cn/pub/ms-windows/winvn926.zip
```

用 ftp 访问北京大学 FTP 服务器上路径名为 pub/ms-windows、文件名为 winvn926.zip 的文件。

7.5 电子邮件服务

电子邮件是如何发送的？（电子邮件服务）

电子邮件（E-mail）服务是 Internet 上应用最早、最重要的服务之一。电子邮件与传统邮件相比有传输速率快、内容和形式多样、使用方便、费用低、安全性好等优点。

7.5.1 电子邮件的工作原理

电子邮件在 Internet 上发送和接收的原理可以很形象地用我们日常生活中的邮寄包裹来形容：当我们要寄一个包裹时，首先要找到任何一个提供这种服务的邮局，在填写完收件人姓名、地址等之后，包裹就寄出并送到收件人所在地的邮局，那么对方取包裹的时候就必须去这个邮局才能取出。同样，当我们发送电子邮件时，这封邮件由邮件发送服务器（任何一个都可以）发出，并根据收件人的地址判断对方的邮件接收服务器而将这封邮件发送到该服务器上，收件人要接收邮件只能访问这个邮件接收服务器才能完成。

1．电子邮件的发送

SMTP 是维护传输秩序、规定邮件服务器之间进行哪些工作的协议，它的目标是可靠、高效地传输电子邮件。SMTP 独立于传输子系统，并且能够接力传输邮件。

SMTP 基于以下的通信模型：根据用户的邮件请求，发送方 SMTP 建立与接收方 SMTP 之间的双向通道。接收方 SMTP 可以是最终接收者，也可以是中间传输者。发送方 SMTP 产生并发送 SMTP 命令，接收方 SMTP 向发送方 SMTP 返回响应信息。

连接建立后，发送方 SMTP 发送 MAIL 命令指明发件人，如果接收方 SMTP 认可，则返回 OK 应答。发送方 SMTP 再发送 RCPT 命令指明收件人，如果接收方 SMTP 也认可，则再次返回 OK 应答；否则将给予拒绝应答（但不中止整个邮件的发送操作）。当有多个收件人时，双方将如此重复多次。这一过程结束后，发送方 SMTP 开始发送邮件内容，并以一个特别序列作为终止序列。如果接收方 SMTP 成功处理了邮件，则返回 OK 应答。

对于需要接力转发的情况，如果一个 SMTP 服务器接受了转发任务，但后来发现由于转发路径不正确或者其他原因无法发送该邮件，那么它必须发送一个"邮件无法递送"的消息给最初发送该邮件的 SMTP 服务器。为防止因该消息可能发送失败而导致报错消息在两台 SMTP 服务器之间循环发送的情况，可以将该消息的回退路径置空。图 7-3 显示的是电子邮件的工作原理。

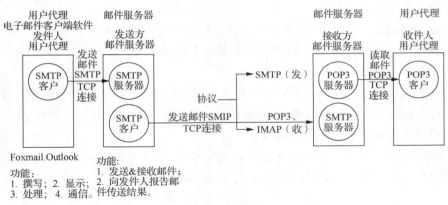

图 7-3　电子邮件的工作原理

2．电子邮件的接收

电子邮件的接收通常使用 POP3 或 IMAP4。

（1）POP3

要在因特网的一个比较小的节点上维护一个消息传输系统（Message Transport System，MTS）是不现实的。例如，一台工作站可能没有足够的资源允许 SMTP 服务器及相关的本地邮件传输系统驻留且持续运行。同样，要求一台个人计算机长时间连接在 IP 网络上的开销是巨大的，有时甚至是做不到的。尽管如此，允许在小的节点上管理邮件常常是很有用的，并且它们通常能够支持一个可以用来管理邮件的用户代理。为满足这一需要，可以让那些能够支持 MTS 的节点为这些小节点提供邮件存储功能。POP3 就是用于提供这样一种实用的方式来动态访问存储在邮件服务器上的电子邮件。一般来说，就是指允许用户主机连接到服务器，以取回那些服务器为它暂存的邮件。POP3 不提供更强大的邮件管理功能，通常在邮件被下载后就删除。更多的管理功能由 IMAP4 来实现。

邮件服务器通过侦听 TCP 的 110 端口号开始 POP3 服务。当用户主机需要使用 POP3 服务时，就与服务器主机建立 TCP 连接。当连接建立后，服务器发送一个表示已准备好的确认消息，然后双方交替发送命令和响应，以取得邮件，这一过程一直持续到连接终止。一条 POP3 指令由一个与大小写无关的命令和一些参数组成。命令和参数都使用可输出的 ASCII，中间用空格隔开。命令一般为 3～4 个字符，而参数可以长达 40 个字符。

（2）IMAP4

IMAP4 提供了在远程邮件服务器上管理邮件的手段，它能为用户提供有选择地从邮件服务器接收邮件、基于服务器的信息处理和共享信箱等功能。IMAP4 使用户可以在邮件服务器上建立任意层次结构的保存邮件的文件夹，并且可以灵活地在文件夹之间移动邮件，随心所欲地组织自己的信箱，而 POP3 只能在本地依靠用户代理的支持来实现这些功能。如果用户代理支持，那么 IMAP4 甚至可以实现选择性下载附件的功能，假设一封电子邮件含有 5 个附件，用户可以选择下载其中的 2 个，而不是所有。

与 POP3 类似，IMAP4 仅提供面向用户的邮件收发服务。邮件在因特网上的收发还是依靠 SMTP 服务器来完成的。

7.5.2　电子邮件地址

每个电子邮件用户必须有唯一的邮件地址用于用户识别，这个地址称为"电子邮件地址"。电子邮件地址从邮件服务提供者处通过申请获得。

电子邮件地址的格式如下。

用户名@邮件服务器主机名

邮件服务器主机名一般是一个类似域名的名称；用户名是在此邮件服务器主机上唯一的名字，由用户自己命名；"@"是用户名和邮件服务器主机名的隔离符号，读作"at"。

如"yss@163.net"表示在服务器 163.net 上的用户名为 yss 的电子邮件地址。

7.5.3　使用 Outlook 收发邮件

Outlook 是 Windows 系统附带的邮件管理系统。图 7-4 所示是"Outlook 2019"窗口。

图 7-4　"Outlook 2019"窗口

（1）管理邮件账号

使用 OE 发送和接收邮件前要正确设置邮件账号，OE 允许设置多个邮件账号。

单击 Outlook 左上角的"文件"，单击"添加用户"，输入邮件地址，勾选"让我手动设置我的账户"，进入如图 7-5 所示的账户设置界面，选择 POP 或者 IMAP。之后根据向导填写 SMTP 和 POP3 服务器的地址，此地址由邮件服务器管理者提供。

图 7-5　设置服务器属性

正确填写账号和密码后就可以使用此邮件地址收发邮件了。在邮件地址列表中双击某个账号，可以打开这个账号的属性设置对话框，对这个账号进行修改或其他设置。

（2）发送和接收邮件

单击"创建邮件"可以撰写新的邮件。可以到联系人列表中选择可以，也可以同时有多个收件人，每个收件人的地址之间用空格或英文逗号分隔。Outlook Express 可以收发 HTML 格式的邮件，即可以把邮件像网页一样编辑，插入图片，设置颜色、大小等。

新邮件首先被保存到"发件箱"中，当单击"发送/接收"按钮时，邮件会被发送到 SMTP 服务器，同时 POP3 服务器检查并接收新邮件。

"收件箱"保存者接收到的邮件保存在本地计算机上，不能上网或邮件服务器故障时也可以阅读。阅读邮件时可以直接向发件人回复邮件或把邮件转发给其他人。

7.5.4　基于 Web 的邮件系统

使用邮件客户端收发邮件容易受到所使用的计算机和上网地点的限制，设置也比较复杂。因此，基于 Web 的邮件系统受到了广大使用者的欢迎，比较有影响力的邮件系统有 163、263、371、搜狐、新浪等邮件系统。

基于 Web 的邮件系统使用浏览器作为邮件收发环境，使用方便，上网就能够收发邮件。许多邮件系统还增加了贺卡、手机短信、垃圾邮件过滤、邮件杀毒等增值服务，大多数邮件系统还同时提供 POP3 功能，可以通过邮件客户端程序收发邮件。

7.6　文件传输服务

FTP 是一种广泛应用于互联网的协议，它基于 C/S 架构，使用可靠的面向连接的 TCP 进行数据传输，允许客户端与服务器相互传输文件。

计算机网络如何传递邮件（文件传输服务）

7.6.1　FTP 介绍

FTP 是 TCP/IP 协议族中的协议之一。工作模式为"FTP 服务器/FTP 客户端"。默认使用 TCP 端口中的 20 和 21 这两个端口号，其中 20 用于传输数据，21 用于传输控制信息，主要为用户提供上传和下载文件的服务。Internet 上大量的 FTP 服务器为用户提供了很多可免费下载的软件。其中一部分 FTP 服务器可以匿名登录，但大多数需要使用用户账号登录。

7.6.2　FTP 的工作原理

FTP 客户端向 FTP 服务器发送服务请求，FTP 服务器接收与响应 FTP 客户端的请求，并向 FTP 客户端提供所需的文件传输服务。根据 TCP 的规定，FTP 服务器使用熟知端口号来提供服务，FTP 客户端使用临时端口号来发送请求。FTP 为控制连接与数据连接规定不同的熟知端口号，为数据连接规定的熟知端口号为 20，为控制连接规定的熟知端口号是 21，如图 7-6 所示。

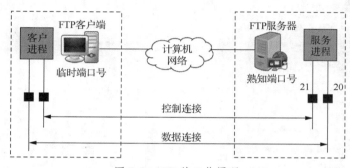

图 7-6　FTP 的工作原理

（1）控制连接。FTP 客户端希望与 FTP 服务器建立上传/下载的数据传输时，首先向服务器 TCP 的 21 端口号发起建立连接的请求，FTP 服务器接收来自 FTP 客户端的请求，完成连接的建立过程，这样的连接称为 FTP 控制连接。

（2）数据连接。FTP 控制连接建立之后，即可开始传输文件，传输文件的连接称为数据连接。

数据连接就是 FTP 传输数据的过程，它有两种传输方式，主动方式或者被动方式，具体是哪一种传输方式是以服务器为参照的。

（1）主动方式

客户端通过任意端口号 N（$N > 1024$）向服务器的 FTP 端口号（默认是 21）发送连接请求，服务器接收请求，建立一条命令链路。当需要传输数据时，客户端在命令链路上用 PORT 命令告诉服务器客户端生成的端口号 $N+1$。于是服务器从 20 端口号向客户端的 $N+1$ 端口号发送连接请求，建立一条数据链路来传输数据。

（2）被动方式

客户端通过任意端口号 N（$N > 1024$）向服务器的 FTP 端口号（默认是 21）发送连接请求并监听 $N+1$ 端口号。服务器接收连接请求，建立一条命令链路。当需要传输数据时，服务器在命令链路上用 PASV 命令告诉客户端服务器随机生成的端口 P，如端口号 3333（$P > 1024$）。于是客户端通过 $N+1$ 端口号向服务器的 P 端口号发送连接请求，建立一条数据链路来传输数据。

在真实环境下，双方服务器默认都开启了防火墙，因此一般采用主动方式而非被动方式。

7.6.3　使用 IE 进行文件传输

IE 6.0 以上支持文件传输功能，使用步骤如下。

（1）在 IE 的地址栏中输入 FTP 服务器的地址，注意一定要在服务器地址前加上"ftp://"，表明是 FTP 服务器，否则浏览器会自动在地址前添上"http://"。在 Windows 的"开始"→"运行"对话框中输入 FTP 地址，会自动打开 IE 进行 FTP 文件管理。

（2）通过了站点的用户确认 IE 窗口中会显示服务器上的文件和目录。这时就可以将硬盘上的文件上传到该 FTP 服务器上，但是一定要确认该站点是否对用户提供文件上传的服务。如果用户有对该站点完全读写的权限，就可以使用与"Windows 资源管理器"或"我的电脑"相同的方法进行文件上传或下载操作，如图 7-7 所示。

图 7-7　使用 IE 进行文件传输

（3）允许匿名登录的 FTP 站点可以直接显示服务器上的文件和目录，不开放匿名登录的服务器需要登录后才能打开 FTP 站点。在打开的 IE 窗口中单击鼠标右键，使用"登录"可打开对话框，通过输入用户名、密码登录，如图 7-8 所示。

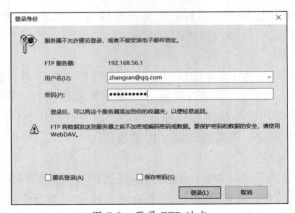

图 7-8　登录 FTP 站点

有些 FTP 站点匿名登录和使用账号登录的权限可能不同。

7.6.4 使用客户端软件进行文件传输

FTP 客户端工具软件有很多，常用的有 FlashFXP、CuteFTP、LeapFTP、WinSCP、FileZilla 等。下面介绍其中一种软件 FlashFXP 的使用方法。

FlashFXP 的界面如图 7-9 所示。

图 7-9　FlashFXP 的界面

（1）设置站点

在软件菜单栏中单击"站点"→"站点管理器"，依次输入 IP 地址以及用户名、密码即可连接服务器。

（2）文件传输

连接成功后，就可以进行文件传输操作了，软件界面左上方为本机文件资源管理器，右上角为服务器文件根目录，左下角为传输列表，可直接在本机文件管理器与服务器文件根目录中拖动文件来实现文件传输，也可将多个文件拖动至左下角实现多文件队列传输。在文件上传或下载过程中，下面的传输进程窗口会显示正在传输的文件的信息。

7.7　DHCP 服务

由于 IP 地址数量有限，而互联网连接的设备数量不断增加，如果对每个设备都需要手动分配一个固定的 IP 地址，那么 IP 地址很快会耗尽。因此，DHCP 应运而生，它可以通过自动分配 IP 地址和相关配置信息，使得连接互联网的设备方便地获取 IP 地址，从而节省 IP 地址资源，提高 IP 地址的使用率。同时，DHCP 的出现简化了网络配置的过程，减少了网络管理员的工作量，降低了设备配置的复杂性。

7.7.1　DHCP 介绍

DHCP 由 IETF 设计和开发，专门用于为 TCP/IP 网络中的计算机自动分配 IP 地址及一些 TCP/IP 配置信息。DHCP 提供安全、可靠且简单的 TCP/IP 网络设置，可避免 TCP/IP 网络地址的冲突，同时大大减轻工作负担。它是一个应用层协议，常使用 UDP 的 67 和 68 端口号。

7.7.2　DHCP 工作原理

客户端从服务器获取 IP 地址需要经过 4 个租约过程，客户端请求 IP 地址，服务器响应请求，客户端选择 IP 地址，服务器确定租约，如图 7-10 所示。

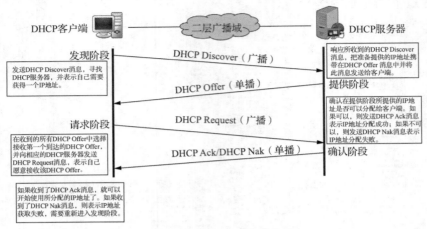

图 7-10　DHCP 工作原理

（1）客户端请求 IP 地址

当一个 DHCP 客户端启动时，客户端还没有 IP 地址，所以客户端要通过 DHCP 获取合法的 IP 地址。

此时 DHCP 客户端以广播方式发送 DHCP Discover 消息来寻找 DHCP 服务器。

（2）服务器响应

DHCP 服务器接收到来自客户端的请求 IP 地址的消息时，在自己的 IP 地址池中查找是否有合法的 IP 地址提供给客户端。

如果有，DHCP 服务器将此 IP 地址做上标记，加入 DHCP Offer 的消息中，然后单播一则 DHCP Offer 消息。

（3）客户端选择 IP 地址

DHCP 客户端从接收到的第一个 DHCP Offer 消息中查找信息提取 IP 地址，发出 IP 地址的 DHCP 服务器将该地址保留，这样该地址就不能再分配给另一个 DHCP 客户端。

（4）服务器确定租约

DHCP 服务器接收到 DHCP Request 消息后，以 DHCP Ack 消息的形式向客户端单播成功确认，该消息包含 IP 地址的有效租约和其他可配置的信息。

当客户端收到 DHCP Ack 消息时，配置 IP 地址，完成 TCP/IP 的初始化。

7.8　远程登录服务

远程登录服务（Remote Login Service）允许用户通过本地计算机访问并控制网络中的远程主机。这种服务使用户能够方便地在本地计算机上对远程主机进行各种操作，如同在远程主机现场。远程登录服务主要使用 Telnet 协议，它是 TCP/IP 协议族中的一员，是 Internet 远程登录服务的标准协议和主要方式。通过 Telnet 协议，用户可以在本地计算机上输入命令，这些命令会在远程主机上运行，实现本地控制远程主机的效果。

7.8.1　Telnet 协议介绍

Telnet 现在已成为一个专有名词，表示远程登录协议和方式，分为 Telnet 客户端和 Telnet 服务器程序。Telnet 可以让用户在本地 Telnet 客户端远端登录到远程 Telnet 服务器。

Telnet 协议为用户提供在本地计算机上完成远程主机工作的能力。在终端使用者的计算机上使用 Telnet 程序，用它连接服务器。终端使用者可以在 Telnet 程序中输入命令，这些命令会在服务器上运行，就像直接在服务器的控制台上输入一样，可以在本地控制服务器。要开始一个 Telnet 会话，必须输入用户名和密码来登录服务器。Telnet 是常用的远程控制 Web 服务器的方法。

7.8.2　Telnet 工作原理

Telnet 是基于 C/S 架构的服务系统，它由客户端软件、服务器软件以及 Telnet 通信协议 3 部分组成。远程计算机又称为 Telnet 主机或服务器，本地计算机作为 Telnet 客户端来使用，它起到远程主机的一台虚拟终端（仿真终端）的作用，通过它用户可以与主机上的其他用户共同使用该主机提供的服务和资源。

当用户使用 Telnet 登录远程主机时，该用户必须在这个远程主机上拥有合法的账号和密码，否则远程主机将拒绝登录。

在运行 Telnet 程序后，首先建立与远程主机的 TCP 连接。从技术上讲，就是在一个特定的 TCP 端口（默认端口号为 23）上打开一个套接字，如果远程主机上的服务器软件一直在这个众所周知的端口上侦听连接请求，这个连接便会建立起来。此时用户的计算机就成为该远程主机的一个终端，可以联机操作。然后将用户输入的信息通过 Telnet 协议传输给远程主机，主机在众所周知的 TCP 端口上侦听用户的请求并处理。完成相应操作后撤销 TCP 连接。

习　题

一、选择题

1. 在下面的协议中，用于 WWW 传输控制的是（　　　）。

    A. URL   B. SMTP   C. HTTP   D. HTML

2. 域名服务器上存放有 Internet 主机的（　　　）。

    A. 域名   B. IP 地址   C. 域名和 IP 地址   D. E-mail 地址

3. 在 Internet 域名体系中，域的下面可以划分子域，各级域名用英文句点分开，按照（　　　）。

    A. 从左到右越来越小的方式分 4 层排列   B. 从左到右越来越小的方式分多层排列

    C. 从右到左越来越小的方式分 4 层排列   D. 从右到左越来越小的方式分多层排列

4. 在 Internet 上浏览时，浏览器和 WWW 服务器之间传输网页使用的协议是（　　　）。

    A. IP   B. HTTP   C. FTP   D. Telnet

5. 在 Internet 中，不需要为用户设置账号和口令的服务是（　　　）。

    A. WWW   B. FTP   C. E-mail   D. DNS

6. 在下面的协议中，用于 E-mail 传输控制的是（　　　）。

    A. SNMP   B. SMTP   C. HTTP   D. HTML

7. Internet 是建立在（　　　）协议族上的国际互联网络。

    A. IPX   B. NetBEUI   C. TCP/IP   D. AppleTalk

8. 关于 Internet，以下说法正确的是（　　　）。

    A. Internet 属于美国   B. Internet 属于联合国

    C. Internet 属于国际红十字会   D. Internet 不属于某个国家或组织

9. 以下列举的关于 Internet 的各功能中，错误的是（　　　）。

    A. 程序编码   B. 信息查询   C. 数据库检索   D. E-mail 传输

10. 在 Internet 中，某 WWW 服务器提供的网页地址为 http://www.microsoft.com，其中的"http"指的是（　　　）。

    A. WWW 服务器主机名   B. 访问类型为 HTTP

    C. 访问类型为 FTP   D. WWW 服务器域名

二、填空题

1. 在 Internet 中，由（　　　）负责对网络服务请求的合法性进行检查。

2. 在 Internet 主机域名的格式中，（　　　）位于主机域名的最后位置。

3. 浏览器与网络服务器之间是以（　　　）协议进行信息传输的。

4. E-mail 的传输是依靠（　　　）协议进行的，其主要任务是负责服务器之间的邮件传输。

5. Internet 采用的工作模式为（　　　）。

三、简答题

1. DHCP 的工作流程是什么？

2. 什么是 Internet？它的主要特点是什么？

3. 什么是 DNS？它的作用是什么？

4. 简述电子邮件的工作原理。

实验篇

实验指南

实验一 双绞线的制作

一、实验描述

学校机房进行改建，需要重新布线，要求制作若干根双绞线。其中一部分用于连接路由器，一部分用于路由器和交换机连接计算机。

二、实验目标

（1）了解 RJ-45 水晶头各引脚的功能。
（2）掌握测线仪的使用方法。
（3）掌握双绞线跳线的制作方法。
（4）掌握压线钳的使用方法。

三、实验条件

压线钳（剥线钳）、测线仪、RJ-45 水晶头、5 类 UTP。

四、知识准备

1. 直通双绞线的制作

（1）根据布线长度需求，截取一段双绞线。用压线钳或其他剪线工具把 5 类双绞线的一端剪齐，然后把剪齐的一端插入压线钳用于剥线的缺口，注意网线不能弯曲。

（2）在双绞线的一头，稍微握紧压线钳慢慢旋转一圈，剥掉大约 1.5cm 的外层包装皮（注意不要伤及导线的绝缘层）。注意：剥线长度通常应恰好为水晶头长度，这样可以有效避免剥线过长或过短造成的麻烦。剥线过长则不美观，且网线不能被水晶头卡住，否则容易松动；剥线过短，因有外皮存在，网线不能完全插到水晶头底部，造成水晶头插针不能与网线芯线进行良好接触。

（3）剥除外皮后即可见到双绞线网线的 4 对 8 条芯线，并且可以看到每对的颜色都不同。每对缠绕的 2 根芯线由一根染有相应颜色的芯线加上一根只染有少许相应颜色的白色相间芯线组成。4 条全色芯线的颜色分别为棕色、橙色、绿色、蓝色。按 T568B 标准〔白

（橙），橙，白（绿），蓝，白（蓝），绿，白（棕），棕]将线序排列好，由于线缆之间是相互缠绕的，因此线缆会有些弯曲，应该把线缆尽量扯直并保持线缆扁平。然后，将线剪齐（注意露出的导线长度约为1.2cm），如图8-1所示。

图8-1　按T568B标准排线

（4）确认导线的顺序排列无误，将其中一根导线（白或橙）对应引脚1插入RJ-45水晶头中，在插入的过程中要将水晶头有卡片的一面向下，有针脚的一面向上，一直插到线槽的顶端，在RJ-45水晶头的末端应清楚地看到导线的铜芯，如图8-2所示。注意：裁剪的时候应该水平方向插入，否则线缆长度不一会影响到线缆与水晶头的正常接触。若之前把保护层剥下过多，可以在这里将过长的细线剪短，使去掉外层保护层的部分约为15mm，这个长度正好能将各细导线插入各自的线槽。如果该段留得过长，一来会由于线缆不再互绞而增加串扰，二来可能会由于水晶头不能压住护套而导致电缆从水晶头中脱出，造成线路接触不良甚至中断。进行最后一步压线之前，可以从水晶头的顶部检查，看看是否每一组线缆都紧紧地插在水晶头的末端。

（5）将插入导线的RJ-45水晶头放入压线钳的RJ-45插座中，压线钳如图8-3所示，使得水晶头凸出在外面的针脚全部压入水晶头内。用力压紧，施力之后听到轻微的"啪"声即可，此时水晶头凸出在外面的针脚全部压入水晶头内，而且水晶头下部的塑料扣位也压紧在网线的灰色保护层之上。到此，双绞线的一端就制作完毕了。

图8-2　水晶头　　　　图8-3　压线钳

（6）用同样的方法制作双绞线的另一端。

（7）测试直通双绞线，测线仪如图8-4所示。测线仪的两端都有8个数字，拨动开关，观察到左、右两边绿灯从1到8依次闪亮的情况。如果两端显示的数字是相同的，则说明双绞线是接通的；如果两端显示的数字不同，则证明没有接通。

图8-4　测线仪

2．交叉双绞线的制作

制作步骤与方法和直通双绞线的类似。只是一端按照 T568B 标准制作，另一端按照 T568A 标准［白（绿），绿，白（橙），蓝，白（蓝），橙，白（棕），棕］制作。注意：只需记住 T568B 标准即可，另一端可先按 T568B 标准排列，然后线序 1 与线序 3、线序 2 与线序 6 分别交换位置。最后测试交叉双绞线。

五、实施方案

将连线时采用的连接方式填入表 8-1。

表 8-1　连接方式

连接设备	连接方式
与路由器相连	
路由器和个人计算机相连	

六、实验结果分析

（1）总结 T568A 和 T568B 标准的线序和在制作直通双绞线、交叉双绞线中的应用。

（2）学习使用专业测线仪进行更多网线参数的测试。

七、实验思考

（1）通常用什么方法辨别网线的双绞线真假？如何判断双绞线的质量？

（2）如何延长双绞线的传输距离？

（3）如何根据实际需要在建筑物内布置合适的网线？

实验二　常用网络命令

一、实验描述

学校机房的计算机不能用于上网看网页，但是可以使用 QQ 通信，作为网络管理员，应该如何调试？

二、实验目标

掌握使用常用网络命令进行网络测试、维护的基本方法。

三、实验条件

可以连通校园网和因特网的计算机网络机房，Windows 系统。

四、知识准备

1．打开命令提示符窗口

（1）通过运行窗口打开命令提示符窗口

进入 Windows 系统，同时按 Windows 键和 R 键，即出现"运行"窗口。输入"cmd"，按 Enter 键，如图 8-5 所示。

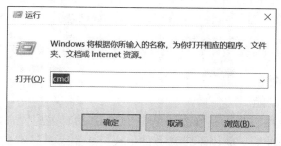

图 8-5　通过运行窗口打开命令提示符窗口

（2）通过文件资源管理器打开命令提示符窗口

在文件资源管理器中，打开任意目录，直接在地址栏中写入"cmd"，并按 Enter 键，如图 8-6 所示。

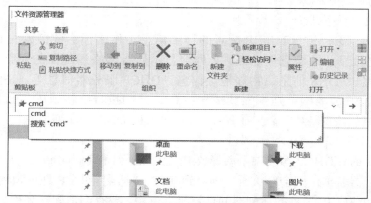

图 8-6　通过文件资源管理器打开命令提示符窗口

（3）命令提示符窗口

① 在打开的命令提示符窗口中可以输入各种命令，如图 8-7 所示。

图 8-7　命令提示符窗口

② 为使命令行看起来更简洁，可以输入"cd\"使命令提示符回到根目录。

③ 为防止有些命令不能正常运行，在"C:\"提示符后输入"path c:\windows\ system32"。

说明 如果用其他操作系统，可使用命令提示符窗口命令的方法查阅相应的使用说明。

2．使用 ipconfig 命令

（1）ipconfig 命令功能

使用 ipconfig 命令可以查看和修改网络中 TCP/IP 的有关配置，如 IP 地址、子网掩码、网关、网卡的 MAC 地址等。使用不带参数的 ipconfig 命令只显示最基本的信息：IP 地址、子网掩码和默认网关地址。在默认情况下，仅显示绑定到 TCP/IP 适配器的 IP 地址、子网掩码和默认网关。如果有多个网卡配置了 IP 地址，该命令会将其一一显示出来。

（2）ipconfig 命令格式

ipconfig 命令带参数的命令格式如下。

```
ipconfig [参数1] [参数2]……
```

常用的参数有以下几个。

ipconfig/all：显示本机 TCP/IP 配置的详细信息；相比于不带参数的 ipconfig 命令，加了 all 参数之后显示的信息更加完善，即会显示所有网络适配器的完整 TCP/IP 配置，如 IP 的主机信息、DNS 信息、物理地址信息、DHCP 服务器信息等。适配器可以代表物理接口，如已安装的网络适配器或逻辑接口，又如拨号连接或虚拟机网卡。在日常工作中排除网络故障时，经常需要了解本机的 DHCP、DNS 等详细信息，可以用 ipconfig/all 命令。

ipconfig/release：DHCP 客户端手动释放 IP 地址；通常和 ipconfig/renew 命令一同使用。如果未指定适配器名称，则会释放所有绑定到 TCP/IP 适配器的 IP 地址租约。该参数仅在具有配置为自动获取 IP 地址的适配器的计算机上可用。要查询适配器名称，请输入不带参数的 ipconfig 命令。

ipconfig/renew：DHCP 客户端手动向服务器刷新请求；通常和 ipconfig/release 命令一同使用。如果未指定适配器名称，则会更新所有绑定到 TCP/IP 适配器的 IP 地址租约。该参数仅在具有配置为自动获取 IP 地址的适配器的计算机上可用。要查询适配器名称，请输入使用不带参数的 ipconfig 命令显示的适配器名称。ipconfig/renew 命令支持通配符，如 ipconfig/renew EL* 命令将更新所有名称以 EL 开头的适配器连接。

ipconfig/flushdns：清除本地 DNS 缓存内容。如果 DNS 地址无法解析，或者 DNS 缓存中的地址错误，一般使用该命令来清除所有的 DNS 缓存内容。

ipconfig/displaydns：显示本地 DNS 内容，包括从本地 Hosts 文件预装载的记录以及由域名解析服务器解析的所有资源记录。

ipconfig/registerdns：DNS 客户端手动向服务器注册。

ipconfig/showclassid：显示网络适配器的 DHCP 类别信息。

ipconfig/setclassid：设置网络适配器的 DHCP 类别。

ipconfig/renew"Local Area Connection"：更新"本地连接"适配器的由 DHCP 分配 IP 地址的配置。

ipconfig /showclassid Local*：显示名称以 Local 开头的所有适配器的 DHCP 类别 ID。

ipconfig /setclassid"Local Area Connection"TEST：将"本地连接"适配器的 DHCP 类别 ID 设置为 TEST。

（3）ipconfig 命令使用示例

① 输入"ipconfig"命令，可以查看本机网络的 IP 地址、子网掩码、默认网关等网络基本信息，如图 8-8 所示。

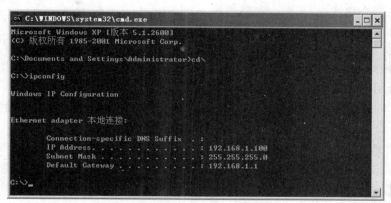

图 8-8　网络基本信息

② 输入"ipconfig/all"命令可查看网络详细信息，其在网络基本信息基础上增加了网卡信息、物理地址、DNS 地址等，如图 8-9 所示。

图 8-9　网络详细信息

💡说明　　使用"ipconfig/all >\a01.txt"可以在 C 盘根目录下生成一个包含命令运行结果的 a01.txt 文件，注意此时结果不在屏幕上显示。也可以按照这个格式使用其他命令生成结果文件。

（4）命令应用

维护网络从了解自己的计算机网络有关信息开始。每个计算机的信息都是不一样的，MAC 地址是固定不变的，IP 地址可能和计算机的网络设置有关，大家在日常使用计算机甚至手机的时候，都可以试试查看自己的网络信息。

大家应该先试着在计算机的网络属性设置中修改网络配置参数。

也可以在网络属性设置里查看配置信息。

3．使用 ping 命令

（1）ping 命令功能

ping 是最常用的测试命令之一，用来检测本地主机的 TCP/IP 配置以及其与另一台主机的连通状态。测试时本机向目的主机发送 ICMP 数据包，当目的主机收到 ICMP 报文时，向本机回复一个应答报文。

（2）ping 命令格式

ping 命令格式如下。

```
ping [-t] [-a] [-n count] [-l size] [-f] [-i TTL][-r count] [-j host-list] [-k
host-list][-w timeout] 目的地址
```

目的地址可以是 IP 地址或是主机的名字、域名。主要参数的意义如下。

-t：代表本地主机不断地向欲测试主机发送 ICMP 报文，直至按 Ctrl+C 键强行中断 ping 命令的操作。此参数一般只在网络不稳定时使用，连续检测网络连通情况。

-a：将 IP 地址映射为主机名，在默认的情况下，只显示 IP 地址。

-n count：设置每次测试本机所发送的 ICMP 数据报数，默认值为 4。

-l size：设置发送的数据包大小，默认为 32 个字节。

-i TTL：设置 TTL 初始值。

-r count：在显示结果中增加从本地主机到目的主机所经过的前 count 个网关或路由器的 IP 地址。

-j host-list：指定从本机到达目的主机必须经过的网关、路由器或主机，host-list 列出全部经过的 IP 地址或域名。

-k host-list：指定从本机到达目的主机的一条路径，host-list 列出路径所经过的 IP 地址或域名。

（3）ping 命令使用示例

使用 ping 命令测试目的主机，连接正常时，显示结果如图 8-10 所示。

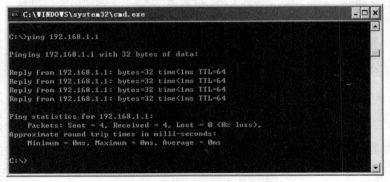

图 8-10　ping 命令显示结果

当 ping 目的主机使用域名或主机地址时，首先会返回目的主机的 IP 地址：

```
C:\>ping www.pku.edu.cn
Pinging www.pku.edu.cn [162.105.129.12] with 32 bytes of data:
......
```

Reply from 162.105.129.12: bytes=32 time=27ms TTL=244 说明数据包的大小、从目的主机返回的时间、返回时的 TTL 值。

TTL 值说明数据包到达目的主机又返回本机所经过的路由器数，默认初始值为 256，数据包每经过一个路由器被转发一次，TTL 值减 1。当 TTL 值减少到 0 时，数据包被自动丢弃，防止网上出现垃圾数据包。

当数据包超过 1s 不能返回时，则认为数据包丢失，返回信息如下：

```
Request timed out.
```

当本机 TCP/IP 配置不正确，如网卡工作不正常、未安装 TCP/IP、未设置 IP 地址等，返回的信息如下：

```
Destination host unreachable.
```

在测试结果的最后，显示测试的统计结果，有发出和回收的数据包数，数据包返回的最大、最小、平均时间值。

根据数据包返回的时间值可大致估计出网络速率，根据数据包丢失情况可以看出网络连接质量。

由于 ping 命令向网络中发送大量数据包，容易被人用来作为攻击其他计算机的手段。所以有些网络主机使用防火墙拒绝 ping 命令的数据包，此时也可能不能返回正常结果。

（4）ping 命令的应用

使用 ping 命令可以测试网络各种连通和配置情况，以下是常用的检测内容。

① ping 127.0.0.1 或 localhoat：测试本机的 TCP/IP 是否正常工作。

② ping 本机 IP 地址或本机计算机名：测试本机的 IP 地址设置是否正常以及是否正常工作，没有设置 IP 地址或网络中有 IP 地址冲突时，此测试结果不正常。

③ ping 网络中的其他计算机名或 IP 地址：测试局域网是否连通以及子网划分是否正确，子网掩码设置是否正确。

④ ping 网关 IP 地址：测试网关是否正常工作。

⑤ ping 远程 IP 地址：测试本地网络是否和 Internet 连通以及线路质量的好坏。

⑥ ping 域名：测试域名服务器是否正常工作。

4．使用 tracert 命令

（1）tracert 命令功能

tracert 通过向目的主机发送不同 TTL 值的数据包，跟踪从本地主机到目的主机之间的路由，显示所经过网关的 IP 地址和主机名。

（2）tracert 命令格式

tracert 命令格式如下。

```
tracert [-d] [-h maximum_hops] [-j host-list] [-w timeout] 目的主机
```

参数的意义如下。

-d：表示不让 tracert 根据节点主机名查找路由的 IP 地址，直接进行路由跟踪。当路由器不支持 ICMP/UDP/ICMPv6 数据包时，建议使用该选项。

-h maximum_hops：指定最多经过多少个节点进行路由跟踪，默认值为 30。使用该选项可以更改该值。

-j host-list：枚举一个节点列表，并在路由跟踪过程中只走该列表中的节点。

-w timeout：设置等待每个回复消息的超时时间，默认值为 4000（毫秒）。使用该选项可以更改该值。

（3）tracert 命令使用示例

tracert 运行较慢，经过每个路由器需要 15s 左右。

测试结果的形式如下。

```
C: \ >tracert www.pku.edu.cn
Tracing route to rock.pku.edu.cn [162.105.129.12]
over a maximum of 30 hops:
  1 1 ms 1 ms   <10 ms  211.84.112.126
  2   <10 ms *  <10 ms  210.43.0.146
  3 1 ms 1 ms   <10 ms  210.43.0.193
  4 2 ms 3 ms 3 ms  210.43.146.21
  5 2 ms 3 ms 3 ms  202.112.53.217
  610 ms12 ms * whzh3.cernet.net [202.112.46.113]
  728 ms26 ms25 ms  bjwh4.cernet.net [202.112.46.65]
  827 ms26 ms27 ms  202.112.53.254
  926 ms26 ms25 ms  pku1.cernet.net [202.112.38.74]
 1027 ms28 ms27 ms  162.105.253.18
 1130 ms28 ms27 ms  162.105.254.7
 1229 ms27 ms27 ms  rock.pku.edu.cn [162.105.129.12]
Trace complete.
```

tracert 命令可以检测当某个主机不能连通时，路由哪个环节出现了问题。

（4）tracert 命令应用

使用 tracert 命令，目标应该是一个远方主机。这就需要先知道远方主机的 IP 地址。首先使用 ping 命令的"ping 域名"语句测出远方主机的 IP 地址，再使用此命令。

网上也有一些带地图的类似 tracert 的工具或软件，大家可以自行下载尝试使用。

5．使用 netstat 命令

（1）netstat 命令功能

netstat 命令的功能是显示网络连接、路由表和网络端口信息，可以让用户得知目前都有哪些网络连接正在工作。检查系统是否有非法连接以及是否有利用系统漏洞的病毒或木马程序时，经常使用此命令。

（2）netstat 命令格式

该命令的一般格式如下。

```
netstat [选项]
```

命令中各选项的含义如下。

-a：显示一个所有有效连接的信息列表，包括已建立（ESTABLISHED）的连接和监听（LISTENING）连接请求的连接。

-e：显示关于以太网的统计数据。列出的项目包括传输的数据报的总字节数、错误数、删除数、数据报数和广播数，可以用来统计一些基本的网络流量。

-n：以网络 IP 地址和端口号代替名称和服务，显示网络连接情况。

-o：显示核心路由表，格式同"route -e"。

-p：显示 TCP 的连接情况。

-r：显示 UDP 的连接情况。

-s：按照各个协议分别显示其统计数据。

（3）netstat 命令使用示例

下面是两个使用 netstat 测试的示例，显示结果如图 8-11 所示。

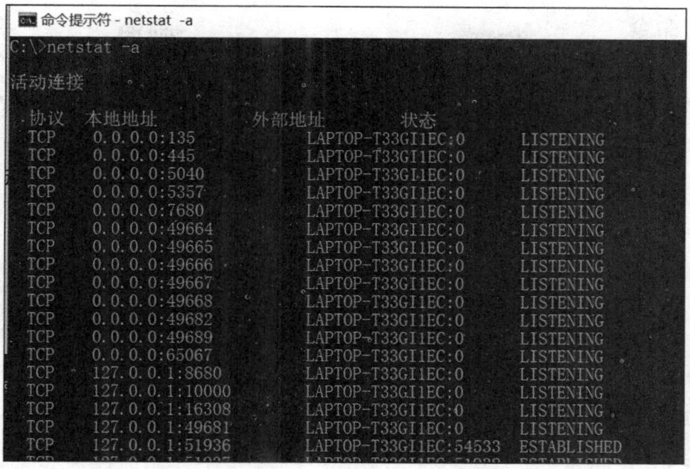

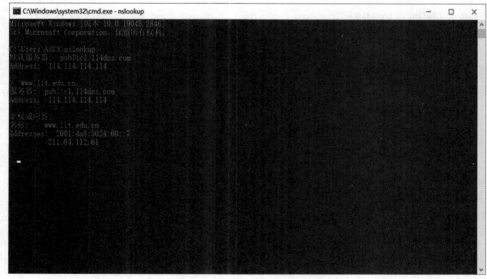

图 8-11　显示结果

6. 使用 nslookup 命令

（1）nslookup 命令功能

nslookup 命令的功能是查询一台计算机的 IP 地址和其对应的域名。此命令需要在本机设置正确的域名服务器以提供域名服务。

（2）nslookup 命令格式

nslookup 命令的一般格式如下。

```
nslookup [IP 地址/域名]
```

使用 nslookup 命令不加参数时，显示当前的域名服务器名称和地址，并出现提示符"＞"，在符号"＞"后面输入要查询的 IP 地址或域名。退出提示符状态，输入 exit 并按 Enter 键。

（3）nslookup 命令使用示例

示例结果如图 8-12 所示。

图 8-12　示例结果

7．使用 arp 命令

（1）arp 命令功能

arp 命令可以显示和修改 ARP 所使用的到以太网的 IP 地址或令牌环网物理地址翻译表。该命令只有在安装了 TCP/IP 之后才可用。

（2）arp 命令格式

arp 命令的一般格式如下。

```
arp -a [inet_addr] [-N ][if_addr]
arp -d inet_addr [if_addr]
arp -s inet_addr ether_addr [if_addr]
```

命令中各选项的含义如下。

-a：通过询问 TCP/IP 显示当前 ARP。如果指定了 inet_addr，则只显示指定计算机的 IP 地址和物理地址。

inet_addr：以加点的十进制标记指定 IP 地址。

-N：显示由 if_addr 指定的网络界面 ARP。

if_addr：指定需要修改其地址转换表接口的 IP 地址（如果存在）。如果不存在，将使用第一个可适用的接口。

-d：删除由 inet_addr 指定的项。

-s：在 ARP 缓存中添加项，将 IP 地址 inet_addr 和物理地址 ether_addr 关联。物理地址由以连字符分隔的 6 个十六进制字节给定。使用带点的十进制标记指定 IP 地址。此项是永久性的，即在超时到期后项自动从缓存中删除。

ether_addr：指定物理地址。

如使用命令：

```
ARP - s 10.88.56.72 00-10-5C-AD-72-E3
```

可把 MAC 地址 00-10-5C-AD-72-E3 和 IP 地址 10.88.56.72 捆绑在一起，可防止 IP 地址被盗用。

（3）arp 命令使用示例

示例结果如图 8-13 所示。

图 8-13　示例结果

8．使用 route 命令

（1）route 命令功能

route 命令的功能是控制网络路由表，该命令只有在安装了 TCP/IP 后才可以使用。

（2）route 命令格式

route 命令的一般格式如下。

```
route [-f] [-p] [command [destination] [mask subnetmask] [gateway] [metric costmetric]
```

命令中各选项的含义如下。

-f：清除所有网关入口的路由表，如果该参数与某个命令组合使用，路由表将在运行命令前清除。

-p：该参数与 add 命令一起使用时，将使路由在系统引导程序之间持久存在。在默认情况下，系统重新启动时不保留路由。与 print 命令一起使用时，显示已注册的持久路由列表，忽略其他所有总是影响相应持久路由的命令。

（3）route 命令使用示例

route 命令常用的命令如下。

- route delete：删除路由。
- route print：输出路由的目的地址。
- route add：添加路由。
- route change：更改现存路由。

示例结果如图 8-14～图 8-16 所示。输出路由信息使用命令"route print"。

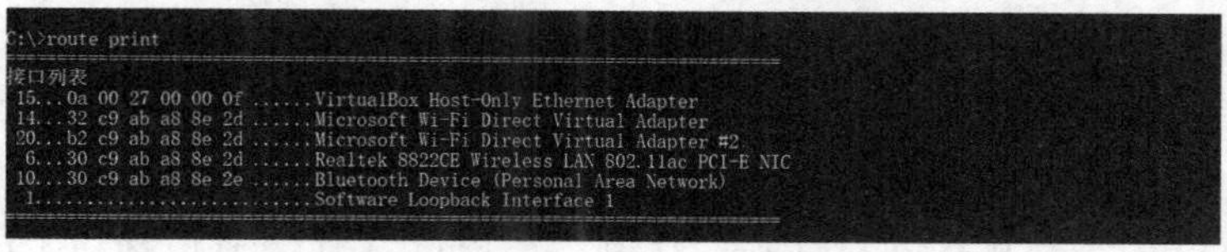

图 8-14　输出路由

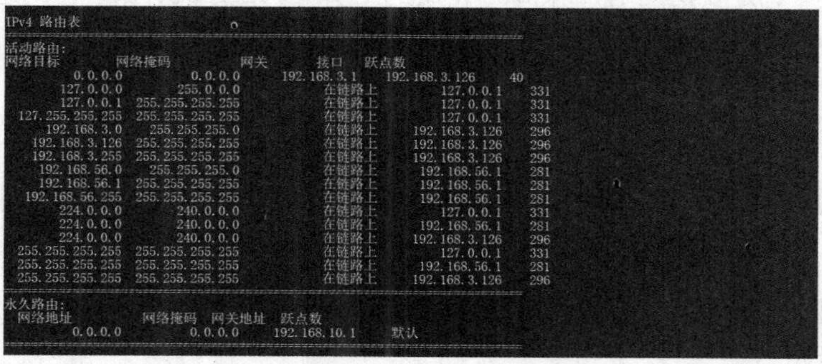

图 8-15　IPv4 路由表

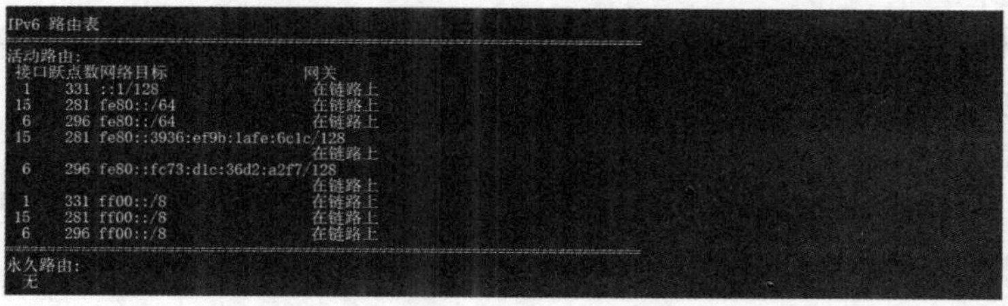

图 8-16　IPv6 路由表

9．使用网络共享

（1）文件共享

在自己的计算机中任意选择一个文件夹，单击鼠标右键，选择"属性"→"共享"，可以将文件共享给同一网络的计算机，如图 8-17 所示。

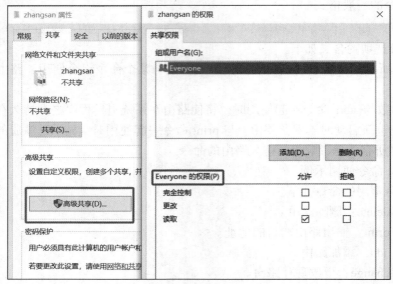

图 8-17　共享文件

如果是第一次使用文件共享，需要按照提示进行配置。

选中"完全控制"，在登录到本机的其他计算机上可以修改、删除自己的文件，要慎重选择。

在网络中的另外一台计算机上，选择"开始"→"运行"，在"运行"窗口中输入"*.*.*.*"，按 Enter 键。*.*.*.*是要访问的计算机的 IP 地址，如"192.168.1.100"。同组同学可以在自己的计算机上设置共享后相互访问。

（2）共享打印机

在控制面板中打开打印机设置，可以设置共享，大家自行探讨。

五、实施方案

（1）使用 ipconfig 命令测试本机的相关信息，记录以下结果。

① IP 地址。

② 子网掩码。

③ 网关地址。

④ DNS 地址。

⑤ 物理地址。

⑥ 网卡信息。

（2）使用 ping 命令分别测试下列目标，记录测试结果，最后对测试结果进行分析、比较。

① 127.0.0.1。

② localhost。

③ 网关地址。

④ 至少 3 个以上的网站（自行确定，可包含国内、国外网站）。

（3）使用 nslookup 命令测试至少 5 个以上网站的 IP 地址，记录测试结果。

（4）使用 netstat 命令进行测试，对测试结果进行说明。

（5）使用 tracert 命令测试洛阳理工学院网站、自选 2 个网站的路由情况，记录测试结果（可以使用>c:\a.txt 的形式将测试结果输出到文件中）。

（6）使用网络共享，查看或复制同组同学计算机中的文件。

六、实验结果分析

（1）总结常用命令的使用方法和应用场景。

（2）学习利用这些命令有效地排查、分析和解决常见的网络故障。

七、实验思考

（1）主机的 IP 地址、子网掩码、默认网关、域名服务器 IP 地址等设置的原则是什么？

（2）哪些命令可以查看一个域名对应的 IP 地址？

（3）如果一台主机不能上网，试分析可能的原因有哪些？

实验三　eNSP 软件的安装和使用

一、实验描述

熟悉华为 eNSP 软件的基本使用方法，更好地理解 IP 网络的工作原理。

二、实验目标

（1）安装 eNSP 软件。

（2）了解 eNSP 软件的使用方法。

（3）进一步了解和认识常见的网络设备及其功能。

三、实验条件

计算机 1 台，eNSP 软件（本实验路由器）。

四、知识准备

1．eNSP 的介绍

eNSP 是一款由华为提供的免费的、可扩展的、图形化的网络设备仿真平台，主要对企业网路由器、交换机、WLAN 等设备进行软件仿真，完美呈现真实设备部署实景。其支持大型网络模拟，让学生在没有真实设备的情况下也能够开展实验测试、学习网络技术，使学生了解并掌握相关产品的操作和配置，提升对企业 ICT 网络的规划、建设、运维能力。

2．eNSP 的特点

（1）高度仿真

① 可模拟华为 AR 路由器、X7 系列交换机的大部分特性。

② 可模拟 PC 终端、Hub、云、帧中继交换机等。

③ 仿真设备配置功能，快速学习华为命令行。

④ 可模拟大规模设备组网。

⑤ 可通过真实网卡实现与真实网络设备的对接。

⑥ 模拟接口抓取数据包，直观展示协议交互过程。

（2）图形化操作

① 支持拓扑创建、修改、删除、保存等操作。

② 支持设备拖曳、接口连线操作。

③ 通过不同颜色，直观反映设备与接口的运行状态。

④ 预置大量工程案例，可直接打开进行演练学习。

（3）分布式部署

① 支持单机版本和多机版本，支撑组网培训场景。

② 多机组网场景最大可模拟 200 台设备组网规模。

（4）免费对外开放

① 华为完全免费对外开放 eNSP，直接下载安装即可使用，无须申请许可证。

② 初学者、专业人员、学生、讲师、技术人员等均能使用，各取所需。

3．eNSP 的安装

（1）eNSP 安装包如图 8-18 所示。

图 8-18　eNSP 安装包

（2）在安装 eNSP 之前需要提前安装 3 款软件，分别是 WinPcap、Wireshark、VirtuaiBox。具体安装过程如图 8-19～图 8-21 所示。

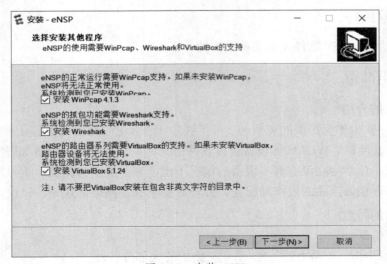

图 8-19　安装 eNSP

（3）WinPcap 是 Windows 平台下一个免费、公共的网络访问系统。开发 WinPcap 这个项目的目的在于为 Win32 应用程序提供访问网络底层的能力。它用于在 Windows 系统下直接进行网络编程。

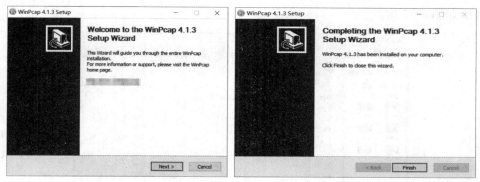

图 8-20　WinPcap 安装过程

（4）Wireshark 是一个网络封包分析软件，功能是截取网络封包，并尽可能显示出最为详细的网络封包资料。

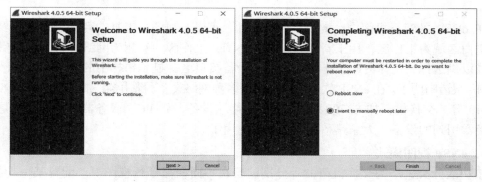

图 8-21　Wireshark 部分安装过程

（5）VirtualBox 是一款开源虚拟机软件。VirtualBox 号称最强的免费虚拟机软件之一，它不仅具有丰富的特色功能，性能也很优异。它简单、易用，可虚拟的系统包括 Windows（从 Windows 3.1 到 Windows 10、Windows Server 2012，所有的 Windows 系统都支持）、macOS、Linux、OpenBSD、Solaris、IBM OS/2 甚至 Android 等操作系统。其部分安装过程如图 8-22 所示。

图 8-22　VirtualBox 部分安装过程

4．eNSP 的运行界面

安装完以上 3 款基本软件，我们开始安装 eNSP。注意：在安装 eNSP 的时候，它会自行检查是否安装这 3 款软件，如果未安装这 3 款软件，则无法安装 eNSP。安装完毕后 eNSP 运行界面如图 8-23 所示。

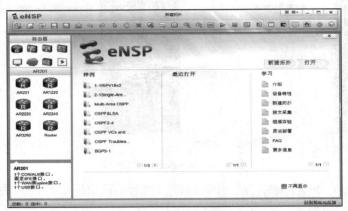

图 8-23　eNSP 运行界面

在 eNSP 的运行界面中，主菜单栏有文件、编辑、视图、工具、帮助等，整个界面的中心空白区域为工作区，用于新建和显示拓扑图；工作区的左侧为网络设备区，提供设备和网线以供选择到工作区；工作区的右侧为设备接口区，显示拓扑中的设备和设备已连接的接口，很清晰明了。在 eNSP 软件中可以使用多种网络设备：路由器，如 AR1220、AR2220、AR2240 等；交换机，如 S3700、S5700 等；终端设备，如 PC、服务器等。这些都是在实验中经常用到的设备，大家熟悉熟悉就可以使用了。

5．eNSP 视图模式

按功能分类，华为交换机将命令分别注册在不同的命令行视图下。配置某一功能时，需首先进入对应的命令行视图，然后执行相应的命令进行配置。

（1）双击路由交换设备或者用鼠标右键单击设备，选择 CLI 后即出现 CLI，如图 8-24 所示，界面中出现的<Huawei>，即表示用户视图。在该视图下，可以执行查询、保存、删除（undo）、退出（q）、返回视图（return）、关机、重启等命令。

图 8-24　CLI

（2）在用户视图下，输入命令 system-view 后按 Enter 键，进入系统视图，如图 8-25 所示。可以配置系统参数，对交换机、路由器进行一些操作，如修改交换机、路由器的名称，添加 VLAN，开启 DHCP 功能等。

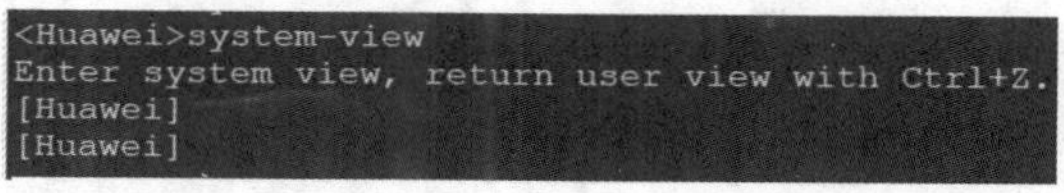

```
<Huawei>system-view
Enter system view, return user view with Ctrl+Z.
[Huawei]
[Huawei]
```

图 8-25　系统视图

（3）使用 interface 命令并指定接口类型及接口编号可以进入相应的接口视图，如图 8-26 所示。可以配置接口参数的物理属性、链路层特性及 IP 地址等。

命令格式如下。

```
[HUAWEI] interface GigabitEthernet X/Y/Z　或
[HUAWEI] interface Ethernet X/Y/Z
```

"GigabitEthernet"或"Ethernet"指接口类型为高速以太网或以太网。X/Y/Z 为需要配置的接口的编号，分别对应"槽位号/子卡号/接口序号"。

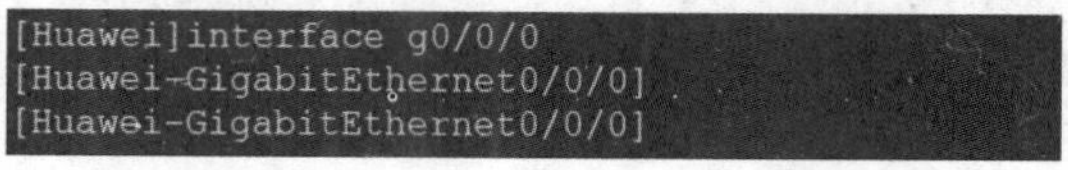

```
[Huawei]interface g0/0/0
[Huawei-GigabitEthernet0/0/0]
[Huawei-GigabitEthernet0/0/0]
```

图 8-26　接口视图

（4）退回至上一层视图：执行 quit 命令，如图 8-27 所示。

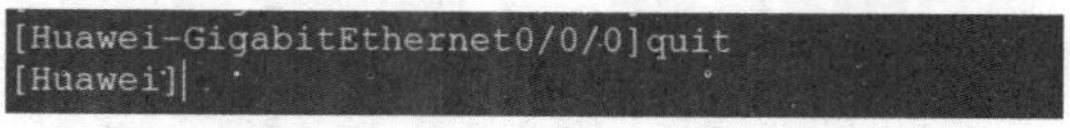

```
[Huawei-GigabitEthernet0/0/0]quit
[Huawei]
```

图 8-27　退回至上一层视图

（5）如果想从某个视图退回到用户视图：可以在键盘上按 Ctrl+Z 键或者执行 return 命令，如图 8-28 所示。

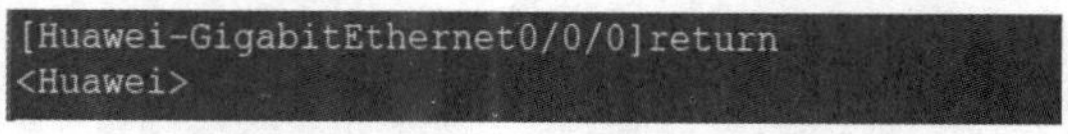

```
[Huawei-GigabitEthernet0/0/0]return
<Huawei>
```

图 8-28　退回到用户视图

五、实施方案

使用 eNSP 模拟网络连接，并学会使用常见的命令。

（1）网络规划如表 8-2 所示。

表 8-2　网络规划

功能	计算机	IP 地址	子网掩码	网关
办公	PC1	192.168.1.10	255.255.255.0	192.168.1.1
办公	PC2	192.168.1.11	255.255.255.0	192.168.1.1
教务	PC3	192.168.1.141	255.255.255.0	192.168.1.1
教务	PC4	192.168.1.142	255.255.255.0	192.168.1.1

注：也可以自行规划 IP 地址

（2）网络结构如图 8-29 所示。

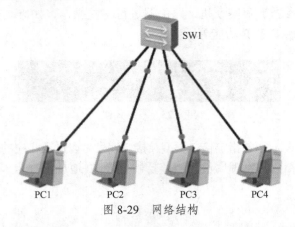

图 8-29　网络结构

（3）打开 eNSP，新建面板，用鼠标左键选中并把相应设备拖进工作区，连接线路。

（4）为每台计算机配置 IP 地址，如图 8-30 所示。

图 8-30　配置 IP 地址

（5）网络命令测试。

① ipconfig/all

使用 ipconfig/all 命令查看本地计算机网卡（网络适配器）的 IP 地址、MAC 地址等配置信息。

② ping

使用 ping 命令验证与远程计算机的连接。该命令只有在安装 TCP/IP 后才可以使用。

六、实验结果分析

（1）总结如何使用 eNSP 软件生成拓扑图，以及不同命令视图的使用方法。

（2）学习使用 eNSP 软件生成拓扑图，使用不同命令视图进行配置并使用常用命令进行测试。

第2单元 路由交换配置

实验四　交换机的配置及 VLAN

一、实验描述

王先生所在公司有客户部和销售部，两个部门共享一台交换机，为了避免这两个部门互相干扰、保护两个部门信息资源的安全，需要把两个部门的计算机"分隔开"，形成两个互不相通、互不干扰的安全网络。

二、实验目标

（1）熟练掌握交换机的基本配置命令和配置方法。

（2）掌握 VLAN 配置命令和方法。

三、实验环境

计算机，eNSP 软件，交换机配置线，交换机。

四、实验内容

（1）交换机基本配置拓扑如图 8-31 所示。

图 8-31　交换机基本配置拓扑

① 使用正确线缆连接计算机和交换机。

② 建立超级终端来连接交换机。

③ 设置交换机特权用户口令、控制台口令及虚拟终端（Virtual Terminal）口令。

④ 配置交换机的远程管理 IP 地址。

⑤ 保存配置并重启交换机。

⑥ 使用 telnet 命令测试远程登录交换机。

> 🔖**说明**　这一部分内容需要到网络实验室在真实交换机上完成，可自行与实验室管理员联系以进行实验。

（2）VLAN 配置设备环境如图 8-32 所示。

① 使用正确线缆连接计算机和交换机。

② 使用 192.168.1.0/24 网段设置各个主机的 IP 地址、子网掩码。

③ 使用 ping 命令测试各主机间的连通性。

④ 建立两个 vlan 10、vlan 20，将 4 个主机分别加入两个 VLAN。

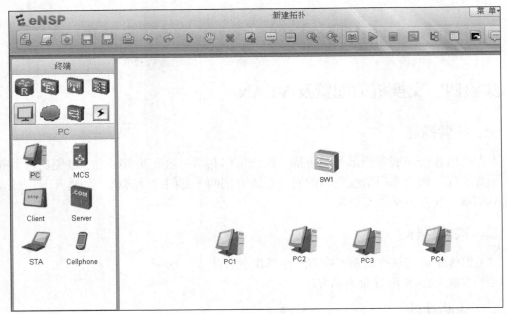

图 8-32 VLAN 配置设备环境

⑤ 使用 ping 命令测试各主机间的连通性。

五、实施方案

在同一交换机中配置 VLAN，具体如下。

（1）下载并安装 eNSP 软件，运行 eNSP 软件，在界面上安装一台交换机、4 台计算机，并将显示名改成 SW1、PC1～PC4。

（2）用网线使 4 台计算机连接交换机的端口 1～4。

（3）分别在交换机、计算机上单击鼠标右键以启动设备，如图 8-33 所示。

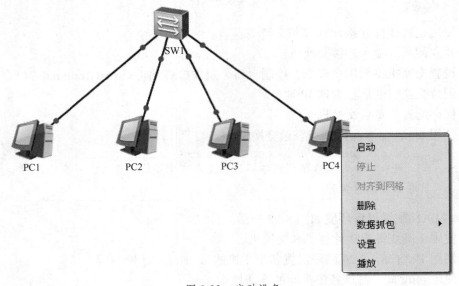

图 8-33 启动设备

（4）按表 8-3 分别为 4 个计算机配置 IP 地址。

表 8-3　IP 地址配置

计算机	交换机端口	IP 地址	子网掩码
PC1	E0/0/1	192.168.1.1	255.255.255.0
PC2	E0/0/2	192.168.1.2	255.255.255.0
PC3	E0/0/3	192.168.1.11	255.255.255.0
PC4	E0/0/4	192.168.1.12	255.255.255.0

在计算机界面命令行使用 ping 命令测试 4 个计算机之间的连通性，并将记录填入表 8-4。

表 8-4　连通性测试之一

计算机	PC1	PC2	PC3	PC4
PC1				
PC2				
PC3				
PC4				

（5）交换机 VLAN 配置。

进入交换机 SW1 的 CLI，进行如下操作。

```
<Huawei>system-view    //从用户视图模式进入系统视图模式
Enter system view, return user view with Ctrl+Z.
[Huawei]undo info-center enable    //关闭信息提示
Info: Information center is disabled.
[Huawei]display interface brief    //显示交换机端口信息
PHY: Physical
*down: administratively down
(l): LoopBack
(s): spoofing
(b): BFD down
(e): ETHOAM down
(dl): DLDP down
(d): Dampening Suppressed
InUti/OutUti: input utility/output utility
Interface          PHY  Protocol  InUti  OutUti    inErrors  outErrors
Ethernet0/0/1      up   up        0%     0%        0         0
Ethernet0/0/2      up   up        0%     0%        0         0
Ethernet0/0/3      up   up        0%     0%        0         0
Ethernet0/0/4      up   up        0%     0%        0         0
Ethernet0/0/5      down down      0%     0%        0         0
Ethernet0/0/6      down down      0%     0%        0         0
……（以下省略）

[Huawei]vlan 10        //创建 vlan 10
[Huawei-vlan10]quit     //返回上一级
[Huawei]vlan 20        //创建 vlan 20
[Huawei-vlan20]quit     //返回上一级
[Huawei]interface Ethernet0/0/1     //进入端口 E0/0/1
[Huawei-Ethernet0/0/1]port link-type access     //设置端口模式为 access
[Huawei-Ethernet0/0/1]port default vlan 10     //将端口绑定 vlan 10
//下面是其他几个端口的配置，这里用了简化的语句，大家可以自行学习怎么简化配置命令的输入
[Huawei]int e0/0/2
[Huawei-Ethernet0/0/2]p l a
[Huawei-Ethernet0/0/2]p d vlan 10
[Huawei-Ethernet0/0/2]int e0/0/3
```

```
[Huawei-Ethernet0/0/3]p l a
[Huawei-Ethernet0/0/3]p d vlan 20
[Huawei-Ethernet0/0/3]int e0/0/4
[Huawei-Ethernet0/0/4]p l a
[Huawei-Ethernet0/0/4]p d vlan 20
```

配置完成后，再测试计算机之间的连通性，填写表 8-5。

表 8-5　连通性测试之二

计算机	PC1	PC2	PC3	PC4
PC1				
PC2				
PC3				
PC4				

（6）按照上面的方法，将端口 E0/0/2 绑定 vlan 20，再次测试连通性，填写表 8-6。

表 8-6　连通性测试之三

计算机	PC1	PC2	PC3	PC4
PC1				
PC2				
PC3				
PC4				

（7）在系统视图中使用命令 display vlan 可查看 VLAN 配置情况，记录结果。

```
[Huawei]display vlan
```

六、实验结果分析

（1）总结交换机配置的方法。

（2）依据上面的测试结果说明和第一次测试的结果有什么不同，并分析为什么。

七、技能拓展

公司已经按照部门划分出客户部和销售部两个 VLAN，现在希望两个部门能够实现不同 VLAN 之间的安全连通，同时能够隔离广播。作为网络管理员应该怎么办？

实验五　二层 VLAN 跨交换机通信

一、实验描述

王先生所在的公司共有两层楼，每层楼都有客户部和销售部，为保证业务安全性，两层楼的客户部计算机可以互相访问；两层楼的销售部计算机可以互相访问；客户部和销售部之间不能自由访问。

二、实验目标

（1）了解 IEEE 802.1q 的实现方法，掌握跨二层交换机相同 VLAN 通信的调试方法。

（2）掌握交换机接口的 trunk 模式和 access 模式。

（3）了解交换机的 tagged 端口和 untagged 端口的区别。

三、实验环境

计算机，eNSP 软件，交换机配置线，交换机。

四、实验内容

VLAN 二层通信是指在 VLAN 创建后，同一 VLAN 内的设备之间可以通过二层通信进行数据传输。在 VLAN 二层通信中，同一 VLAN 内的设备可以使用 MAC 地址来对其他设备进行识别和寻址，通过交换机将数据从一台设备传输到另一台设备。不同的 VLAN 之间的通信，需要通过路由器进行二层转发或者使用三层转发。通过交换机二层配置，实现跨交换机相关 VLAN 的互通。

五、实施方案

拓扑结构如图 8-34 所示。

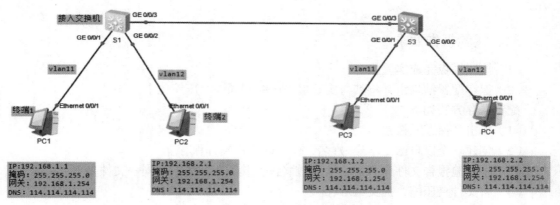

图 8-34　VLAN 跨交换机通信的拓扑结构

（1）连接线路。

（2）为每台计算机配置 IP 地址。用 ping 命令测试连接。在 PC1 上测试到 PC2、PC3、PC4 的连通情况。

（3）交换机配置。

```
S1 的配置
<Huawei>sys
[Huawei]sys S1
[Huawei]vlan batch 11 12
[Huawei]interface GigabitEthernet0/0/1
[Huawei-GigabitEthernet0/0/1]port default vlan 11
[Huawei-GigabitEthernet0/0/1]interface GigabitEthernet0/0/2
[Huawei-GigabitEthernet0/0/2]port link-type access
[Huawei-GigabitEthernet0/0/2]port default vlan 12
[Huawei-GigabitEthernet0/0/2]interface GigabitEthernet0/0/3
[Huawei-GigabitEthernet0/0/3]port link-type trunk
[Huawei-GigabitEthernet0/0/3]port trunk allow-pass vlan 11 12
```

S2 的配置

```
<Huawei>sys
[Huawei]sys S2
[Huawei]undo info-center enable
[Huawei]vlan batch 11 12
[Huawei]interface GigabitEthernet 0/0/1
[Huawei-GigabitEthernet0/0/1]port link-type access
[Huawei-GigabitEthernet0/0/1]port default vlan 11
[Huawei-GigabitEthernet0/0/1]interface GigabitEthernet 0/0/2
[Huawei-GigabitEthernet0/0/2]port link-type access
[Huawei-GigabitEthernet0/0/2]port default vlan 12
[Huawei-GigabitEthernet0/0/2]interface GigabitEthernet 0/0/3
[Huawei-GigabitEthernet0/0/3]port link-type trunk
[Huawei-GigabitEthernet0/0/3]port trunk allow-pass vlan 11 12
```

（4）连接情况测试。

再次在 PC1 上使用 ping 命令分别连接 PC2、PC3、PC4，查看网络连通性。

六、实验结果分析

（1）总结交换机配置的方法。

（2）PC1 与 PC3、PC2 与 PC4 能相互连通，而 PC1、PC3 与 PC2、PC4 均不互通，为什么？

七、实验报告要求

（1）按照模板完成实验报告。

（2）保存配置结果，并将其与实验报告压缩到同一个压缩包中。

配置保存方法如下。

（1）单击"保存"按钮。

（2）创建一个以自己"学号+姓名"命名的文件夹并保存。

（3）将实验报告文件命名为"学号+姓名+实验五"并复制到同一文件夹下。

（4）将文件夹压缩，提交给班长。

实验六　静态路由配置

一、实验描述

公司原有一个局域网 LAN 1，使用一台路由器共享 Internet，现在在其中添加了一台路由器，下挂另一个网段 LAN 2 的主机。经过简单设置后，发现所有主机共享 Internet 没有问题，但是 LAN 1 的主机无法与 LAN 2 的主机通信，这是怎么回事？

二、实验目标

（1）学习路由器的基本配置方法。

（2）学会配置路由器端口地址、静态路由，查看路由表。

三、实验环境

计算机 1 台，eNSP 软件。

四、实验内容

因为路由器隔绝广播，划分了广播域，此时 LAN 1 和 LAN 2 的主机位于两个不同的网段中，它们被新加入的路由器隔离了。所以此时 LAN 1 下的主机不能"看"到 LAN 1 里的主机，只能将信息包先发送到默认网关，而此时的网关没有设置到 LAN 2 的路由，无法进行有效的转发。在这种情况下，必须设置静态路由条目。按照分组设计具体的实验方案，在实验过程中要熟练运用 display 命令查看路由器状态。

五、实施方案

1．直连端口路由

与路由器直接连接的端口，数据包会直接发送到相应的端口。

（1）直连端口路由拓扑结构如图 8-35 所示。

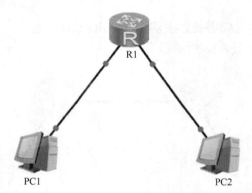

图 8-35　直连端口路由拓扑结构

> **说明**　　PC1 连接 R1 的 g0/0/0，PC2 连接 R1 的 g0/0/1。

（2）IP 地址分配如表 8-7 所示。

表 8-7　IP 地址分配

端口	IP 地址	子网掩码	网关地址
PC1	192.168.1.10	255.255.255.0	192.168.1.1
PC2	192.168.2.10	255.255.255.0	192.168.2.1
R1 的 g0/0/0	192.168.1.1	255.255.255.0	
R1 的 g0/0/1	192.168.2.1	255.255.255.0	

（3）进行网络测试（配置前、后分别测试一次），填表 8-8。

表 8-8　网络测试之一

	主机	主机	使用 ping 命令测试连通性
配置前	PC1	PC2	
配置后	PC1	PC2	

（4）网络配置。

① 配置 PC1、PC2 的 IP 地址（自行配置，注意最后单击"应用"按钮）。

② 路由器配置如下。

```
<Huawei>sys
Enter system view, return user view with Ctrl+Z.
[Huawei]int g0/0/0
[Huawei-GigabitEthernet0/0/0]ip add 192.168.1.1 255.255.255.0  //配置端口 IP 地址
[Huawei-GigabitEthernet0/0/0]int g0/0/1
[Huawei-GigabitEthernet0/0/1]ip add 192.168.2.1 255.255.255.0
```

（5）再次进行网络测试（配置前、后分别测试一次），填表 8-9。

表 8-9　网络测试之二

	主机	主机	使用 ping 命令测试连通性
配置前	PC1	PC2	
配置后	PC1	PC2	

2. 简单路由表配置

跨越路由器的数据包必须查找路由器中的路由表后转发。

（1）路由拓扑结构如图 8-36 所示。

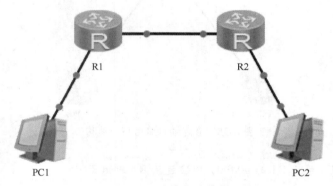

图 8-36　路由拓扑结构

📢 说明　　PC1 连接 R1 的 g0/0/0，PC2 连接 R2 的 g0/0/0，R1 的 g0/0/1 连接 R2 的 g0/0/1。

（2）IP 地址分配如表 8-10 所示。

表 8-10　IP 地址分配

端口	IP 地址	子网掩码	网关地址
PC1	192.168.1.10	255.255.255.0	192.168.1.1
PC2	192.168.2.10	255.255.255.0	192.168.2.1
R1 的 g0/0/0	192.168.1.1	255.255.255.0	
R1 的 g0/0/1	192.168.16.1	255.255.255.252	
R2 的 g0/0/0	192.168.2.1	255.255.255.0	
R2 的 g0/0/1	192.168.16.2	255.255.255.252	

（3）进行网络测试（配置前、后分别测试一次），填表 8-11。

表 8-11　网络测试之一

	主机	主机	使用 ping 命令测试连通性
配置前	PC1	PC2	
配置后	PC1	PC2	

（4）网络配置。

① 配置 PC1、PC2 的 IP 地址（自行配置，注意最后单击"应用"按钮）。

② 逐个启动路由器。

③ 路由器配置如下。

```
路由器 R1 配置
    <Huawei>sys
    Enter system view, return user view with Ctrl+Z.
     [Huawei]int g0/0/0
     [Huawei-GigabitEthernet0/0/0]ip add 192.168.1.1 255.255.255.0 //配置端口 IP 地址
     [Huawei-GigabitEthernet0/0/0]int g0/0/1
     [Huawei-GigabitEthernet0/0/1]ip add 192.168.16.1 255.255.255.252
     [Huawei-GigabitEthernet0/0/1]quit
     [Huawei]ip route-static 192.168.2.0 255.255.255.0 192.168.16.2    //配置静态路由表
     [Huawei]display ip routing-table   //查看路由表
```

这时候从路由表中可以看到静态路由表：

```
     ......
     192.168.2.0/24  Static 60   0          RD   192.168.16.2    GigabitEthernet
     0/0/1
     ......
路由器 R2 配置
    <Huawei>sys
    Enter system view, return user view with Ctrl+Z.
     [Huawei]int g0/0/0
     [Huawei-GigabitEthernet0/0/0]ip add 192.168.2.1 255.255.255.0 //配置端口 IP 地址
     [Huawei-GigabitEthernet0/0/0]int g0/0/1
     [Huawei-GigabitEthernet0/0/1]ip add 192.168.16.2 255.255.255.252
     [Huawei-GigabitEthernet0/0/1]quit
     [Huawei]ip route-static 192.168.1.0 255.255.255.0 192.168.16.1 //配置静态路由表
     [Huawei]display ip routing-table   //查看路由表
```

这时候从路由表中可以看到静态路由表：

```
     ......
     192.168.1.0/24  Static 60   0   RD   192.168.16.2   GigabitEthernet0/0/1
     ......
```

（5）再次进行网络测试（配置前、后分别测试一次），填表 8-12。

表 8-12　网络测试之二

	主机	主机	使用 ping 命令测试连通性
配置前	PC1	PC2	
配置后	PC1	PC2	

六、实验结果分析

（1）总结交换机配置的方法。

（2）依据上面的测试结果说明配置前、后的结果有什么不同，并分析为什么。

七、技能拓展

知识要点：有多个路由器时，要列出所有路由表。

大家自行练习下面的网络路由配置。

1．拓扑结构

网络拓扑结构如图 8-37 所示。

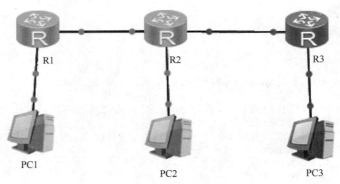

图 8-37　网络拓扑结构

2．IP 地址分配

IP 地址分配如表 8-13 所示。

表 8-13　IP 地址分配

端口	IP 地址	子网掩码	网关地址
PC1	192.168.1.10	255.255.255.0	192.168.1.1
PC2	192.168.2.10	255.255.255.0	192.168.2.1
PC3	192.168.3.10	255.255.255.0	192.168.3.1
路由器端口地址自行分配			

3．连接与配置参考

PC1～PC3 分别连接 R1～R3 的 g0/0/0 端口，R1 和 R2 的 g0/0/1 端口连接，R2 和 R3 的 g0/0/2 端口连接。

```
R1 配置
    <Huawei>sys
    Enter system view, return user view with Ctrl+Z.
     [Huawei]int g0/0/0
     [Huawei-GigabitEthernet0/0/0]ip add 192.168.1.1 24
     [Huawei-GigabitEthernet0/0/0]int g0/0/1
     [Huawei-GigabitEthernet0/0/1]ip add 192.168.16.1 255.255.255.252
     [Huawei-GigabitEthernet0/0/1]quit
     [Huawei]ip route-static 192.168.2.0 24 192.168.16.2
     [Huawei]ip route-static 192.168.3.0 24 192.168.16.2
     [Huawei]ip route-static 192.168.16.4 255.255.255.252 192.168.16.2
R2 配置
    <Huawei>sys
    Enter system view, return user view with Ctrl+Z.
    [Huawei]int g0/0/0
    [Huawei-GigabitEthernet0/0/0]ip add 192.168.2.1 24
    [Huawei-GigabitEthernet0/0/0]int g0/0/2
```

```
            [Huawei-GigabitEthernet0/0/2]ip add 192.168.16.5 255.255.255.252
            [Huawei-GigabitEthernet0/0/2]quit[Huawei]ip route-static 192.168.1.0 24
192.168.16.1
            [Huawei]ip route-static 192.168.3.0 24 192.168.16.6
            [Huawei]int g0/0/1
            [Huawei-GigabitEthernet0/0/1]ip add 192.168.16.2 255.255.255.252
```

R3 配置
```
            <Huawei>sys
            Enter system view, return user view with Ctrl+Z.
            [Huawei]int g0/0/0
            [Huawei-GigabitEthernet0/0/0]ip add 192.168.3.1 24
            [Huawei-GigabitEthernet0/0/0]int g0/0/2
            [Huawei-GigabitEthernet0/0/2]ip add 192.168.16.6 255.255.255.252
            [Huawei-GigabitEthernet0/0/2]quit
            [Huawei]ip route-static 192.168.2.0 24 192.168.16.5
            [Huawei]ip route-static 192.168.1.0 24 192.168.16.5
            [Huawei]ip route-static 192.168.16.0 255.255.255.252 192.168.16.5
```

4．几个常用命令练习

（1）设备改名。

```
[Huawei]sys name R1
[R1]
```

（2）关闭系统提示。

```
[R1]undo info-center enable
Info: Information center is disabled.
```

（3）显示端口状态。

```
[R1]display ip interface
简化显示
[R1]display ip interface brief
```

（4）显示路由表。

```
[R1]display ip routing-table
```

（5）创建一个环回端口。

```
[R1]int LoopBack 10
[R1-LoopBack10]
```

第一次进入该端口时就创建了一个环回端口，后面的 10 是自定义的环回端口号。

5．稍复杂的静态路由实验

（1）问题：4 个路由器连接起来。R1 和 R4 外面各连接 3 个网络，R2、R3 各连接 1 个网络。

（2）网络拓扑如图 8-38 所示。

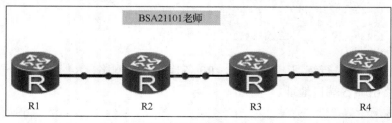

图 8-38　网络拓扑

说明 　　网络拓扑上要求有自己的学号和姓名。

（3）IP 地址规划。

① 网络规划如表 8-14 所示。

表 8-14　网络规划

网络编号	连接路由器	网络地址	子网掩码	网关地址
网络 1	R1	192.168.0.0	255.255.255.128	192.168.0.1
网络 2	R1	192.168.0.128	255.255.255.128	192.168.0.129
网络 3	R1	192.168.4.0	255.255.255.0	192.168.4.1
网络 4	R2	192.168.2.0	255.255.255.0	192.168.2.1
网络 5	R3	192.168.3.0	255.255.255.0	192.168.3.1
网络 6	R4	192.165.5.0	255.255.255.192	192.168.5.1
网络 7	R4	192.165.5.64	255.255.255.192	192.168.5.65
网络 8	R4	192.165.5.128	255.255.255.192	192.168.5.129

② 端口之间的 IP 地址分配如表 8-15 所示。

表 8-15　IP 地址分配

端口	IP 地址	子网掩码
R1 的 g0/0/0	192.168.16.1	255.255.255.252
R2 的 g0/0/0	192.168.16.2	255.255.255.252
R2 的 g0/0/1	192.168.16.5	255.255.255.252
R3 的 g0/0/0	192.168.16.6	255.255.255.252
R3 的 g0/0/1	192.168.16.9	255.255.255.252
R4 的 g0/0/0	192.168.16.10	255.255.255.252

③ 修改路由器名字。

说明 　　将路由器名字改为"路由器名+学号后 3 位"。

```
[Huawei]sys name R1+125
[R1+125]
```

使用其他路由器自行练习。

④ 配置环回端口。

```
[R1-LoopBack20]int lo 10
[R1-LoopBack10]ip add 192.168.0.1 25
[R1-LoopBack10]int lo 20
[R1-LoopBack20]ip add 192.168.0.129 25
[R1-LoopBack20]int lo 30
[R1-LoopBack30]ip add 192.168.4.1 24
[R1-LoopBack30]
```

使用其他路由器自行练习，注意 R2、R3 各连接 1 个网络，R4 连接 3 个网络。

⑤ 配置路由器各端口地址。

```
[R1]int g0/0/0
[R1-GigabitEthernet0/0/0]ip add 192.168.16.1 30
```

使用其他路由器自行练习，注意 R2、R3 使用了 2 个端口。

⑥ 进行网络连通测试。

在 4 个路由器上使用 ping 命令分别测试每个网络的连通情况，填表 8-16。

表 8-16　连通情况之一

	网络 1	网络 2	网络 3	网络 4	网络 5	网络 6	网络 7	网络 8
R1								
R2								
R3								
R4								

⑦ 配置静态路由表。

```
[R1]ip route 192.168.2.0 255.255.255.0 192.168.16.2
[R1]ip route 192.168.3.0 255.255.255.0 192.168.16.2
[R1]ip route 192.168.5.0 255.255.255.192 192.168.16.2
[R1]ip route 192.168.5.64 255.255.255.192 192.168.16.2
[R1]ip route 192.168.5.128 255.255.255.192 192.168.16.2
[R1]ip route 192.168.16.4 255.255.255.252 192.168.16.2
[R1]ip route 192.168.16.8 255.255.255.252 192.168.16.2
```

使用其他路由器自行练习。

⑧ 再次进行网络连通测试。

在 4 个路由器上使用 ping 命令分别测试每个网络的连通情况，填表 8-17。

表 8-17　连通情况之二

	网络 1	网络 2	网络 3	网络 4	网络 5	网络 6	网络 7	网络 8
R1								
R2								
R3								
R4								

实验七　VLAN 间路由——单臂路由

一、实验描述

企业内部网络结构简单，用一台交换机使所有员工的计算机以及服务器相互连接，然后通过光纤访问 Internet。通过 VLAN 划分网络保证部分主机的安全，以及分割内部广播以提高网络传输速率，但是又希望与某些客户端进行互通，因此划分 VLAN 的同时需要为不同 VLAN 建立互相访问的通道。

二、实验目标

（1）掌握单臂路由配置的基本命令。
（2）配置单臂路由以实现 VLAN 间通信。

三、实验环境

计算机 1 台，eNSP 软件。

四、实验内容

不同网段之间要相互通信，这时需要通过三层设备进行路由转发。在路由器的路由转发中，可以用物理端口进行，但是由于路由器的物理端口较少并且为了防止路由器端口频繁损坏，以及为了路由器端口速率能被充分利用，可以用路由器上的单臂路由技术来实现不同网段的通信。

单臂路由的原理是在路由器的物理端口创建逻辑端口，以逻辑端口充当物理端口来实现不同网段的通信。通过 trunk 端口连接多个子网，使得 vlan 10 与 vlan 20 相互干扰，采用路由器的子接口——逻辑接口进行转发。由于同一时间被利用两次，所以很可能发生拥塞，因此单臂路由只适用于小型网络。

五、实施方案

单臂路由拓扑结构如图 8-39 所示。

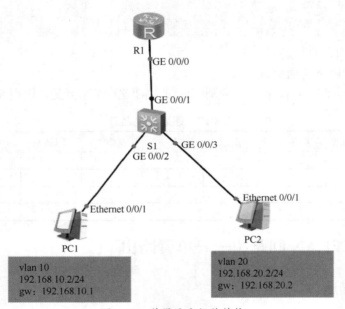

图 8-39   单臂路由拓扑结构

1. 交换机 S1 配置

```
[S1]un in en
[S1]vlan batch 10 20
[S1]
[S1]int g0/0/2
[S1-GigabitEthernet0/0/2]port link-type access
[S1-GigabitEthernet0/0/2]port default vlan 10
[S1-GigabitEthernet0/0/2]int g0/0/3
[S1-GigabitEthernet0/0/3]port link-type access
[S1-GigabitEthernet0/0/3]port default vlan 20
[S1-GigabitEthernet0/0/3]q
[S1]int g0/0/1
[S1-GigabitEthernet0/0/1]port link-type trunk
[S1-GigabitEthernet0/0/1]port trunk allow-pass vlan all
```

2．路由器 R1 配置

```
<Huawei>sys
[Huawei]un in en
[Huawei]sys R1
[R1]int g0/0/0
[R1-GigabitEthernet0/0/0]int g0/0/0.10
[R1-GigabitEthernet0/0/0.10]ip add 192.168.10.1 24 //给子接口配置IP地址
[R1-GigabitEthernet0/0/0.10]dot1q termination vid 10 //把子接口绑定VLAN
[R1-GigabitEthernet0/0/0.10]arp broadcast enable   //开启广播
[R1-GigabitEthernet0/0/0.10]dis this
[V200R003C00]
#
interface GigabitEthernet0/0/0.10
 dot1q termination vid 10
 ip address 192.168.10.1 255.255.255.0
 arp broadcast enable
#
return
[R1-GigabitEthernet0/0/0.10]int g0/0/0.20
[R1-GigabitEthernet0/0/0.20]ip add 192.168.20.1 24
[R1-GigabitEthernet0/0/0.20]dot1q termination vid 20
[R1-GigabitEthernet0/0/0.20]arp broadcast enable
[R1-GigabitEthernet0/0/0.20]dis this
[V200R003C00]
#
interface GigabitEthernet0/0/0.20
 dot1q termination vid 20
 ip address 192.168.20.1 255.255.255.0
 arp broadcast enable
#
Returnd
```

3．测试连通性

在 PC1 上使用 ping 命令连接 PC2，从 g0/0/0 抓取数据包，查看数据包，数据包出口 VLAN 为 10，入口 VLAN 为 20，说明两个 VLAN 已经连通。

六、实验结果分析

（1）总结交换机配置的方法。
（2）依据上面的测试结果说明配置前、后的结果有什么不同，并分析为什么。

实验八　VLAN 间路由——三层交换

一、任务场景

某企业有两个主要部门：技术部和销售部。它们分别处于不同的办公室，为了安全和便于管理，对两个部门的主机进行 VLAN 的划分。技术部和销售部分别处于不同的 VLAN，由于业务的需求需要销售部和技术部的主机能够相互访问，获得相应的资源，两个部门的交换机通过一台三层交换机进行连接。

二、实验目标

（1）学习路由器的基本配置。

（2）学会配置路由器端口地址、静态路由，查看路由表。

三、实验条件

计算机 1 台，eNSP 软件。

四、实验内容

三层交换机具备网络层的功能，实现 VLAN 相互访问的原理是，利用三层交换机的路由功能，通过识别数据包的 IP 地址，查找路由表进行路由选择并转发该数据包，三层交换机利用直连路由可以实现不同 VLAN 之间的相互访问。三层交换机给接口配置 IP 地址，采用 SVI 的方式实现 VLAN 互连。SVI 是指为交换机中的 VLAN 创建虚拟接口，并且配置 IP 地址。

五、实施方案

三层交换拓扑结构如图 8-40 所示。

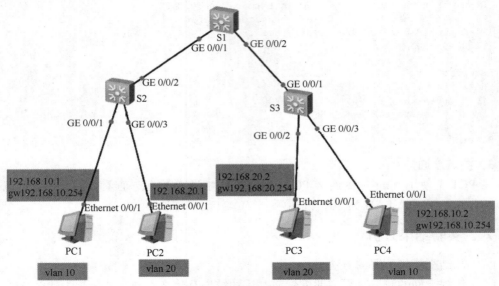

图 8-40　三层交换拓扑结构

1．交换机配置

```
S1 的配置
<Huawei>sys
[Huawei]sys S1
[S1]vlan batch 10 20
[S1]int g0/0/1
[S1-GigabitEthernet0/0/1]port link-type trunk
[S1-GigabitEthernet0/0/1]port trunk allow-pass vlan all
[S1-GigabitEthernet0/0/1]dis this
#
interface GigabitEthernet0/0/1
 port link-type trunk
 port trunk allow-pass vlan 2 to 4094
#
```

```
return
[S1-GigabitEthernet0/0/1]
[S1-GigabitEthernet0/0/1]int g0/0/2
[S1-GigabitEthernet0/0/2]port link-type trunk
[S1-GigabitEthernet0/0/2]port trunk allow-pass vlan all
[S1-GigabitEthernet0/0/2]q
[S1]int vlan 10
[S1-Vlanif10]ip add 192.168.10.254 24
[S1-Vlanif10]q
[S1]int vlan 20
[S1-Vlanif20]ip add 192.168.20.254 24
[S1-Vlanif20]q
查看路由表
[S1]dis ip int bri
*down: administratively down
^down: standby
(l): LoopBack
(s): spoofing
The number of interface that is UP in Physical is 4
The number of interface that is DOWN in Physical is 1
The number of interface that is UP in Protocol is 3
The number of interface that is DOWN in Protocol is 2


Interface              IP Address/Mask        Physical        Protocol
MEth0/0/1              unassigned             down            down
NULL0                  unassigned             up              up(s)
Vlanif1               unassigned             up              down
Vlanif10              192.168.10.254/24      up              up
Vlanif20              192.168.20.254/24      up              up
[S1]
User interface con0 is available
```

> **注意**　通过路由表查看是否有 192.168.10.0/24 和 192.168.20.0/24 网段。从 IP 地址为 192.168.10.1 的主机和 IP 地址为 192.168.20.1 的主机发送数据包到 S1，因为端口设置的是 trunk 模式，则入口标签为 vlanid10。然后查找路由表，对应的出口是 Vlanif 20，则标签转换为 vlanid20，然后从 S3 设置为 vlan 20 的端口发出。

```
<S1>dis ip rout
Route Flags: R - relay, D - download to fib
-------------------------------------------------------------------------------
Routing Tables: Public
         Destinations : 6      Routes : 6

Destination/Mask    Proto   Pre  Cost   Flags  NextHop         Interface
127.0.0.0/8         Direct  0    0      D      127.0.0.1       InLoopBack0
127.0.0.1/32        Direct  0    0      D      127.0.0.1       InLoopBack0
192.168.10.0/24     Direct  0    0      D      192.168.10.254  Vlanif10
192.168.10.254/32   Direct  0    0      D      127.0.0.1       Vlanif10
192.168.20.0/24     Direct  0    0      D      192.168.20.254  Vlanif20
192.168.20.254/32   Direct  0    0      D      127.0.0.1       Vlanif20

S2 的配置
<Huawei>sys
[Huawei]sys S2
[S2]vlan batch 10 20
Info: This operation may take a few seconds. Please wait for a moment...done.
[S2]int g0/0/2
[S2-GigabitEthernet0/0/2]port link-type trunk
```

```
[S2-GigabitEthernet0/0/2]port trunk allow-pass vlan all
//[S2] clear configuration interface g0/0/2, 如果之前已经配置过接口参数可以这样删除
[S2]int g0/0/1
[S2-GigabitEthernet0/0/1]port link-type access
[S2-GigabitEthernet0/0/1]port default vlan 10
[S2-GigabitEthernet0/0/1]int g0/0/3
[S2-GigabitEthernet0/0/3]port link-type access
[S2-GigabitEthernet0/0/3]port default vlan 20
```

2．R3 的配置

```
<Huawei>
<Huawei>sys
Enter system view, return user view with Ctrl+Z.
[Huawei]sys R3
[R3]int g0/0/1
[R3-GigabitEthernet0/0/1]port link-type trunk
[R3-GigabitEthernet0/0/1]port trunk allow-pass vlan all
[R3-GigabitEthernet0/0/1]int g0/0/2
[R3-GigabitEthernet0/0/2]port link-type access  [R3-GigabitEthernet0/0/2]port default vlan 20
[R3-GigabitEthernet0/0/2]int g0/0/3
[R3-GigabitEthernet0/0/3]port link-type access
[R3-GigabitEthernet0/0/3]port default vlan 10
[R3-GigabitEthernet0/0/3]q
[R3]dis port vlan
Port                    Link Type    PVID  Trunk VLAN List
-------------------------------------------------------------------------
GigabitEthernet0/0/1    trunk        1     1-4094
GigabitEthernet0/0/2    access       20    -
GigabitEthernet0/0/3    access       10    -
GigabitEthernet0/0/4    hybrid       1     -
```

3．测试连通性

在 PC1 上使用 ping 命令连接 PC2，从 g0/0/0 抓取数据包，查看数据包。数据包出口 VLAN 为 10，入口 VLAN 为 20，说明两个 VLAN 已经连通。

六、实验结果分析

（1）总结交换机配置的方法。

（2）依据上面的测试结果说明配置前、后的结果有什么不同，并分析为什么。

实验九　静态路由配置——子网划分

一、实验描述

某集团公司给其子公司甲分配了一段 IP 地址 192.168.5.0/24。甲公司有 3 层办公楼，统一通过 1 楼的路由器连接公网。1 楼有 100 台计算机联网，2 楼有 53 台计算机联网，3 楼有 20 台计算机联网，如果你是该公司的网管，你该怎么去规划 IP 地址？

二、实验目标

（1）了解 eNSP 的基本知识，掌握其常用的网络配置命令。

（2）能够利用 eNSP 实现子网划分路由分配模拟。

三、实验条件

计算机 1 台，eNSP 软件。

四、实验内容

子网划分是通过子网掩码的变化实现的，不同的子网掩码可以分隔出不同的子网。具体到 IP 地址就是将主机位划分到网络位，也就是把子网掩码的分界线向后挪两位（即租位或借位）。

为了更灵活地使用 IP 地址，需要根据需求对 IP 地址进行子网划分，使得划分后的 IP 地址不再具有类地址的特征，这些地址称为无类地址。划分子网除了具有能够充分利用 IP 地址资源和便于管理的优点之外，还能够为 LAN 提供基本的安全性。

五、实施方案

1. 网络规划

该网络的编址需求如下。

（1）R1 的子网需要 101 个主机 IP 地址。

（2）R2 的子网需要 54 个主机 IP 地址。

（3）R3 的子网需要 21 个主机 IP 地址。

（4）从 R1 到 R2 链路的两端各需要一个 IP 地址。

（5）从 R1 到 R3 链路的两端各需要一个 IP 地址。

✦ **注意** ┊　请记住，网络设备的接口也是主机 IP 地址，已包括在上面的编址需求中。

---

2. 网络拓扑

子网划分网络拓扑如图 8-41 所示。

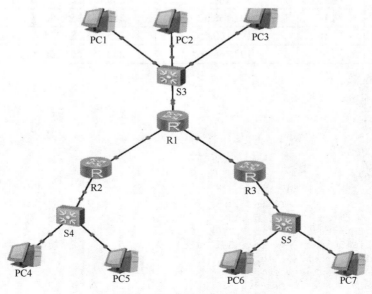

图 8-41　子网划分网络拓扑

（1）子网设计，可以如表 8-18 所示设计子网。

表 8-18　设计子网

子网编号	说明	子网地址	子网掩码	第一个可用地址	最后一个可用地址
1	R1 所在的网络需要 100 个 IP 地址	192.168.5.0/25	255.255.255.128	192.168.5.1	192.168.5.126
2	R2 所在的网络需要 58 个 IP 地址	192.168.5.128/26	255.255.255.192	192.168.5.129	192.168.5.190
3	R3 所在的网络需要 20 个 IP 地址	192.168.5.192/27	255.255.255.224	192.168.5.193	192.168.5.222
4	R1 到 R2	192.168.5.248/30	255.255.255.252	192.168.5.249	192.168.5.250
5	R1 到 R3	192.168.5.252/30	255.255.255.252	192.168.5.253	192.168.5.254

（2）分配 IP 地址（网关地址使用子网的第一个可用地址），如表 8-19 所示，也可以按照自己的子网划分情况自行分配地址。

表 8-19　IP 地址分配

设备	接口	IP 地址	子网掩码	默认网关
R1	0/0/0	192.168.5.1	255.255.255.128	不适用
	g0/0/2	192.168.5.253	255.255.255.252	不适用
	g0/0/1	192.168.5.249	255.255.255.252	不适用
R2	g0/0/0	192.168.5.129	255.255.255.192	不适用
	g0/0/1	192.168.5.250	255.255.255.252	不适用
R3	g0/0/0	192.168.5.193	255.255.255.224	不适用
	g0/0/2	192.168.5.254	255.255.255.252	不适用
PC1	网卡	192.168.5.	255.255.255.128	192.168.5.1
PC2	网卡	192.168.5.	255.255.255.128	192.168.5.1
PC3	网卡	192.168.5.	255.255.255.128	192.168.5.1
PC4	网卡	192.168.5.	255.255.255.192	192.168.5.129
PC5	网卡	192.168.5.	255.255.255.192	192.168.5.129
PC6	网卡	192.168.5.	255.255.255.224	192.168.5.193
PC7	网卡	192.168.5.	255.255.255.224	192.168.5.193

（3）网络配置。

① R1 的配置。

```
<Huawei>sys
Enter system view, return user view with Ctrl+Z.
[Huawei]sys R1
[R1]
[R1]int g0/0/0
[R1-GigabitEthernet0/0/0]ip add 192.168.5.1 25
[R1-GigabitEthernet0/0/0]int g0/0/1
[R1-GigabitEthernet0/0/1]ip add 192.168.5.249 30
[R1-GigabitEthernet0/0/0]int g0/0/2
[R1-GigabitEthernet0/0/1]ip add 192.168.5.253 30
[R1-GigabitEthernet0/0/1]q
[R1]display ip interface brief //查看当前端口配置情况
[R1]ip route-static 192.168.5.128 26 192.168.5.250 //添加路由表
[R1]ip route-static 192.168.5.192 26 192.168.5.254
[R1]dis ip rout  //查看路由表
```

② R2 的配置参照 R1。

- 配置每台计算机的 IP 地址。
- 配置路由器每个端口的 IP 地址。
- 设置路由器中的路由表。

③ R3 的配置参照 R1。

3．测试连通性

IP 地址配置完毕后，可以任选两台 PC 进行测试。

六、实验结果分析

（1）总结交换机和路由器的配置方法。

（2）如果 IP 地址设置为错误的网段会产生什么结果，并分析为什么。

七、拓展练习

（1）子网划分可以使用动态路由选择协议 RIP，不需设置静态路由，在每个路由器上做如下配置。

```
[Huawei]rip                          //启动 RIP，默认进程号 1
[Huawei-rip-1]version 2              //配置 RIP 版本为 2
[Huawei-rip-1]undo summary           //不进行路由聚合
[Huawei-rip-1]network 192.168.5.0    //将 192.168.5.0 网段发布到 RIP 中，RIP 是主类宣告，
192.168.5.* 默认的是 C 类地址，所以发布的时候是 network 192.168.5.0，即不需要发布子网网段
[Huawei]display current-configuration //显示整个路由器的当前配置情况，可按空格键翻页查看，
其中包含 RIP 配置的主要信息
```

（2）如果 IP 地址或者路由配置错误，只需要在原命令前添加 undo 就可以了。

如 [R3-GigabitEthernet0/0/0]ip address 192.168.32.2 24。

地址输入错误，则可以在端口输入命令：[R3-GigabitEthernet0/0/0]undo ip address 192.168.32.2 24。可以把刚才的地址信息删除，路由信息同样如此。

（3）两个常用命令如下。

① 查看 IP 地址信息：[R]dis ip int bri。

② 查看路由表信息：[R]dis ip rout。

实验十　RIP 配置

一、实验描述

假设校园网通过一台三层交换机连到校园网出口路由器，路由器再和校园外的另一台路由器连接。现要做适当配置，实现校园网内部主机与校园网外部主机相互通信。为了简化网管的管理维护工作，学校决定采用 RIP 实现互通。

二、实验目标

（1）了解动态路由的作用和分类。

（2）掌握 RIP 的工作原理。

（3）掌握 RIP 的配置方法。

三、实验条件

计算机 1 台，eNSP 软件。

四、实验内容

RIP 是应用较早、使用较普遍的 IGP，适用于小型同类网络，是距离矢量协议。

RIP 跳数用于衡量路径开销，RIP 规定最大跳数为 15。

RIP 有两个版本：RIPv1 和 RIPv2。RIPv1 属于有类路由协议，不支持可变长度子网掩码（Variable Length Subnet Mask，VLSM），以广播形式进行路由信息的更新，更新周期为 30s；RIPv2 属于无类路由协议，支持 VLSM，以组播形式进行路由更新。

五、实施方案

RIP 配置网络拓扑如图 8-42 所示。

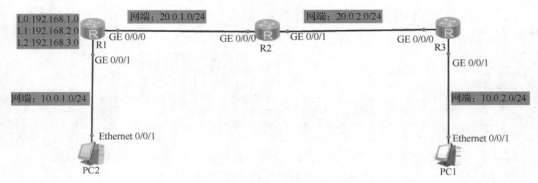

图 8-42　RIP 配置网络拓扑

1．网络配置

规划与配置接口 IP 地址和在各设备配置 RIP 宣告网络。

```
R1 的配置
[AR1-GigabitEthernet0/0/0]ip address 20.0.1.1 24
[AR1-GigabitEthernet0/0/1]ip address 10.0.1.1 24
[AR1]network 20.0.0.0
[AR1]network 10.0.0.0
[AR1-rip-2]version 2          //开启版本2，默认为版本1
R2 的配置
[AR2-GigabitEthernet0/0/0]ip address 20.0.1.2 24
[AR2-GigabitEthernet0/0/1]ip address 20.0.2.1 24
[AR2]network 20.0.0.0
[AR2]network 10.0.0.0
R3 的配置
[AR3-GigabitEthernet0/0/0]ip address 20.0.2.2 24
[AR3-GigabitEthernet0/0/1]ip address 10.0.2.1 24
[AR3]network 20.0.0.0
[AR3]network 10.0.0.0
```

2．配置 LoopBack 地址

```
LoopBack0 192.168.1.1/24 up up(s)
LoopBack1 192.168.2.1/24 up up(s)
LoopBack2 192.168.3.1/24 up up(s)
```

在各设备上查看 RIP 路由项，检查是否已经学习。

3．PC1 ping PC2 测试连通性

```
PC>ping 10.0.1.2
Ping 10.0.1.2: 32 data bytes, Press Ctrl_C to break
From 10.0.1.2: bytes=32 seq=1 ttl=125 time=15 ms
From 10.0.1.2: bytes=32 seq=2 ttl=125 time=32 ms
From 10.0.1.2: bytes=32 seq=3 ttl=125 time=31 ms
From 10.0.1.2: bytes=32 seq=4 ttl=125 time=16 ms
From 10.0.1.2: bytes=32 seq=5 ttl=125 time=31 ms
--- 10.0.1.2 ping statistics ---
5 packet(s) transmitted 5 packet(s) received 0.00% packet loss round-trip
min/avg/max = 15/25/32 ms
```

六、实验结果分析

（1）总结路由器的配置方法。

（2）总结 RIP 的缺点。

七、拓展实验（RIP 兼容模式配置）

1．技术原理

RIP 兼容模式：不用宣告网络版本号，能够接收 RIPv1 和 RIPv2 的路由信息，但只能发送 RIPv1 的路由信息。

2．网络拓扑

如图 8-43 所示，R1 路由器采用 version 1 模式；R2 采用 version 2 模式；R3 采用兼容模式。在 R2 的 g0/0/0 接口配置接收 RIPv1 的信息；或者在 R3 的 g0/0/1 接口添加发送 RIPv2 信息。3 台路由器能够学习到全部网段，能够互通。

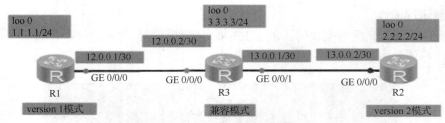

图 8-43　RIP 兼容模式配置网络拓扑

3．网络配置

```
R1 的配置
[AR1]undo info-center enable  //关闭华为信息提示
[AR1]int g0/0/0              //配置接口 IP 地址
[AR1-GigabitEthernet0/0/0]ip add 12.0.0.1 30
[AR1-GigabitEthernet0/0/0]un sh
[AR1-GigabitEthernet0/0/0]int loo 0    //配置回环地址用于测试
[AR1-LoopBack0]ip add 1.1.1.1 24
[AR1-LoopBack0]q
[AR1]rip 1      //采用 version 1 模式
[AR1-rip-1]ver 1
[AR1-rip-1]network 12.0.0.0  //宣告网段
[AR1-rip-1]network 1.0.0.0
```

```
R2 的配置
[AR2]undo info-center enable    //关闭华为信息提示
Info: Information center is disabled.
[AR2]int g0/0/0                 //配置接口 IP 地址
[AR2-GigabitEthernet0/0/0]ip add 13.0.0.2 30
[AR2-GigabitEthernet0/0/0]un sh
Info: Interface GigabitEthernet0/0/0 is not shutdown.
[AR2-GigabitEthernet0/0/0]int loo 0          //配置回环地址用于测试
[AR2-LoopBack0]ip add 2.2.2.2 24
[AR2-LoopBack0]q
[AR2]rip 1
[AR2-rip-1]ver 2         //采用 version 2 模式
[AR2-rip-1]un su
[AR2-rip-1]un summary
[AR2-rip-1]network 13.0.0.0   //宣告网段
[AR2-rip-1]network 2.0.0.0

R3 的配置
[AR3]undo info-center enable    //关闭华为信息提示
[AR3]int g0/0/0
[AR3-GigabitEthernet0/0/0]ip add 12.0.0.2 30  //配置接口 IP 地址
[AR3-GigabitEthernet0/0/0]un sh
Info: Interface GigabitEthernet0/0/0 is not shutdown.
[AR3-GigabitEthernet0/0/0]int g0/0/1
[AR3-GigabitEthernet0/0/1]ip add 13.0.0.1 30
[AR3-GigabitEthernet0/0/1]un sh
Info: Interface GigabitEthernet0/0/1 is not shutdown.
[AR3-GigabitEthernet0/0/1]int loo 0          //配置回环地址用于测试
[AR3-LoopBack0]ip add 3.3.3.3 24
[AR3-LoopBack0]q
[AR3-rip-1]network 13.0.0.0    //不采用任何版本，直接宣告网段
[AR3-rip-1]network 12.0.0.0
[AR3-rip-1]network 3.0.0.0
```

4．测试连通性

如图 8-44 所示，配置完成后，由于 R3 采用兼容模式，此时的 R1 和 R2 是不连通的，R2 无法学习到 R1 的网段。

```
[AR1]ping 2.2.2.2
  PING 2.2.2.2: 56  data bytes, press CTRL_C to break
    Request time out
    Request time out
```

图 8-44　测试 R1 和 R2 的连通性

（1）测试方法 1

在 R2 的 g0/0/0 接口配置接收 RIPv1 的信息。

```
R2 的配置
[AR2]int g0/0/0
[AR2-GigabitEthernet0/0/0]rip ver 1
[AR2-GigabitEthernet0/0/0]
```

添加完成后发现 R2 可以学习到 R1 的全部网段，可以互通，也可以使用 dis ip routing-table 命令查看 R2 的路由表，如图 8-45 所示。

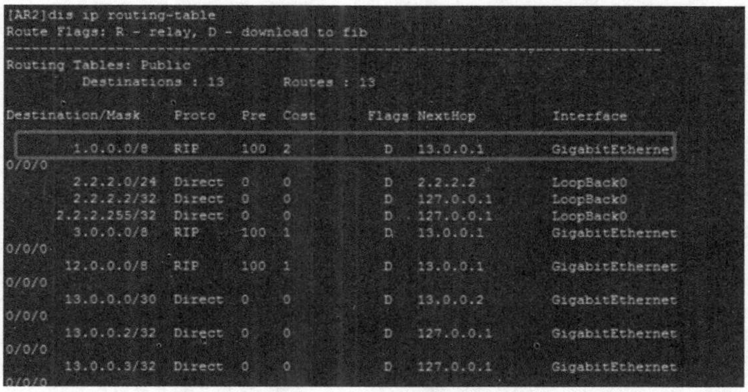

```
[AR2]dis ip routing-table
Route Flags: R - relay, D - download to fib
------------------------------------------------------------------------------
Routing Tables: Public
         Destinations : 13       Routes : 13

Destination/Mask    Proto   Pre  Cost      Flags NextHop         Interface

        1.0.0.0/8   RIP     100  2           D   13.0.0.1        GigabitEthernet
0/0/0
        2.2.2.0/24  Direct  0    0           D   2.2.2.2         LoopBack0
        2.2.2.2/32  Direct  0    0           D   127.0.0.1       LoopBack0
      2.2.2.255/32  Direct  0    0           D   127.0.0.1       LoopBack0
        3.0.0.0/8   RIP     100  1           D   13.0.0.1        GigabitEthernet
0/0/0
       12.0.0.0/8   RIP     100  1           D   13.0.0.1        GigabitEthernet
0/0/0
       13.0.0.0/30  Direct  0    0           D   13.0.0.2        GigabitEthernet
0/0/0
       13.0.0.2/32  Direct  0    0           D   127.0.0.1       GigabitEthernet
0/0/0
       13.0.0.3/32  Direct  0    0           D   127.0.0.1       GigabitEthernet
0/0/0
```

图 8-45　R2 路由表

（2）测试方法 2

先将测试方法 1 取消。

```
R2 的配置
[AR2]int g0/0/0
[AR2-GigabitEthernet0/0/0]dis th
[V200R003C00]
#
interface GigabitEthernet0/0/0
 ip address 13.0.0.2 255.255.255.252
 rip version 1
#
return
[AR2-GigabitEthernet0/0/0]un rip ver
[AR2-GigabitEthernet0/0/0]dis th
[V200R003C00]
#
interface GigabitEthernet0/0/0
 ip address 13.0.0.2 255.255.255.252
#
Return
```

在 R3 的 g0/0/1 接口添加发送 RIPv2 信息。

```
R3 的配置
[AR3]int g0/0/1
[AR3-GigabitEthernet0/0/1]rip ver 2 multicast
```

再测试 R1 和 R2 的连通性，如图 8-46 所示。

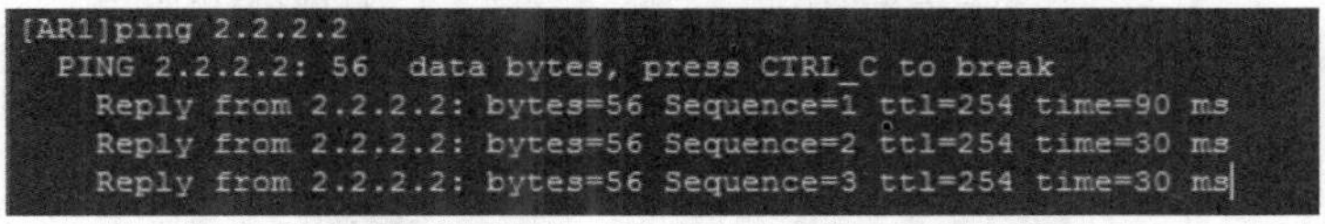

```
[AR1]ping 2.2.2.2
  PING 2.2.2.2: 56  data bytes, press CTRL_C to break
    Reply from 2.2.2.2: bytes=56 Sequence=1 ttl=254 time=90 ms
    Reply from 2.2.2.2: bytes=56 Sequence=2 ttl=254 time=30 ms
    Reply from 2.2.2.2: bytes=56 Sequence=3 ttl=254 time=30 ms
```

图 8-46　测试 R1 和 R2 的连通性

实验十一　OSPF 配置

一、实验描述

某公司有两个子公司，分别位于两地。两个子公司都有自己的 IP 地址段，现在要求将两个子公司通过路由器连接进行通信。

二、实验目标

（1）掌握 OSPF 中 Router ID 的配置方法。

（2）掌握 OSPF 的配置方法。

（3）理解多路访问网络中的 DR 或 BDR 选举。

（4）掌握 OSPF 路由优先级的修改方法。

三、实验条件

计算机 1 台，eNSP 软件（本实验路由器统一使用 AR2240）。

四、实验内容

自治系统被分割成若干区域，每个区域运行 OSPF，在这些区域中必须有一个区域编号为 0，简称区域 0，也叫作骨干区域。所有的其他区域都必须连接骨干区域，在一个区域中运行 OSPF 叫作单区域 OSPF。

能够完善地配置各个路由器的 OSPF，配置 Router ID。然后通过更改路由器的优先级，设置 R1 的 GE0/0/0 接口为 DR，更改路由器接口的优先级，设置 R1 的 GE0/0/1 接口为 BDR。

五、实施方案

1. 网络拓扑

OSPF 配置网络拓扑如图 8-47 所示。

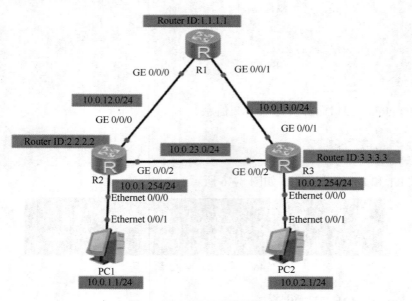

图 8-47　OSPF 配置网络拓扑

按照图 8-47 所示配置路由器的网段，具体如下。

R1 的 Router ID 为 1.1.1.1。

R2 的 Router ID 为 2.2.2.2。

R3 的 Router ID 为 3.3.3.3。

修改 R1 的 GE0/0/0 优先级为 255。

2．实验步骤

配置思路如下。

（1）先配置路由器的 IP 地址。

（2）配置路由器 R1、R2 和 R3 OSPF 的 Router ID。

（3）给路由器配置 OSPF。

（4）在路由器 R1 上设置 OSPF 优先级，R1 接口选举为 DR。

3．具体配置

```
R1 的配置
<huawei> system-view                //进入配置模式
[huawei] sys name R1                //配置 R1 设备名字
[R1] interface  GigabitEthernet0/0/0
[R1-GigabitEthernet0/0/0] ip address 10.0.12.1 24
[R1-GigabitEthernet0/0/1] ip address  10.0.13.1 24
[R1]ospf 1 router-id 1.1.1.1      // 配置 Router ID
[R1-ospf-1]area 0.0.0.0            //进入 area0 区域
[R1-ospf-1-area-0.0.0.0]network 10.0.12.0 0.0.0.255   // 宣告网段
[R1-ospf-1-area-0.0.0.0]network 10.0.13.0 0.0.0.255
[R1] interface  GigabitEthernet0/0/0
[R1-GigabitEthernet0/0/0]ospf dr-priority 255     //配置 OSPF 的接口优先级


R2 的配置
<SWA> system-view                   //进入配置模式
[SWA] interface Ethernet0/0/0
[R2- Ethernet0/0/0] ip address  10.0.1.254 24
[R2-GigabitEthernet0/0/0] ip address   10.0.12.2  24
[R2-GigabitEthernet0/0/2] ip address 10.0.23.2 24
[R2]ospf 1 router-id 2.2.2.2
[R2-ospf-1]area 0.0.0.0
[R2-ospf-1-area-0.0.0.0]network 10.0.1.0 0.0.0.255
[R2-ospf-1-area-0.0.0.0]network 10.0.23.0 0.0.0.255
[R2-ospf-1-area-0.0.0.0]network 10.0.12.0 0.0.0.255


R3 的配置
<SWA> system-view                   //进入配置模式
[SWA] interface Ethernet0/0/0
[R3- Ethernet0/0/0] ip address  10.0.2.254 24
[R3-GigabitEthernet0/0/1] ip address  10.0.13.3 24
[R3-GigabitEthernet0/0/2] ip address 10.0.23.3 24
[R3]ospf 1 router-id 3.3.3.3
[R3-ospf-1]area 0.0.0.0
[R3-ospf-1-area-0.0.0.0]network 10.0.2.0 0.0.0.255
[R3-ospf-1-area-0.0.0.0]network 10.0.23.0 0.0.0.255
[R3-ospf-1-area-0.0.0.0]network 10.0.13.0 0.0.0.255


查看 OSPF 的收敛情况
[R1]display ospf peer
    OSPF Process 1 with Router ID 1.1.1.1
        Neighbors
 Area 0.0.0.0 interface 10.0.12.1(GigabitEthernet0/0/0)'s neighbors
 Router ID: 2.2.2.2         Address: 10.0.12.2
 State: Full  Mode:Nbr is Master  Priority: 1
 DR: 10.0.12.1  BDR: 10.0.12.2  MTU: 0
 Dead timer due in 32  sec
```

实验指南 第 8 章

```
   Retrans timer interval: 5
   Neighbor is up for 00:28:20
   Authentication Sequence: [ 0 ]
        Neighbors
   Area 0.0.0.0 interface 10.0.13.1(GigabitEthernet0/0/1)'s neighbors
   Router ID: 3.3.3.3          Address: 10.0.13.3
   State: Full Mode:Nbr is Master Priority: 1
   DR: 10.0.13.3 BDR: 10.0.13.1 MTU: 0
   Dead timer due in 38  sec
   Retrans timer interval: 5
   Neighbor is up for 00:23:51
   Authentication Sequence: [ 0 ]
[R1]display ip routing-table
Route Flags: R - relay, D - download to fib
-----------------------------------------------------------------------------
Routing Tables: Public
         Destinations : 9      Routes : 9
Destination/Mask    Proto   Pre  Cost  Flags  NextHop         Interface
10.0.1.0/24         OSPF    10   2     D      10.0.12.2       GigabitEthernet0/0/0
10.0.2.0/24         OSPF    10   3     D      10.0.12.2       GigabitEthernet0/0/0
10.0.12.0/24        Direct  0    0     D      10.0.12.1       GigabitEthernet0/0/0
10.0.12.1/32        Direct  0    0     D      127.0.0.1       GigabitEthernet0/0/0
10.0.13.0/24        Direct  0    0     D      10.0.13.1       GigabitEthernet0/0/1
10.0.13.1/32        Direct  0    0     D      127.0.0.1       GigabitEthernet0/0/1
10.0.23.0/24        OSPF    10   2     D      10.0.12.2       GigabitEthernet0/0/0
127.0.0.0/8         Direct  0    0     D      127.0.0.1       InLoopBack0
127.0.0.1/32        Direct  0    0     D      127.0.0.1       InLoopBack0

[R2]display ospf peer
      OSPF Process 1 with Router ID 2.2.2.2
        Neighbors
 Area 0.0.0.0 interface 10.0.23.2(GigabitEthernet0/0/2)'s neighbors
 Router ID: 3.3.3.3          Address: 10.0.23.3
 State: Full  Mode:Nbr is Master Priority: 1
 DR: 10.0.23.3 BDR: 10.0.23.2 MTU: 0
 Dead timer due in 33  sec
 Retrans timer interval: 0
 Neighbor is up for 00:33:47
 Authentication Sequence: [ 0 ]
        Neighbors
 Area 0.0.0.0 interface 10.0.12.2(GigabitEthernet0/0/0)'s neighbors
 Router ID: 1.1.1.1          Address: 10.0.12.1
 State: Full  Mode:Nbr is Slave Priority: 255
 DR: 10.0.12.1 BDR: 10.0.12.2 MTU: 0
 Dead timer due in 33  sec
 Retrans timer interval: 5
 Neighbor is up for 00:29:41
 Authentication Sequence: [ 0 ]

 [R2]display ip routing-table
Route Flags: R - relay, D - download to fib
-----------------------------------------------------------------------------
Routing Tables: Public
         Destinations : 10     Routes : 10
Destination/Mask    Proto   Pre  Cost  Flags  NextHop         Interface
10.0.1.0/24         Direct  0    0     D      10.0.1.254      Ethernet0/0/0
10.0.1.254/32       Direct  0    0     D      127.0.0.1       Ethernet0/0/0
10.0.2.0/24         OSPF    10   2     D      10.0.23.3       GigabitEthernet0/0/2
10.0.12.0/24        Direct  0    0     D      10.0.12.2       GigabitEthernet0/0/0
10.0.12.2/32        Direct  0    0     D      127.0.0.1       GigabitEthernet0/0/0
```

```
10.0.13.0/24          OSPF    10    101    D    10.0.23.3    GigabitEthernet0/0/2
10.0.23.0/24          Direct  0     0      D    10.0.23.2    GigabitEthernet0/0/2
10.0.23.2/32          Direct  0     0      D    127.0.0.1    GigabitEthernet0/0/2
127.0.0.0/8           Direct  0     0      D    127.0.0.1    InLoopBack0
127.0.0.1/32          Direct  0     0      D    127.0.0.1    InLoopBack0
[R3]display ospf peer
        OSPF Process 1 with Router ID 3.3.3.3
            Neighbors
    Area 0.0.0.0 interface 10.0.13.3(GigabitEthernet0/0/1)'s neighbors
    Router ID: 1.1.1.1           Address: 10.0.13.1
    State: Full  Mode: Nbr is Slave Priority: 1
    DR: 10.0.13.3 BDR: 10.0.13.1 MTU: 0
    Dead timer due in 32 sec
    Retrans timer interval: 5
    Neighbor is up for 00:26:09
    Authentication Sequence: [ 0 ]


            Neighbors
    Area 0.0.0.0 interface 10.0.23.3(GigabitEthernet0/0/2)'s neighbors
    Router ID: 2.2.2.2           Address: 10.0.23.2
    State: Full  Mode:Nbr is Slave Priority: 1
    DR: 10.0.23.3 BDR: 10.0.23.2 MTU: 0
    Dead timer due in 33 sec
    Retrans timer interval: 5
    Neighbor is up for 00:34:43
    Authentication Sequence: [ 0 ]

[R3]display ip routing-table
Route Flags: R - relay, D - download to fib
------------------------------------------------------------------------------
Routing Tables: Public
        Destinations : 10        Routes : 10

Destination/Mask   Proto   Pre  Cost   Flags   NextHop      Interface
10.0.1.0/24        OSPF    10   2      D       10.0.23.2    GigabitEthernet0/0/2
10.0.2.0/24        Direct  0    0      D       10.0.2.254   Ethernet0/0/0
10.0.2.254/32      Direct  0    0      D       127.0.0.1    Ethernet0/0/0
10.0.12.0/24       OSPF    10   2      D       10.0.23.2    GigabitEthernet0/0/2
10.0.13.0/24       Direct  0    0      D       10.0.13.3    GigabitEthernet0/0/1
10.0.13.3/32       Direct  0    0      D       127.0.0.1    GigabitEthernet0/0/1
10.0.23.0/24       Direct  0    0      D       10.0.23.3    GigabitEthernet0/0/2
10.0.23.3/32       Direct  0    0      D       127.0.0.1    GigabitEthernet0/0/2
127.0.0.0/8        Direct  0    0      D       127.0.0.1    InLoopBack0
127.0.0.1/32       Direct  0    0      D       127.0.0.1    InLoopBack0
```

从它们的邻居可以看出各接口之间谁是 DR，谁是 BDR。

DR 和 BDR 不是人为指定的，而是由本网段中所有的路由器共同选举出来的。路由器接口的 DR 优先级决定了该接口在选举 DR、BDR 时所具有的资格。

选举中使用的"选票"就是 Hello 报文。每台路由器将自己选出的 DR 写入 Hello 报文中，发给网段上的其他路由器。当处于同一网段的两台路由器同时宣布自己是 DR 时，DR 优先级高者胜出。如果优先级相等，则 Router ID 大者胜出。如果一台路由器的优先级为 0，则它不会被选举为 DR 或 BDR。

六、实验结果分析

（1）总结路由器的配置方法。

（2）总结 OSPF 的缺点。

实验十二　静态路由引入 OSPF 区域配置

一、实验描述

某美资企业在中国有 3 家分公司，分别位于北京、上海和广州，3 家分公司的路由器通过 OSPF 实现网络路由，只有北京分公司有线路与美国公司连接。美国公司有两个网段，为 10.0.34.0/24、10.0.45.0/24，美国公司没有运行 OSPF。如何能够实现公司之间的内部通信呢？

二、实验目标

（1）掌握静态路由和动态路由 OSPF 的配置。
（2）将静态路由和动态路由 OSPF 结合使用，是企业中常用到的方式。

三、实验条件

计算机 1 台，eNSP 软件（本实验路由器统一使用 AR2240）。

四、实验内容

在一些复杂的网络结构中，为了让多种路由协议共享信息，需要用到路由引入技术。例如，把 RIP 引入 OSPF，把 OSPF 引入 BGP 等。

能够完善地配置各个路由器上的 OSPF，然后将静态路由引入 OSPF 区域。

五、实施方案

1. 网络拓扑

R1、R2 和 R3 上启动 OSPF，R4 和 R5 上配置静态路由，在 R3 上将静态路由引入 OSPF，如图 8-48 所示。

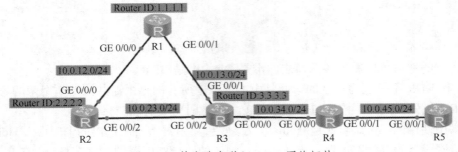

图 8-48　静态路由引入 OSPF 网络拓扑

2. 配置思路

（1）配置 5 个路由器。
（2）在 R1、R2 和 R3 上配置 OSPF。
（3）在路由器 R3、R4 和 R5 上配置静态路由。

（4）在 R3 上将静态路由引入 OSPF 区域。

3．路由器配置

```
R1 的配置
<huawei> system-view                //进入配置模式
[huawei] sys name R1
[R1] interface GigabitEthernet0/0/0
[R1- GigabitEthernet0/0/0] ip address 10.0.12.1 255.255.255.0
[R1- GigabitEthernet0/0/1] ip address 10.0.13.1 255.255.255.0
[R1]ospf 1 router-id 1.1.1.1         //配置 OSPF 的 Router  ID
[R1-ospf-1]area 0               // 配置 OSPF 区域
[R1-ospf-1-area-0.0.0.0]network 10.0.12.0 0.0.0.255      //宣告网段
[R1-ospf-1-area-0.0.0.0]network 10.0.13.0 0.0.0.255

R2 的配置
<huawei> system-view                // 进入配置模式
[huawei] sys name R2
[R2] interface GigabitEthernet0/0/0
[R2- GigabitEthernet0/0/0] ip address 10.0.12.2 255.255.255.0
[R2- GigabitEthernet0/0/2] ip address 10.0.23.2 255.255.255.0
[R2]ospf 1 router-id 2.2.2.2           // 配置 OSPF 的 Router  ID
[R2-ospf-1]area 0               // 配置 OSPF 区域
[R2-ospf-1-area-0.0.0.0]network 10.0.12.0 0.0.0.255   宣告网段
[R2-ospf-1-area-0.0.0.0]network 10.0.23.0 0.0.0.255

R3 的配置
<huawei> system-view                //进入配置模式
[huawei] sys name R3
[R3] interface GigabitEthernet0/0/0
[R3- GigabitEthernet0/0/0] ip address 10.0.34.3 255.255.255.0
[R3- GigabitEthernet0/0/1] ip address 10.0.13.3 255.255.255.0
[R3- GigabitEthernet0/0/2] ip address 10.0.23.3 255.255.255.0
[R3]ospf 1 router-id 3.3.3.3
[R3-ospf-1]import-route static          //引入静态路由
[R3-ospf-1]area 0.0.0.0
[R3-ospf-1-area-0.0.0.0]network 10.0.13.0 0.0.0.255
[R3-ospf-1-area-0.0.0.0]network 10.0.23.0 0.0.0.255

R4 的配置
<huawei> system-view                //进入配置模式
[huawei] sys name R4
[R4] interface GigabitEthernet0/0/0
[R4- GigabitEthernet0/0/0] ip address 10.0.34.4 255.255.255.0
[R4- GigabitEthernet0/0/1] ip address 10.0.45.4 255.255.255.0
[R4] ip route-static 0.0.0.0 0.0.0.0 10.0.34.3    //配置默认静态路由

R5 的配置
<huawei> system-view                // 进入配置模式
[huawei] sys name R5
[R5] interface GigabitEthernet0/0/1
[R5- GigabitEthernet0/0/1] ip address 10.0.45.5 255.255.255.0
[R5] ip route-static 0.0.0.0 0.0.0.0 10.0.45.4   // 配置默认静态路由

查看路由器的路由表
<R1>display ip routing-table
Route Flags: R - relay, D - download to fib
-------------------------------------------------------------------------------
Routing Tables: Public
```

```
          Destinations : 8        Routes : 9
Destination/Mask  Proto    Pre  Cost    Flags  NextHop      Interface
10.0.12.0/24      Direct   0    0       D      10.0.12.1    GigabitEthernet0/0/0
10.0.12.1/32      Direct   0    0       D      127.0.0.1    GigabitEthernet0/0/0
10.0.13.0/24      Direct   0    0       D      10.0.13.1    GigabitEthernet0/0/1
10.0.13.1/32      Direct   0    0       D      127.0.0.1    GigabitEthernet0/0/1
10.0.23.0/24      OSPF     10   2       D      10.0.12.2    GigabitEthernet0/0/0
                  OSPF     10   2       D      10.0.13.3    GigabitEthernet0/0/1
10.0.45.0/24      O_ASE    150  1       D      10.0.13.3    GigabitEthernet0/0/1
127.0.0.0/8       Direct   0    0       D      127.0.0.1    InLoopBack0
127.0.0.1/32 Direct 0   0             D      127.0.0.1    InLoopBack0
<R2>display ip routing-table
Route Flags: R - relay, D - download to fib
-------------------------------------------------------------------------
Routing Tables: Public
          Destinations : 8        Routes : 9
Destination/Mask  Proto    Pre  Cost    Flags  NextHop      Interface
10.0.12.0/24      Direct   0    0       D      10.0.12.2    GigabitEthernet0/0/0
10.0.12.2/32      Direct   0    0       D      127.0.0.1    GigabitEthernet0/0/0
10.0.13.0/24      OSPF     10   2       D      10.0.12.1    GigabitEthernet0/0/0
                  OSPF     10   2       D      10.0.23.3    GigabitEthernet0/0/2
10.0.23.0/24      Direct   0    0       D      10.0.23.2    GigabitEthernet0/0/2
10.0.23.2/32      Direct   0    0       D      127.0.0.1    GigabitEthernet0/0/2
10.0.45.0/24      O_ASE    150  1       D      10.0.23.3    GigabitEthernet0/0/2
127.0.0.0/8       Direct   0    0       D      127.0.0.1    InLoopBack0
127.0.0.1/32      Direct   0    0       D      127.0.0.1    InLoopBack0
<R3>display ip routing-table
Route Flags: R - relay, D - download to fib
-------------------------------------------------------------------------
Routing Tables: Public
          Destinations : 10       Routes : 11
Destination/Mask  Proto    Pre  Cost    Flags  NextHop      Interface
10.0.12.0/24      OSPF     10   2       D      10.0.13.1    GigabitEthernet0/0/1
                  OSPF     10   2       D      10.0.23.2    GigabitEthernet0/0/2
10.0.13.0/24      Direct   0    0       D      10.0.13.3    GigabitEthernet0/0/1
10.0.13.3/32      Direct   0    0       D      127.0.0.1    GigabitEthernet0/0/1
10.0.23.0/24      Direct   0    0       D      10.0.23.3    GigabitEthernet0/0/2
10.0.23.3/32      Direct   0    0       D      127.0.0.1    GigabitEthernet0/0/2
10.0.34.0/24      Direct   0    0       D      10.0.34.3    GigabitEthernet0/0/0
10.0.34.3/32      Direct   0    0       D      127.0.0.1    GigabitEthernet0/0/0
10.0.45.0/24      Static   60   0       RD     10.0.34.4    GigabitEthernet0/0/0
127.0.0.0/8       Direct   0    0       D      127.0.0.1    InLoopBack0
127.0.0.1/32      Direct   0    0       D      127.0.0.1    InLoopBack0

<R4>display ip routing-table
Route Flags: R - relay, D - download to fib
-------------------------------------------------------------------------
Routing Tables: Public
          Destinations : 7        Routes : 7
Destination/Mask Proto    Pre  Cost    Flags  NextHop      Interface
0.0.0.0/0        Static   60   0       RD     10.0.34.3    GigabitEthernet0/0/0
10.0.34.0/24     Direct   0    0       D      10.0.34.4    GigabitEthernet0/0/0
10.0.34.4/32     Direct   0    0       D      127.0.0.1    GigabitEthernet0/0/0
10.0.45.0/24     Direct   0    0       D      10.0.45.4    GigabitEthernet0/0/1
10.0.45.4/32     Direct   0    0       D      127.0.0.1    GigabitEthernet0/0/1
127.0.0.0/8      Direct   0    0       D      127.0.0.1    InLoopBack0
127.0.0.1/32     Direct   0    0       D      127.0.0.1    InLoopBack0
<R5>display ip routing-table
```

```
Route Flags: R - relay, D - download to fib
-------------------------------------------------------------------------------
Routing Tables: Public
         Destinations : 5        Routes : 5

Destination/Mask  Proto    Pre  Cost  Flags  NextHop      Interface
0.0.0.0/0         Static   60   0     RD     10.0.45.4    GigabitEthernet0/0/1
10.0.45.0/24      Direct   0    0     D      10.0.45.5    GigabitEthernet0/0/1
10.0.45.5/32      Direct   0    0     D      127.0.0.1    GigabitEthernet0/0/1
127.0.0.0/8       Direct   0    0     D      127.0.0.1    InLoopBack0
127.0.0.1/32      Direct   0    0     D      127.0.0.1    InLoopBack0
```

从路由表中可以看出，R1、R2 和 R3 都引入了静态路由。

六、实验结果分析

（1）总结路由器的配置方法。

（2）总结静态路由和动态路由 OSPF 结合使用的优势。

第 3 单元 应用配置

实验十三　网络报文分析

一、实验描述

某公司员工在运行一个应用程序时，若无法获得输出，会按照以下步骤诊断。

（1）确认服务器和应用程序正在运行。

（2）确认客户端正在运行，IP 地址已配置（手动或通过 DHCP），并连接网络。

（3）ping 服务器并确认连接正常。

在某些情况下，ping 不通服务器但连接正常。这是由于防火墙拦截了 ICMP 信息，所以如果 ping 不通并不一定是连接有问题。防火墙可能是网络中的专用设备或 Windows、Linux、UNIX 等终端设备上安装的。此时需要用到网络抓包工具来抓取数据包进行分析。

二、实验目标

（1）利用 Wireshark 抓包工具抓取网络数据包，分析传输层 TCP，加强对相关知识的理解，特别是 TCP 连接的特征、三次握手建立连接、累计确认方式，以及报文段的数据结构。

（2）分析 TCP 建立连接和关闭连接的握手阶段及标识符的值。

（3）分析数据传输过程中的变化。

（4）分析报头各字段。

三、实验条件

计算机 1 台，eNSP 软件（本实验路由器统一使用 AR2240）。

四、实验内容

使用浏览器打开一个网页，查看 Wireshark 抓包结果，必要时可设置过滤器以减少不必要的数据，并记录过滤器的规则及结果变化。

五、实施方案

> **说明**　　下面的图和文字可作为实验过程的参考，实验报告中要替换成自己的实验结果。

1．实验步骤

（1）建立连接过程，如图 8-49 所示。

Time	Source	Destination	Protocol	Length	Info
5 0.006215	192.168.1.100	74.125.235.131	TCP	62	4612 > http [SYN] Seq=0 win=16384 Len=0 MSS=1460 SACK_PERM=1
8 0.122652	74.125.235.131	192.168.1.100	TCP	62	http > 4612 [SYN, ACK] Seq=0 Ack=1 win=5720 Len=0 MSS=1380 SACK_PERM=1
9 0.122682	192.168.1.100	74.125.235.131	TCP	54	4612 > http [ACK] Seq=1 Ack=1 win=16560 Len=0

图 8-49　三次握手建立连接过程

（2）源主机向目的主机发送连接请求，如图 8-50～图 8-52 所示。

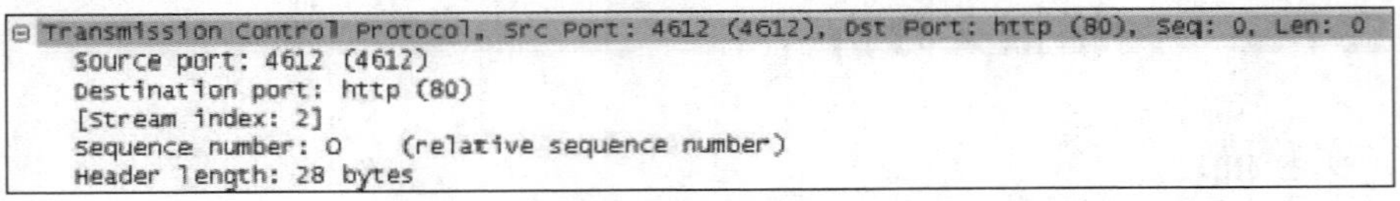

```
⊟ Transmission Control Protocol, Src Port: 4612 (4612), Dst Port: http (80), Seq: 0, Len: 0
    Source port: 4612 (4612)
    Destination port: http (80)
    [Stream index: 2]
    Sequence number: 0    (relative sequence number)
    Header length: 28 bytes
```

图 8-50　连接请求信息

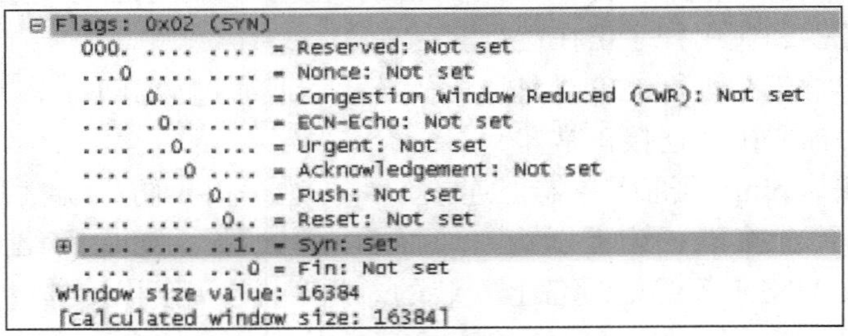

```
⊟ Flags: 0x02 (SYN)
    000. .... .... = Reserved: Not set
    ...0 .... .... = Nonce: Not set
    .... 0... .... = Congestion Window Reduced (CWR): Not set
    .... .0.. .... = ECN-Echo: Not set
    .... ..0. .... = Urgent: Not set
    .... ...0 .... = Acknowledgement: Not set
    .... .... 0... = Push: Not set
    .... .... .0.. = Reset: Not set
  ⊞ .... .... ..1. = Syn: Set
    .... .... ...0 = Fin: Not set
    Window size value: 16384
    [Calculated window size: 16384]
```

图 8-51　连接请求报文

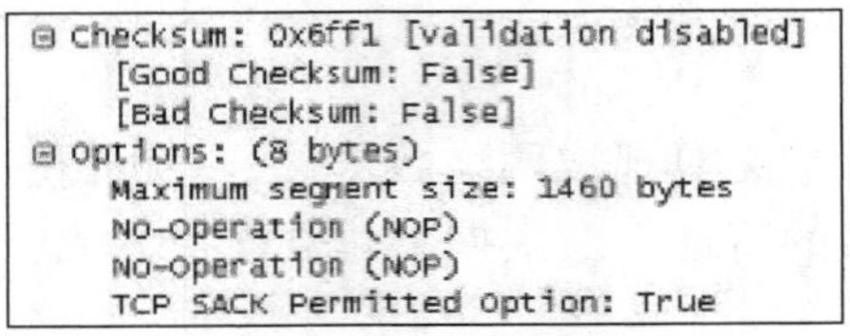

```
⊟ Checksum: 0x6ff1 [validation disabled]
    [Good Checksum: False]
    [Bad Checksum: False]
⊟ Options: (8 bytes)
    Maximum segment size: 1460 bytes
    No-Operation (NOP)
    No-Operation (NOP)
    TCP SACK Permitted Option: True
```

图 8-52　连接请求成功

报头信息如下。

源端口号：4612

目的端口号：http(80)

序列号：0（源主机选择 0 作为起始序号）

报头长度：28 字节

标志位：仅 SYN 设为 1，请求建立连接；ACK 未设置

窗口大小：16384 字节

选项字段：8 字节

（3）目的主机返回确认信号，如图 8-53～图 8-55 所示。

图 8-53　返回确认信号 1

图 8-54　标识符 SYN 置 1，ACK 置 1

图 8-55　返回确认信号 2

报头信息如下。

源端口号：http(80)

目的端口号：4612

序列号：0（目的主机选择 0 作为起始序号）

报头长度：28 字节

标志位：SYN 设为 1，ACK 设为 1，确认允许建立连接

窗口大小：5720 字节

选项字段：8 字节

（4）源主机再次返回确认信息，并可以携带数据，如图 8-56～图 8-58 所示。

图 8-56　再次返回确认信息

图 8-57　标识符 ACK 置 1

图 8-58　再次返回确认信息 2

报头信息如下。

源端口号：4612

目的端口号：http(80)

序列号：1（发送的报文段编号）

报头长度：22 字节

标志位：SYN=1，ACK=1

窗口大小：16560 字节

（5）关闭连接，四次握手如图 8-59 所示。

图 8-59　四次握手

（6）源主机向目的主机发送关闭连接请求，FIN=1，如图 8-60 所示。

图 8-60　源主机标识符 FIN 置 1

（7）目的主机返回确认信号，ACK=1，如图 8-61 所示。

图 8-61　目的主机标识符 ACK 置 1

（8）目的主机允许关闭连接，FIN=1，如图 8-62 所示。

```
⊟ Flags: 0x11 (FIN, ACK)
    000. .... .... = Reserved: Not set
    ...0 .... .... = Nonce: Not set
    .... 0... .... = Congestion Window Reduced (CWR): Not set
    .... .0.. .... = ECN-Echo: Not set
    .... ..0. .... = Urgent: Not set
    .... ...1 .... = Acknowledgement: Set
    .... .... 0... = Push: Not set
    .... .... .0.. = Reset: Not set
    .... .... ..0. = Syn: Not set
  ⊞ .... .... ...1 = Fin: Set
```

图 8-62　目的主机标识符 FIN 置 1

（9）源主机返回确认信号，ACK=1，如图 8-63 所示。

```
⊟ Flags: 0x10 (ACK)
    000. .... .... = Reserved: Not set
    ...0 .... .... = Nonce: Not set
    .... 0... .... = Congestion Window Reduced (CWR): Not set
    .... .0.. .... = ECN-Echo: Not set
    .... ..0. .... = Urgent: Not set
    .... ...1 .... = Acknowledgement: Set
    .... .... 0... = Push: Not set
    .... .... .0.. = Reset: Not set
    .... .... ..0. = Syn: Not set
    .... .... ...0 = Fin: Not set
```

图 8-63　源主机标识符 ACK 置 1

2．使用 eNSP 进行报文分析

（1）网络拓扑如图 8-64 所示（记住每个设备连接的交换机端口编号）。

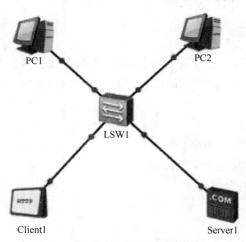

图 8-64　网络拓扑

（2）自行给每个设备分配 IP 地址。

（3）分析 ping 操作的报文。

在交换机上单击鼠标右键，在菜单中选择连接 PC1 或者 PC2 的端口，启动 Wireshark。然后进行 ping 操作，参考本机报文分析的操作进行报文分析。

（4）分析 HTTP 连接的报文。

① 在交换机上单击鼠标右键，在菜单中选择连接 PC1 或者 PC2 的端口，启动 Wireshark。

② 事先准备一个网页文件，打开 Server1，设置网页所在文件夹为 Web 服务文件夹，如图 8-65 所示。

③ 在 Client1 上访问 Server1 的网页，如图 8-66 所示。

图 8-65　设置 Server1 的 Web 服务文件夹

图 8-66　在 Client1 访问网页

④ 参考本机报文分析的操作进行报文分析。

六、实验结果分析

（1）总结 Wireshark 抓取的报文格式。

（2）查看 Wireshark 抓包结果，分析哪些常用端口是打开状态，对应的分别是哪些应用。

实验十四　防火墙安全策略配置

一、实验描述

某公司有两个子公司，配置了 FTP 服务器、Telnet 服务器，只允许其中一个子公司访问 FTP 服务器，一个子公司访问 Telnet 服务器，应如何设置？

二、实验目标

（1）了解华为防火墙安全策略。

（2）掌握华为防火墙安全策略的配置。

（3）熟练掌握 ACL 的设置。

三、实验条件

计算机 1 台，eNSP 软件（本实验路由器统一使用 AR2240）。

四、实验内容

ACL 是应用在路由器接口的指令列表（即规则）。ACL 使用包过滤技术，在路由器上读取 OSI 参考模型的第 3 层和第 4 层包头中的信息，如源地址、目的地址、源端口、目的端口等，根据预先定义好的规则，对包进行过滤，从而达到访问控制的目的。

ACL 是一组规则的集合，它应用在路由器的某个接口上。对路由器接口而言，ACL 有两个方向。

出：数据包已经过路由器的处理，正离开路由器。

入：数据包已到达路由器接口，将被路由器处理。

如果对路由器的某接口应用了ACL,那么路由器对数据包应用该组规则进行顺序匹配,一旦数据包与某条 ACL 语句匹配,则列表中剩余的其他语句被跳过,该条匹配语句的内容决定允许或者拒绝该数据包。如果数据包内容与 ACL 语句不匹配,则依次使用 ACL 中的下一条语句匹配数据包。全都不匹配则使用默认规则来过滤数据包。

ACL 的类型如下。

标准 ACL:根据数据包的源 IP 地址来允许或拒绝数据包,标准 ACL 的 ACL 号是 1~99。

扩展 ACL:根据数据包的源 IP 地址、目的 IP 地址、指定协议、端口和标志来允许或拒绝数据包。扩展 ACL 的 ACL 号是 100~199。

通过配置 ACL 掌握访问控制原理。

五、实施方案

网络拓扑如图 8-67 所示。

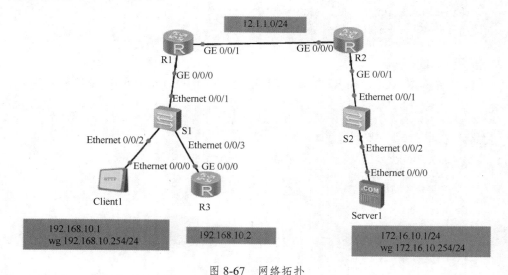

图 8-67　网络拓扑

1. 路由器基础配置

```
R1 的基础配置
<Huawei>
<Huawei>sys
Enter system view, return user view with Ctrl+Z.
[Huawei]sys R1
[R1]un in en
Info: Information center is disabled.
[R1]int g0/0/0
[R1-GigabitEthernet0/0/0]ip add 192.168.10.254 24
[R1-GigabitEthernet0/0/0]int g0/0/1
[R1-GigabitEthernet0/0/1]ip add 12.1.1.1 24
[R1-GigabitEthernet0/0/1]q
[R1]ip route-static 0.0.0.0 0 12.1.1.2
[R1]

R2 的基础配置
<Huawei>
<Huawei>sys
[Huawei]sys R2
```

```
[R2]int g0/0/0
[R2-GigabitEthernet0/0/0]ip add 12.1.1.2 24
[R2-GigabitEthernet0/0/0]q
[R2]un in en
Info: Information center is disabled.
[R2]int g0/0/1
[R2-GigabitEthernet0/0/1]ip add 172.16.10.254 24
[R2-GigabitEthernet0/0/1]q
[R2]ip route-static 0.0.0.0 0 12.1.1.1
[R2]
```

R3 的基础配置
```
<Huawei>
<Huawei>sys
[Huawei]sys R3
[R3]un in en
Info: Information center is disabled.
[R3]int g0/0/0
[R3-GigabitEthernet0/0/0]ip add 192.168.10.2 24
[R3]ip route-static 0.0.0.0 0 192.168.10.254
[R3]q
```

2．配置 ACL

（1）配置的基本 ACL，在 R2 配置 ACL 拒绝 PC1 访问 192.168.10.10 网络。

```
<R2>
<R2>sys
Enter system view, return user view with Ctrl+Z.
[R2]acl 2000
[R2-acl-basic-2000]rule deny source 192.168.10.1 0

[R2-acl-basic-2000]dis this
[V200R003C00]
#
acl number 2000
 rule 5 deny source 192.168.10.1 0
#
return
[R2-acl-basic-2000]rule deny source 192.16.1.1 0//5，10 序号是系统分配的，数越小越优先
[R2-acl-basic-2000]dis this
[V200R003C00]
#
acl number 2000
 rule 5 deny source 192.168.10.1 0
 rule 10 deny source 192.16.1.1 0
#
return
[R2-acl-basic-2000]q
[R2]int g0/0/0
[R2-GigabitEthernet0/0/0]traffic-filter inbound acl 2000//把规则绑定到相应端口上
[R2-GigabitEthernet0/0/0]dis this
[V200R003C00]
#
interface GigabitEthernet0/0/0
 ip address 12.1.1.2 255.255.255.0
 traffic-filter inbound acl 2000
#
return
[R2-GigabitEthernet0/0/0]
```

（2）在 R2 上配置高级 ACL，拒绝 PC1 和 PC2 ping Server1 的 ip 172.16.10.1，但是允许通过其他协议访问 Sever1。

```
<R2>sys
[R2]int g0/0/0
[R2-GigabitEthernet0/0/0]undo traffic-filter inbound
//把刚才的配置撤销
[R2-GigabitEthernet0/0/0]dis this
[V200R003C00]
#
interface GigabitEthernet0/0/0
 ip address 12.1.1.2 255.255.255.0
#
return
[R2-GigabitEthernet0/0/0]q
[R2]acl 3000
[R2-acl-adv-3000]rule deny icmp source 192.168.10.0 0.0.0.255
[R2-acl-adv-3000]dis this
[V200R003C00]
#
acl number 3000
 rule 5 deny icmp source 192.168.10.0 0.0.0.255
#
return
[R2-acl-adv-3000]undo rule 5
[R2-acl-adv-3000]rule deny icmp source 192.168.10.0 0.0.0.255 destination 172.16
.10.1 0
[R2-acl-adv-3000]dis this
[V200R003C00]
#
acl number 3000
 rule 5 deny icmp source 192.168.10.0 0.0.0.255 destination 172.16.10.1 0
#
return
[R2-acl-adv-3000]
q
[R2]int g0/0/0
[R2-GigabitEthernet0/0/0]traffic-filter inbound acl 3000
[R2-GigabitEthernet0/0/0]dis this
[V200R003C00]
#
interface GigabitEthernet0/0/0
 ip address 12.1.1.2 255.255.255.0
 traffic-filter inbound acl 3000
#
Return
```

（3）配置 ACL，拒绝源地址 192.168.10.2 Telnet 访问 12.1.1.2。

```
[R2-GigabitEthernet0/0/0]undo traffic-filter inbound
[R2-GigabitEthernet0/0/0]q
[R2]acl 3001
[R2-acl-adv-3001]
[R2-acl-adv-3001]rule deny tcp source 192.168.10.2 0 destination 12.1.1.2 0
destination-port eq 23
[R2-acl-adv-3001]dis this
[V200R003C00]
#
acl number 3001
 rule 5 deny tcp source 192.168.10.2 0 destination 12.1.1.2 0 destination-port eq
```

```
 telnet
#
return
[R2-acl-adv-3001]q
[R2]int g0/0/0
[R2-GigabitEthernet0/0/0]traffic-filter inbound acl 3001
[R2-GigabitEthernet0/0/0]dis this
[V200R003C00]
#
interface GigabitEthernet0/0/0
 ip address 12.1.1.2 255.255.255.0
 traffic-filter inbound acl 3001
#
return
[R2-GigabitEthernet0/0/0]
```

3. 测试

（1）在 R2 配置 ACL 拒绝 PC1 访问 172.16.0.0 网络（配置的基本 ACL），测试前 PC1 可以访问 Server1，配置完 ACL 则不能访问。

（2）在 R2 上配置高级 ACL 拒绝 PC1 和 PC2 ping Server1，但是允许 HTTP 访问 Sever1，PC1 不能 ping 通 Server1，但是可以以 HTTP 的方式访问 Server1。

（3）拒绝源地址 192.168.10.2 Telnet 访问 12.0.0.2，在配置之前可以 Telnet，配置后不能 Telnet。

测试代码如下所示。

```
<R3>
<R3>telnet 12.1.1.2
 Press CTRL_] to quit telnet mode
 Trying 12.1.1.2 ...
 Connected to 12.1.1.2 ...

Don't support null authentication-mode.
 The connection was closed by the remote host
<R3>telnet 12.1.1.2
 Press CTRL_] to quit telnet mode
 Trying 12.1.1.2 ...
 Error: Can't connect to the remote host
```

六、实验结果分析

（1）总结 ACL 配置前后的主机连通性。

（2）分析路由器中 ACL 配置信息的内容和作用。

实验十五　DHCP 服务器配置

一、实验描述

某公司建立自己的企业网，需要搭建 DHCP 服务器，以自动分配 IP 地址。

二、实验目标

（1）了解 DHCP 服务器的基本概念、工作原理。

（2）学会安装 DHCP 服务器。

（3）配置与管理 DHCP 服务器。

三、实验条件

计算机 1 台，eNSP 软件（本实验路由器统一使用 AR2240）。

四、实验内容

DHCP 通常被应用在大型的局域网中，主要作用是集中地管理、分配 IP 地址，使网络环境中的主机动态地获得 IP 地址、网关地址、域名服务器地址等信息，并能够提升地址的使用率。

DHCP 采用客户端/服务器架构，主机地址的动态分配任务由网络主机驱动。当 DHCP 服务器接收到来自网络主机申请地址的信息时，才会向网络主机发送相关的地址配置等信息，以实现网络主机地址信息的动态配置。

配置路由器 DHCP 功能，查看主机自动获取的网络配置信息。

五、实施方案

拓扑结构如图 8-68 所示。

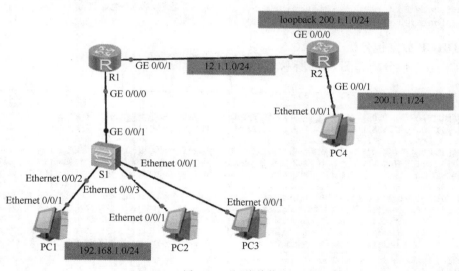

图 8-68　拓扑结构

1．网络配置

```
路由器 R1 配置
<Huawei>
<Huawei>sys
Enter system view, return user view with Ctrl+Z.
[Huawei]sys R1
[R1]un in en
Info: Information center is disabled.
[R1]dhcp
[R1]dhcp E
```

```
[R1]dhcp enable
[R1]ip pool aa //给地址池取名
Info: It's successful to create an IP address pool.
[R1-ip-pool-aa]network 192.168.1.0 mask 24 //地址池范围
[R1-ip-pool-aa]dis this
[V200R003C00]
#
ip pool aa
 network 192.168.1.0 mask 255.255.255.0
#
return
[R1-ip-pool-aa]gateway-list 192.168.1.1    //配置网关和DNS
[R1-ip-pool-aa]dns-list 8.8.8.8
[R1-ip-pool-aa]dis this
[V200R003C00]
#
ip pool aa
 gateway-list 192.168.1.1
 network 192.168.1.0 mask 255.255.255.0
 dns-list 8.8.8.8
#
return
[R1-ip-pool-aa]

[R1-ip-pool-aa]q
[R1]int g0/0/0
[R1-GigabitEthernet0/0/0]dhcp select global //配置发布 IP 地址的端口
[R1-GigabitEthernet0/0/0]ip add 192.168.1.1 24
```

2．DHCP 数据包分析

DHCP 数据包分析如图 8-69 所示。

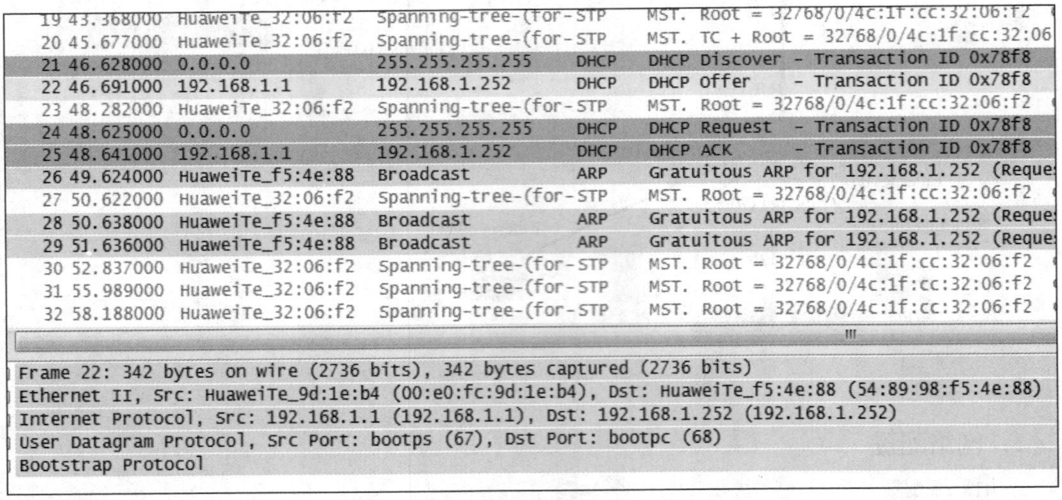

```
19 43.368000  HuaweiTe_32:06:f2  Spanning-tree-(for-STP   MST. Root = 32768/0/4c:1f:cc:32:06:f2
20 45.677000  HuaweiTe_32:06:f2  Spanning-tree-(for-STP   MST. TC + Root = 32768/0/4c:1f:cc:32:06
21 46.628000  0.0.0.0            255.255.255.255   DHCP   DHCP Discover - Transaction ID 0x78f8
22 46.691000  192.168.1.1        192.168.1.252     DHCP   DHCP Offer   - Transaction ID 0x78f8
23 48.282000  HuaweiTe_32:06:f2  Spanning-tree-(for-STP   MST. Root = 32768/0/4c:1f:cc:32:06:f2
24 48.625000  0.0.0.0            255.255.255.255   DHCP   DHCP Request  - Transaction ID 0x78f8
25 48.641000  192.168.1.1        192.168.1.252     DHCP   DHCP ACK    - Transaction ID 0x78f8
26 49.624000  HuaweiTe_f5:4e:88  Broadcast         ARP    Gratuitous ARP for 192.168.1.252 (Reque
27 50.622000  HuaweiTe_32:06:f2  Spanning-tree-(for-STP   MST. Root = 32768/0/4c:1f:cc:32:06:f2
28 50.638000  HuaweiTe_f5:4e:88  Broadcast         ARP    Gratuitous ARP for 192.168.1.252 (Reque
29 51.636000  HuaweiTe_f5:4e:88  Broadcast         ARP    Gratuitous ARP for 192.168.1.252 (Reque
30 52.837000  HuaweiTe_32:06:f2  Spanning-tree-(for-STP   MST. Root = 32768/0/4c:1f:cc:32:06:f2
31 55.989000  HuaweiTe_32:06:f2  Spanning-tree-(for-STP   MST. Root = 32768/0/4c:1f:cc:32:06:f2
32 58.188000  HuaweiTe_32:06:f2  Spanning-tree-(for-STP   MST. Root = 32768/0/4c:1f:cc:32:06:f2

Frame 22: 342 bytes on wire (2736 bits), 342 bytes captured (2736 bits)
Ethernet II, Src: HuaweiTe_9d:1e:b4 (00:e0:fc:9d:1e:b4), Dst: HuaweiTe_f5:4e:88 (54:89:98:f5:4e:88)
Internet Protocol, Src: 192.168.1.1 (192.168.1.1), Dst: 192.168.1.252 (192.168.1.252)
User Datagram Protocol, Src Port: bootps (67), Dst Port: bootpc (68)
Bootstrap Protocol
```

图 8-69　DHCP 数据包分析

（1）0.0.0.0 255.255.255.255

DHCP DISCOVER 数据包，发送广播包查找 DHCP 服务器。

（2）192.168.1.1 192.168.1.252

DHCP OFFER 数据包，服务器响应，准备分配 192.168.1.252 给 PC。

（3）0.0.0.0 255.255.255.255

DHCP REQUEST 数据包，如果有多个服务器提供地址，发送广播告诉所有服务器已经接收 IP 地址，其他不用再分配。

（4）192.168.1.1 192.168.1.252

DHCP ACK 数据包，确认分配 PC IP 地址，并把地址从地址池中去掉。

3．DHCP 申请和释放命令

动态 IP 地址的申请和释放如图 8-70 所示。

```
ipconfig /release   ipconfig /renew
```

图 8-70 动态 IP 地址的申请和释放

六、实验结果分析

（1）总结 DHCP 的配置过程。

（2）分析路由器中 DHCP 配置信息的内容和作用。

实验十六 NAT 配置

一、实验描述

通过配置 NAT 路由器，实现私网地址与外网地址互通。

二、实验目标

（1）掌握 NAT 的原理，掌握静态 NAT 和 Easy IP 的配置原理。

（2）设置静态 NAT 实现一个私网地址对应一个公网地址。

（3）设置 Easy IP 实现多个私网地址对应一个公网地址。

三、实验条件

计算机 1 台，eNSP 软件（本实验路由器统一使用 AR2240）。

四、实验内容

NAT 主要用于实现位于内部网络主机访问外部网络的功能。当局域网内的主机需要访问外部网络时，通过 NAT 技术可以将其私网地址转换为公网地址，并且多个私网用户可以共用一个公网地址，这样既可以保证网络互通，又节省了公网地址。

配置路由器的 NAT 功能，理解 NAT 中私网地址到公网地址的转换原理。

五、实施方案

拓扑结构如图 8-71 所示。

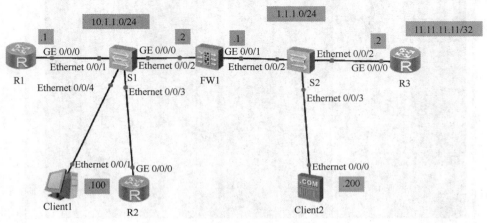

图 8-71　拓扑结构

源地址为 10.1.1.100 的 Client1 有报文需要发往公网地址 1.1.1.200 的服务器 Client2。

1. 配置过程——静态 NAT 配置

（1）路由器 IP 地址配置。

```
R1 配置
<Huawei>
<Huawei>sys
Enter system view, return user view with Ctrl+Z.
[Huawei]un in en
Info: Information center is disabled.
[Huawei]sys R1
[R1]int g0/0/0
[R1-GigabitEthernet0/0/0]ip add 10.1.1.1 24
[R1-GigabitEthernet0/0/0]q
[R1]ip route-static 0.0.0.0 0 10.1.1.2


 R2 配置
<Huawei>
<Huawei>sys
Enter system view, return user view with Ctrl+Z.
[Huawei]sys R2
```

```
[R2]un in en
Info: Information center is disabled.
[R2]int g0/0/0
[R2-GigabitEthernet0/0/0]ip add 10.1.1.101 24
[R2-GigabitEthernet0/0/0]q
[R2]ip route-static 0.0.0.0 0 10.1.1.2
[R2]

R3 配置
<Huawei>
<Huawei>sys
Enter system view, return user view with Ctrl+Z.
[Huawei]sys R3
[R3]un in en
Info: Information center is disabled.
[R3]int g0/0/0
[R3-GigabitEthernet0/0/0]ip add 1.1.1.2 24
[R3-GigabitEthernet0/0/0]int LoopBack0
[R3-LoopBack0]ip add 11.11.11.11 32
[R3-LoopBack0]
```

（2）客户端 Client1 的 IP 地址配置，服务器 Client2 只需要配置 IP 地址，不需要配置网关地址。

（3）防火墙的配置。

```
<SRG>sys
[SRG-GigabitEthernet0/0/0]ip add 10.1.1.2 24
[SRG-GigabitEthernet0/0/0]int g0/0/1
 [SRG-GigabitEthernet0/0/1]ip add 1.1.1.1 24
[SRG-GigabitEthernet0/0/1]q
[SRG]ip rout
[SRG]ip route-static 0.0.0.0 0 1.1.1.2
```

（4）配置防火墙区域。

```
[SRG]dis zone      //默认有 4 个区域，其中 g0/0/0 为管理接口，默认在 trust 区域
local
 priority is 100
#
trust
 priority is 85
 interface of the zone is (1):
     GigabitEthernet0/0/0
#
untrust
 priority is 5
 interface of the zone is (0):
#
dmz
 priority is 50
 interface of the zone is (0):
#
[SRG]firewall zone untrust
[SRG-zone-untrust]add int g0/0/1  //把 g0/0/1 加入非信任区
[SRG]policy-interzone-trust-untrust-outbound
[SRG-policy-interzone-trust-untrust-outbound]policy 1
[SRG-policy-interzone-trust-untrust-outbound-1]
action permit                    //从 trust 到 untrust 访问允许
[SRG-policy-interzone-trust-untrust-outbound-1]q
[SRG-policy-interzone-trust-untrust-outbound]
```

```
[SRG-policy-interzone-trust-untrust-outbound]q
[SRG]nat address-group 0 nat-add-1 1.1.1.100 1.1.1.120
[SRG]nat-policy interzone trust untrust outbound
[SRG-nat-policy-interzone-trust-untrust-outbound]
policy 1 [SRG-nat-policy-interzone-trust-untrust-outbound-1]
action  source-nat
[SRG-nat-policy-interzone-trust-untrust-outbound-1]
address-group 0
[SRG-nat-policy-interzone-trust-untrust-outbound-1]
policy source 10.1.1.0 mask 255.255.255.0 [SRG-nat-policy-interzone-trust-
untrust-outbound-1]
policy destination any [SRG-nat-policy-interzone-trust-untrust-outbound-1]
policy service service-set ip
[SRG-nat-policy-interzone-trust-untrust-outbound-1]
dis this
17:49:08  2017/12/13
#
 policy 1
   action source-nat
   policy source 10.1.1.0 mask 255.255.255.0
   address-group nat-add-1
#
return
```

（5）在 R3 上配置密码。

```
<R3>sys
Enter system view, return user view with Ctrl+Z.
[R3]u
[R3]use
[R3]user-in
[R3]user-interface vty 0 4
[R3-ui-vty0-4]au
[R3-ui-vty0-4]authentication-mode pa
[R3-ui-vty0-4]authentication-mode password
Please configure the login password (maximum length 16):
huawei123
[R3-ui-vty0-4]q
```

2．测试结果

（1）在 R1 对 R3 进行 ping 和 Telnet。

```
<R1>ping 11.11.11.11  //能够 ping 通
<R1>telnet 11.11.11.11
  Press CTRL_] to quit telnet mode
  Trying 11.11.11.11 ...
  Connected to 11.11.11.11 ...
Login authentication
Password:
Password:
```

（2）在防火墙上打开会话可以看到地址已经转换。

```
[SRG]dis firewall session table verbose
17:55:55  2017/12/13
  Current Total Sessions : 1
  telnet  VPN:public --> public
  Zone: trust--> untrust  TTL: 00:10:00  Left: 00:09:57
  Interface: GigabitEthernet0/0/1 NextHop: 1.1.1.2  MAC: 00-e0-fc-71-38-48
  <--packets:32 bytes:1364   -->packets:33 bytes:1378
  10.1.1.1:49298[1.1.1.111:2050]-->11.11.11.11:23
```

（3）在 R3 上查看登录用户可以看到地址已经发生变化。

```
[R3]dis users
  User-Intf   Delay    Type   Network Address  AuthenStatus   AuthorcmdFlag
+ 0   CON 0   00:00:00                            pass
Username : Unspecified
  129 VTY 0   00:00:07  TEL    1.1.1.111          pass
Username : Unspecified
```

六、实验结果分析

（1）总结 NAT 的配置过程。
（2）分析路由器中 NAT 配置信息的内容和作用。

七、技能拓展

采用 easy-ip 方式配置 NAT 步骤如下。
（1）防火墙 NAT 模式修改

```
  [SRG]display current-configuration | begin nat-p
nat-policy interzone trust untrust outbound
 policy 1
   action source-nat
   policy source 10.1.1.0 mask 255.255.255.0
   address-group nat-add-1
#
return

[SRG]nat-policy interzone trust untrust outbound
[SRG-nat-policy-interzone-trust-untrust-outbound]policy 1
[SRG-nat-policy-interzone-trust-untrust-outbound-1]
dis this
#
 policy 1
   action source-nat
   policy source 10.1.1.0 mask 255.255.255.0
   address-group nat-add-1
#
return

[SRG-nat-policy-interzone-trust-untrust-outbound-1]
undo address-group     //把源 NAT 方式取消
[SRG-nat-policy-interzone-trust-untrust-outbound-1]
easy-ip g0/0/1      //采用 easy-ip 方式
[SRG-nat-policy-interzone-trust-untrust-outbound-1]
dis this
18:05:50  2017/12/13
#
policy 1
   action source-nat
   policy source 10.1.1.0 mask 255.255.255.0
   easy-ip GigabitEthernet0/0/1
#
return
[SRG-nat-policy-interzone-trust-untrust-outbound-1]
[SRG-nat-policy-interzone-trust-untrust-outbound-1]q
[SRG-nat-policy-interzone-trust-untrust-outbound]q
[SRG]dis current-configuration | include nat add
```

```
nat address-group 0 nat-add-1 1.1.1.100 1.1.1.120
[SRG]undo nat address-group 0     //取消地址集
[SRG]display current-configuration | begin policy
18:10:29  2017/12/13
policy interzone trust untrust outbound
 policy 1
   action permit
#
nat-policy interzone trust untrust outbound
 policy 1
   action source-nat
   policy source 10.1.1.0 mask 255.255.255.0
   easy-ip GigabitEthernet0/0/1
#
return
```

（2）R1 再次尝试 Telnet R3

```
<R1>telnet 11.11.11.11
  Press CTRL_] to quit telnet mode
  Trying 11.11.11.11 ...
  Connected to 11.11.11.11 ...
Login authentication
Password:
Password:
```

（3）在 R3 上查看登录用户可以看到地址为 1.1.1.1

```
<R3>sys
Enter system view, return user view with Ctrl+Z.
[R3]dis users
 User-Intf  Delay   Type   Network Address    AuthenStatus    AuthorcmdFlag
+ 0  CON 0   00:00:00                          pass
 Username : Unspecified
 129 VTY 0  00:00:21  TEL    1.1.1.1             pass
 Username : Unspecified
```

实验十七　IPSec VPN 配置

一、实验描述

企业的某些私有数据在公网传输时要确保完整性和机密性。作为企业的网络管理员，需要在企业总部的边缘路由器（R1）和分支机构路由器（R3）之间部署 IPSec VPN 解决方案，建立 IPSec 隧道，用于安全传输来自指定部门的数据流。

二、实验目标

（1）掌握 IPSec 的配置方法。
（2）掌握使用 ACL 定义感兴趣流的方法。
（3）掌握 IPSec 策略的配置方法。
（4）掌握在接口绑定 IPSec 策略的方法。

三、实验条件

计算机 1 台，eNSP 软件（本实验路由器统一使用 AR2240）。

四、实验内容

IPSec 感兴趣流即需要 IPSec 保护的数据流，通过配置 OSPF 动态路由协议确保双向通信可达。VPN 可以理解成虚拟的企业内部专线。它可以通过特殊的加密通信协议连接 Internet，在位于不同地方的两个或多个企业内部网之间建立一条专有的通信线路。IPSec 用于提供公用和专用网络的端对端加密和验证服务。它的目的是为 IP 提供高安全特性，VPN 则是在实现这种安全特性的方式下产生的解决方案。IPSec VPN 指采用 IPSec 来实现远程接入的一种 VPN 技术。

通过配置 OSPF 动态路由协议确保双向通信可达。建立一条高级 ACL，用于确定哪些感兴趣流需要通过 IPSec VPN 隧道。高级 ACL 能够依据特定参数过滤流量，继而对流量执行丢弃、通过或保护操作。

五、实施方案

拓扑结构如图 8-72 所示。

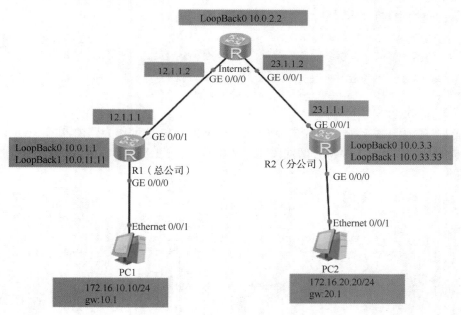

图 8-72 拓扑结构

1．网络配置
（1）设置端口 IP 地址。

```
<Huawei>system-view
[Huawei]sys name R1
[R1]int g0/0/1
[R1-GigabitEthernet0/0/1]ip add 12.1.1.1 24
[R1-GigabitEthernet0/0/1]int g0/0/0
[R1-GigabitEthernet0/0/0]ip add 172.16.10.1 24
[R1-GigabitEthernet0/0/0]int LoopBack 0
[R1-LoopBack0]ip add 10.10.1.1 24
[R1-LoopBack0]int LoopBack 1
[R1-LoopBack1]ip add 10.0.11.11 24
```

```
<Huawei>sys
[Huawei]sys Internet
[Internet]int g0/0/0
[Internet-GigabitEthernet0/0/0]ip add 12.1.1.2 24
[Internet-GigabitEthernet0/0/0]int g0/0/1
[Internet-GigabitEthernet0/0/1]ip add 23.1.1.2 24
[Internet-GigabitEthernet0/0/1]q
[Internet]int LoopBack 0
[Internet-LoopBack0]ip add 10.0.2.2 24

[Huawei]sys name R3
[R3]int g0/0/1
[R3-GigabitEthernet0/0/1]ip add 23.1.1.1 24
[R3-GigabitEthernet0/0/1]int g0/0/0
[R3-GigabitEthernet0/0/0]ip add 172.16.20.1 24
[R3-GigabitEthernet0/0/0]int LoopBack 0
[R3-LoopBack0]ip add 10.10.3.3 24
[R3-LoopBack0]int LoopBack 1
[R3-LoopBack1]ip add 10.0.33.33 24
[R3-LoopBack0]
```

（2）创建逻辑接口。

```
[R1-LoopBack0]interface LoopBack 1
[R1-LoopBack1]ip address 10.0.11.11 24

[R3-LoopBack0]interface LoopBack 1
[R3-LoopBack1]ip address 10.0.33.33 24
```

（3）配置 OSPF。

在 R1、R2 和 R3 上配置 OSPF，将 LoopBack 0 的 IP 地址作为路由器的 Router ID，使用 OSPF 的默认进程 1，并将公网网段 12.1.1.0/24 和 23.1.1.0/24 以及环回接口地址通告在 OSPF 区域 0。

```
[R1]ospf router-id 10.0.1.1
[R1-ospf-1]area 0
[R1-ospf-1-area-0.0.0.0]network 12.1.1.0 0.0.0.255
[R1-ospf-1-area-0.0.0.0]network 10.0.1.0 0.0.0.255
[R1-ospf-1-area-0.0.0.0]network 10.0.11.0 0.0.0.255

[Internet]ospf route-i
[Internet]ospf router-id 10.0.2.2
[Internet-ospf-1]area 0
[Internet-ospf-1-area-0.0.0.0]net 12.1.1.0 0.0.0.255
[Internet-ospf-1-area-0.0.0.0]net 23.1.1.0 0.0.0.255
[Internet-ospf-1-area-0.0.0.0]net 10.0.2.0 0.0.0.255
[Internet-ospf-1-area-0.0.0.0]

[R3]ospf router-i
[R3]ospf router-id 10.0.3.3
[R3-ospf-1]area 0
[R3-ospf-1-area-0.0.0.0]net 23.1.1.0 0.0.0.255
[R3-ospf-1-area-0.0.0.0]net 172.16.20.0 0.0.0.255
[R3-ospf-1-area-0.0.0.0]net 10.0.3.0 0.0.0.255
[R3-ospf-1-area-0.0.0.0]net 10.0.33.0 0.0.0.255
[R3-ospf-1-area-0.0.0.0]
```

待 OSPF 收敛完成后，查看 OSPF 邻居以及路由表。

```
<Internet>dis ospf peer bri

    OSPF Process 1 with Router ID 10.0.2.2
        Peer Statistic Information
 ----------------------------------------------------------------------------
 Area Id           Interface                    Neighbor id      State
 0.0.0.0           GigabitEthernet0/0/0         10.0.1.1         Full
 0.0.0.0           GigabitEthernet0/0/1         10.0.3.3         Full
 ----------------------------------------------------------------------------
<Internet>
<R1>dis ip rout
Route Flags: R - relay, D - download to fib
 ----------------------------------------------------------------------------
Routing Tables: Public
          Destinations : 21      Routes : 21

Destination/Mask        Proto    Pre  Cost Flags  NextHop       Interface
10.0.1.0/24             Direct   0    0    D      10.0.1.1      LoopBack0
10.0.1.1/32             Direct   0    0    D      127.0.0.1     LoopBack0
10.0.1.255/32           Direct   0    0    D      127.0.0.1     LoopBack0
10.0.2.2/32             OSPF     10   1    D      12.1.1.2      GigabitEthernet0/0/1
10.0.3.3/32             OSPF     10   2    D      12.1.1.2      GigabitEthernet0/0/1
10.0.11.0/24            Direct   0    0    D      10.0.11.11    LoopBack1
10.0.11.11/32           Direct   0    0    D      127.0.0.1     LoopBack1
10.0.11.255/32          Direct   0    0    D      127.0.0.1     LoopBack1
10.0.33.3/32            OSPF     10   2    D      12.1.1.2      GigabitEthernet0/0/1
12.1.1.0/24             Direct   0    0    D      12.1.1.1      GigabitEthernet0/0/1
12.1.1.1/32             Direct   0    0    D      127.0.0.1     GigabitEthernet0/0/1
12.1.1.255/32           Direct   0    0    D      127.0.0.1     GigabitEthernet0/0/1
23.1.1.0/24             OSPF     10   2    D      12.1.1.2      GigabitEthernet0/0/1
127.0.0.0/8             Direct   0    0    D      127.0.0.1     InLoopBack0
127.0.0.1/32            Direct   0    0    D      127.0.0.1     InLoopBack0
127.255.255.255/32      Direct   0    0    D      127.0.0.1     InLoopBack0
172.16.10.0/24          Direct   0    0    D      172.16.10.1   GigabitEthernet0/0/0
172.16.10.1/32          Direct   0    0    D      127.0.0.1     GigabitEthernet0/0/0
172.16.10.255/32        Direct   0    0    D      127.0.0.1     GigabitEthernet0/0/0
172.16.20.0/24          OSPF     10   3    D      12.1.1.2      GigabitEthernet0/0/1
255.255.255.255/32      Direct   0    0    D      127.0.0.1     InLoopBack0
```

（4）配置 ACL，定义感兴趣流。

```
[R1]acl 3001
[R1-acl-adv-3001]rule 5 permit ip source 10.0.1.0 0.0.0.255 destination 10.0.3.0 0.0.0.255

[R3]acl 3001
[R3-acl-adv-3001]rule 5 permit ip source 10.0.3.0 0.0.0.255 destination 10.0.1.0 0.0.0.255
```

（5）配置 IPSec VPN 提议。

创建 IPSec 提议，并进入 IPSec 提议视图来指定安全协议。注意确保隧道两端的设备使用相同的安全协议。

```
[R1]ipsec proposal tran1
[R1-ipsec-proposal-tran1]esp authentication-algorithm sha1
[R1-ipsec-proposal-tran1]esp encryption-algorithm 3des

[R3]ipsec proposal tran1
[R3-ipsec-proposal-tran1]esp authentication-algorithm sha1
[R3-ipsec-proposal-tran1]esp encryption-algorithm 3des
```

执行 display ipsec proposal 命令，验证配置结果。

```
[R1]display ipsec proposal
Number of proposals: 1
IPSec proposal name  :  tran1
 Encapsulation mode  :  Tunnel
 Transform           :  esp-new
 ESP protocol        :  Authentication SHA1-HMAC-96
Encryption      3DES

[R3]display ipsec proposal
Number of proposals: 1
IPSec proposal name  :  tran1
 Encapsulation mode  :  Tunnel
 Transform           :  esp-new
 ESP protocol        :  Authentication SHA1-HMAC-96
Encryption      3DES
```

（6）创建 IPSec 策略。

手动创建 IPSec 策略，每一个 IPSec 策略都使用唯一的名称和序号来标识。IPSec 策略中会应用 IPSec 提议中定义的安全协议、认证算法、加密算法和封装模式，手动创建的 IPSec 策略还需配置安全联盟（Security Association，SA）中的参数。

```
[R1]ipsec policy P1 10 manual
[R1-ipsec-policy-manual-P1-10]security acl 3001
[R1-ipsec-policy-manual-P1-10]proposal tran1
[R1-ipsec-policy-manual-P1-10]tunnel remote 23.1.1.1
[R1-ipsec-policy-manual-P1-10]tunnel local 12.1.1.1
[R1-ipsec-policy-manual-P1-10]sa spi outbound esp 54321
[R1-ipsec-policy-manual-P1-10]sa spi inbound esp 12345
[R1-ipsec-policy-manual-P1-10]sa string-key outbound esp simple huawei
[R1-ipsec-policy-manual-P1-10]sa string-key inbound esp simple huawei

[R3]ipsec policy P1 10 manual
[R3-ipsec-policy-manual-P1-10]security acl 3001
[R3-ipsec-policy-manual-P1-10]proposal tran1
[R3-ipsec-policy-manual-P1-10]tunnel remote 12.1.1.1
[R3-ipsec-policy-manual-P1-10]tunnel local 23.1.1.1
[R3-ipsec-policy-manual-P1-10]sa spi outbound esp 12345
[R3-ipsec-policy-manual-P1-10]sa spi inbound esp 54321
[R3-ipsec-policy-manual-P1-10]sa string-key outbound esp simple huawei
[R3-ipsec-policy-manual-P1-10]sa string-key inbound esp simple huawei
```

执行 display ipsec policy 命令，验证配置结果。

```
<R1>display ipsec policy

===========================================
IPSec policy group: "P1"
Using interface: GigabitEthernet0/0/1
===========================================

    Sequence number: 10
    Security data flow: 3001
    Tunnel local  address: 12.1.1.1
    Tunnel remote address: 23.1.1.1
    Qos pre-classify: Disable
    Proposal name:tran1
    Inbound AH setting:
     AH SPI:
     AH string-key:
```

```
       AH authentication hex key:
     Inbound ESP setting:
       ESP SPI: 12345 (0x3039)
       ESP string-key: huawei
       ESP encryption hex key:
       ESP authentication hex key:
     Outbound AH setting:
       AH SPI:
       AH string-key:
       AH authentication hex key:
     Outbound ESP setting:
       ESP SPI: 54321 (0xd431)
       ESP string-key: huawei
       ESP encryption hex key:
       ESP authentication hex key:

<R3>dis ipsec policy

===========================================
IPSec policy group: "P1"
Using interface:
===========================================

     Sequence number: 10
     Security data flow: 3001
     Tunnel local  address: 23.1.1.1
     Tunnel remote address: 12.1.1.1
     Qos pre-classify: Disable
     Proposal name:tran1
     Inbound AH setting:
       AH SPI:
       AH string-key:
       AH authentication hex key:
     Inbound ESP setting:
       ESP SPI: 54321 (0xd431)
       ESP string-key: huawei
       ESP encryption hex key:
       ESP authentication hex key:
     Outbound AH setting:
       AH SPI:
       AH string-key:
       AH authentication hex key:
     Outbound ESP setting:
       ESP SPI: 12345 (0x3039)
       ESP string-key: huawei
       ESP encryption hex key:
       ESP authentication hex key:
```

（7）在物理接口下应用 IPSec 策略。

在物理接口下应用 IPSec 策略，接口将对感兴趣流进行 IPSec 加密处理。

```
[R1]int g0/0/1
[R1-GigabitEthernet0/0/1]ipsec policy P1

[R3]int g0/0/1
[R3-GigabitEthernet0/0/1]ipsec policy P1
```

（8）检测网络的连通性。

验证设备对不感兴趣流不进行 IPSec 加密处理。

实验指南 / 第8章

```
<R1>ping -a 10.0.11.11 10.0.33.33
  PING 10.0.33.33: 56  data bytes, press CTRL_C to break
    Reply from 10.0.33.33: bytes=56 Sequence=1 ttl=254 time=60 ms
    Reply from 10.0.33.33: bytes=56 Sequence=2 ttl=254 time=50 ms
    Reply from 10.0.33.33: bytes=56 Sequence=3 ttl=254 time=50 ms
    Reply from 10.0.33.33: bytes=56 Sequence=4 ttl=254 time=60 ms
    Reply from 10.0.33.33: bytes=56 Sequence=5 ttl=254 time=50 ms
  --- 10.0.33.33 ping statistics ---
    5 packet(s) transmitted
    5 packet(s) received
    0.00% packet loss
    round-trip min/avg/max = 50/54/60 ms

<R1>display ipsec statistics esp
 Inpacket count               : 0
 Inpacket auth count          : 0
 Inpacket decap count         : 0
 Outpacket count              : 0
 Outpacket auth count         : 0
 Outpacket encap count        : 0
 Inpacket drop count          : 0
 Outpacket drop count         : 0
 BadAuthLen count             : 0
 AuthFail count               : 0
 InSAAclCheckFail count       : 0
 PktDuplicateDrop count       : 0
 PktSeqNoTooSmallDrop count   : 0
 PktInSAMissDrop count        : 0
```

验证设备将对感兴趣流进行 IPSec 加密处理。

```
<R1>ping -a 10.0.1.1 10.0.3.3
  PING 10.0.3.3: 56  data bytes, press CTRL_C to break
    Reply from 10.0.3.3: bytes=56 Sequence=1 ttl=255 time=80 ms
    Reply from 10.0.3.3: bytes=56 Sequence=2 ttl=255 time=77 ms
    Reply from 10.0.3.3: bytes=56 Sequence=3 ttl=255 time=77 ms
    Reply from 10.0.3.3: bytes=56 Sequence=4 ttl=255 time=80 ms
    Reply from 10.0.3.3: bytes=56 Sequence=5 ttl=255 time=77 ms
  --- 10.0.3.3 ping statistics ---
    5 packet(s) transmitted
    5 packet(s) received
    0.00% packet loss
    round-trip min/avg/max = 77/78/80 ms

<R1>display ipsec statistics esp
 Inpacket count               : 5
 Inpacket auth count          : 0
 Inpacket decap count         : 0
 Outpacket count              : 5
 Outpacket auth count         : 0
 Outpacket encap count        : 0
 Inpacket drop count          : 0
 Outpacket drop count         : 0
 BadAuthLen count             : 0
 AuthFail count               : 0
 InSAAclCheckFail count       : 0
 PktDuplicateDrop count       : 0
 PktSeqNoTooSmallDrop count   : 0
 PktInSAMissDrop count        : 0
```

2．互通测试

```
PC>ping 172.16.20.2

Ping 172.16.20.2: 32 data bytes, Press Ctrl_C to break
Request timeout!
From 172.16.20.2: bytes=32 seq=2 ttl=125 time=31 ms
From 172.16.20.2: bytes=32 seq=3 ttl=125 time=31 ms
From 172.16.20.2: bytes=32 seq=4 ttl=125 time=31 ms
From 172.16.20.2: bytes=32 seq=5 ttl=125 time=32 ms

--- 172.16.20.2 ping statistics ---
  5 packet(s) transmitted
  4 packet(s) received
  20.00% packet loss
  round-trip min/avg/max = 0/31/32 ms
```

六、实验结果分析

（1）总结 IPSec VPN 的配置过程。

（2）在 R1 的 g0/0/1 上对 IPSec VPN 配置前后进行抓包分析。

实验十八　常用网络服务器配置（Windows 版本）

一、实验描述

某公司建立自己的企业网，搭建了域名服务器、FTP 服务器、电子邮件服务器、DHCP 服务器，如何使用这些网络服务器？

二、实验目标

（1）熟练掌握 DNS 的作用。

（2）熟练使用 FTP 软件进行文件上传和下载。

（3）熟练使用 Outlook 等软件收发邮件。

（4）掌握 DHCP 的作用。

三、实验条件

计算机 1 台，操作系统为 Windows 10 及以上版本。

四、实验内容

在 Windows 操作系统中测试 DNS，通过 FTP 软件访问文件，使用 Outlook 接收邮件，在路由器上设置 DHCP 功能。

五、实施方案

1．掌握 DNS 的作用

（1）测试本机 DNS 的 IP 地址并记录。

（2）在浏览器地址栏输入域名，打开 3～4 个常用的网站。

（3）使用 ping 命令或者 nslookup 命令，测试这几个网站的 IP 地址并记录。

（4）在本机的 IP 地址设置中，将 DNS 地址设为"自动获得 DNS 地址"。

（5）重复第（2）步操作，看能不能正常访问。

（6）使用第（2）步测出的 IP 地址访问，看能不能正常访问。

（7）登录 QQ 一类的软件，看能不能正常访问。

（8）在网上查找一些公用的 DNS 地址，并设置本机 DNS 地址为该地址，看能不能正常访问。

补充：在宿舍等公共场所，IP 地址和 DNS 地址是自动获取的，进行第（4）步要把 DNS 设置为本机访问不到的随机 IP 地址。

2．掌握 FTP 软件的使用方法

（1）在学校官网的"办公 FTP"栏目的软件下载栏目或者网上自行下载 FlashFXP 等 FTP 软件，并安装。

（2）在网上查找说明书，并按照说明书运行 FlashFXP，如图 8-73 所示。

图 8-73　FlashFXP 界面

（3）建立一个 FTP 站点"洛阳理工 FTP"，地址为 ftp://ftp.lit.edu.cn/，匿名用户。进行软件下载，并测试上传的系统提示。

> **提示**　　校园网有些栏目是可以上传文件的，但建议大家不要上传，以免影响系统工作。

（4）在网上查找一些 FTP 站点，最好有用户名、密码，以测试上传、下载功能。

3．收发电子邮件

（1）使用 Outlook 学习收发电子邮件，Windows 10 自带 Outlook Express，安装 Office 相关软件时一般也会有。如果本机没有安装，可以在网上下载；也可以使用 Foxmail 等邮件收发软件。

（2）打开 Outlook，设置邮件 POP3 和 SMTP 收发服务器地址，收发自己的邮件。

> **说明**　在所使用的邮箱帮助文件中，都有 POP3 和 SMTP 服务器地址的说明。

（3）使用软件收发邮件。

重要提示：收邮件以前，一定要保证软件中的选项"在服务器上保留邮件副本"被选中，否则邮件收到本地计算机以后，网上的就没有了。

4．DHCP 使用设置

> **说明**　这一部分实验没法在机房完成，需要自己在宿舍或者家里打开上网的路由器的客户端管理界面进行设置。

图 8-74 所示是一个典型的设置界面。

（1）修改地址池的开始地址和结束地址。

（2）使用计算机、手机等连接本路由器上网，并测试 IP 地址，看它是不是在地址池中。

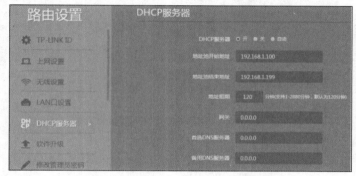

图 8-74　路由器端设置 DHCP 服务界面

六、实验结果分析

（1）总结各种常用网络服务的配置和使用过程。

（2）分析造成用户上网网页打不开的原因有哪几种，以及应该如何排查错误。

实验十九　架设 Web 服务（Linux 版本）

一、实验描述

某公司建立自己的企业网，需要使用 Linux 版本的 Web 服务器。

二、实验目标

（1）掌握 Linux 操作系统。

（2）能够在 Linux 操作系统上搭建 Web 服务器。

三、实验条件

计算机 1 台，安装 Linux 操作系统。

四、实验内容

在 Linux 操作系统上搭建 Web 服务器，并通过浏览器测试。

五、实施方案

（1）安装 httpd。

```
[root@localhost /]# cd /run/media/root/RHEL-7.2\ Server.x86_64/Packages/
```

（2）安装 apr 软件包，需要安装的是 x86 版本。

```
[root@localhost Packages]# ls apr*
apr-1.4.8-3.el7.i686.rpm              apr-util-1.5.2-6.el7.i686.rpm
apr-1.4.8-3.el7.x86_64.rpm            apr-util-1.5.2-6.el7.x86_64.rpm
apr-devel-1.4.8-3.el7.i686.rpm    apr-util-devel-1.5.2-6.el7.i686.rpm
apr-devel-1.4.8-3.el7.x86_64.rpm  apr-util-devel-1.5.2-6.el7.x86_64.rpm
[root@localhost Packages]# rpm -ivh apr-1.4.8-3.el7.x86_64.rpm
[root@localhost Packages]# rpm -ivh httpd-tools-2.4.6-40.el7.x86_64.rpm
[root@localhost Packages]# rpm -ivh httpd-manual-2.4.6-40.el7.noarch.rpm
[root@localhost Packages]# rpm -ivh httpd-2.4.6-40.el7.x86_64.rpm
准备中...                          ################################### [100%]
正在升级/安装...
   1:httpd-2.4.6-40.el7           ################################### [100%]

[root@localhost Packages]# ls httpd*
httpd-2.4.6-40.el7.x86_64.rpm          httpd-manual-2.4.6-40.el7.noarch.rpm
httpd-devel-2.4.6-40.el7.x86_64.rpm httpd-tools-2.4.6-40.el7.x86_64.rpm
[root@localhost Packages]# rpm -qa|grep httpd
```

（3）进入配置文件，开始配置，如图 8-75 所示。

```
[root@localhost Packages]# vi /etc/httpd/conf/httpd.conf
```

```
ServerRoot "/etc/httpd"
Listen 80
User apache
Group apache
ServerAdmin root@sh.com
ServerName www.sh.com:80
DocumentRoot "/var/www/html"
AddDefaultCharset UTF-8

#ErrorLog "logs/error_log"
#LogLevel warn
#TypesConfig /etc/mime.types
# LoadModule foo_module modules/mod_foo.so
#Include conf.modules.d/*.conf
~
```

图 8-75　Apache 配置文件修改内容

（4）使用 apachectl configtest 命令查看，检查出错，缺少 libarp。解决办法：安装两个 apr 软件包。

```
   [root@localhost Packages]# apachectl configtest
  /usr/sbin/httpd: error while loading shared libraries: libaprutil-1.so.0: cannot open
shared object file: No such file or directory
   [root@localhost Packages]# cd /run/media/root/RHEL-7.2\ Server.x86_64/Packages/
  [root@localhost Packages]# ls apr*
  apr-1.4.8-3.el7.i686.rpm              apr-util-1.5.2-6.el7.i686.rpm
  apr-1.4.8-3.el7.x86_64.rpm            apr-util-1.5.2-6.el7.x86_64.rpm
  apr-devel-1.4.8-3.el7.i686.rpm    apr-util-devel-1.5.2-6.el7.i686.rpm
```

```
apr-devel-1.4.8-3.el7.x86_64.rpm  apr-util-devel-1.5.2-6.el7.x86_64.rpm
[root@localhost Packages]# rpm -ivh apr-1.4.8-3.el7.x86_64.rpm
[root@localhost Packages]# rpm -ivh apr-util-1.5.2-6.el7.x86_64.rpm
```

（5）再次使用 apachectl configtest 命令查看，检查出错，缺少 MPM 模块，显示如下。

```
[root@localhost Packages]# apachectl configtest
AH00534: httpd: Configuration error: No MPM loaded.
```

进入配置文件修改最后两行，同时打开日志，如图 8-76 所示。

```
[root@localhost Packages]# vi /etc/httpd/conf/httpd.conf
LoadModule mpm_prefork_module modules/mod_mpm_prefork.so
Include conf.modules.d/*.conf
```

```
ServerRoot "/etc/httpd"
Listen 80
User apache
Group apache
ServerAdmin root@sh.com
ServerName www.sh.com:80
DocumentRoot "/var/www/html"
AddDefaultCharset UTF-8

ErrorLog "logs/error_log"
LogLevel warn
#TypesConfig /etc/mime.types
LoadModule mpm_prefork_module modules/mod_mpm_prefork.so
Include conf.modules.d/*.conf
```

图 8-76 修改 Apache 配置文件最后两行

再次检查配置文件。

```
[root@localhost Packages]# apachectl configtest
[Mon Apr 09 23:25:12.255702 2018] [so:warn] [pid 13061] AH01574: module
mpm_prefork_module is already loaded, skipping
Syntax OK
[root@localhost Packages]# systemctl start httpd.service
```

启动程序。

```
[root@localhost conf]# systemctl start httpd.service
[root@localhost conf]#
```

（6）将网页保存到 var/www/html/目录中。

```
[root@localhost conf]# echo This is www.sh.com >/var/www/html/index.html
```

（7）打开浏览器，输入网址，如图 8-77 所示。

图 8-77 使用火狐浏览器查看测试页

① 查看是否设置 DNS，DNS 是否设置正确。如果没有设置，则可以使用 IP 地址登录。

② 查看防火墙是否关闭。

③ 查看 SELinux 是否关闭。

六、实验结果分析

（1）总结 Web 服务器的配置过程。

（2）防火墙应该如何设置以让客户端访问服务器网页。